高等学校土木工程专业卓越工程师教育培养计划系列

钢结构学习指南与题解

主　编　殷占忠　梁亚雄

副主编　杨文伟　马航海　褚云朋

主　审　方有珍

WUHAN UNIVERSITY PRESS
武汉大学出版社

图书在版编目(CIP)数据

钢结构学习指南与题解/殷占忠,梁亚雄主编. —武汉:武汉大学出版社,2015.4(2018.7 重印)

高等学校土木工程专业卓越工程师教育培养计划系列规划教材

ISBN 978-7-307-15155-0

Ⅰ.钢…　Ⅱ.①殷…　②梁…　Ⅲ.钢结构—高等学校—教学参考资料　Ⅳ.TU391

中国版本图书馆 CIP 数据核字(2015)第 021668 号

责任编辑:黄孝莉　王亚明　　　责任校对:杨赛君　　　装帧设计:吴　极

出版发行:**武汉大学出版社**　　(430072　武昌　珞珈山)

　　　　(电子邮件:whu_publish@163.com　网址:www.stmpress.cn)

印刷:北京虎彩文化传播有限公司

开本:880×1230　1/16　印张:14.5　字数:466 千字

版次:2015 年 4 月第 1 版　2018 年 7 月第 2 次印刷

ISBN 978-7-307-15155-0　　　定价:43.00 元

高等学校土木工程专业卓越工程师教育培养计划系列规划教材

学术委员会名单

（按姓氏笔画排名）

主 任 委 员：周创兵

副主任委员：方　志　叶列平　何若全　沙爱民　范　峰　周铁军　魏庆朝

委　　　员：王　辉　叶燎原　朱大勇　朱宏平　刘泉声　孙伟民　易思蓉
　　　　　　周　云　赵宪忠　赵艳林　姜忻良　彭立敏　程　桦　靖洪文

编审委员会名单

（按姓氏笔画排名）

主 任 委 员：李国强

副主任委员：白国良　刘伯权　李正良　余志武　邹超英　徐礼华　高　波

委　　　员：丁克伟　丁建国　马昆林　王　成　王　湛　王　媛　王　薇
　　　　　　王广俊　王天稳　王曰国　王月明　王文顺　王代玉　王汝恒
　　　　　　王孟钧　王起才　王晓光　王清标　王震宇　牛荻涛　方　俊
　　　　　　龙广成　申爱国　付　钢　付厚利　白晓红　冯　鹏　曲成平
　　　　　　吕　平　朱彦鹏　任伟新　华建民　刘小明　刘庆潭　刘素梅
　　　　　　刘新荣　刘殿忠　闫小青　祁　皑　许　伟　许程洁　许婷华
　　　　　　阮　波　杜　咏　李　波　李　斌　李东平　李远富　李炎锋
　　　　　　李耀庄　杨　杨　杨志勇　杨淑娟　吴　昊　吴　明　吴　轶
　　　　　　吴　涛　何亚伯　何旭辉　余　锋　冷伍明　汪梦甫　宋固全
　　　　　　张　红　张　纯　张飞涟　张向京　张运良　张学富　张晋元
　　　　　　张望喜　陈辉华　邵永松　岳健广　周天华　郑史雄　郑俊杰
　　　　　　胡世阳　侯建国　姜清辉　娄　平　袁广林　桂国庆　贾连光
　　　　　　夏元友　夏军武　钱晓倩　高　飞　高　玮　郭东军　唐柏鉴
　　　　　　黄　华　黄声享　曹平周　康　明　阎奇武　董　军　蒋　刚
　　　　　　韩　峰　韩庆华　舒兴平　童小东　童华炜　曾　珂　雷宏刚
　　　　　　廖　莎　廖海黎　蒲小琼　黎　冰　戴公连　戴国亮　魏丽敏

出版技术支持

（按姓氏笔画排名）

项 目 团 队：王　睿　白立华　曲生伟　蔡　巍

特别提示

  教学实践表明,有效地利用数字化教学资源,对于学生学习能力以及问题意识的培养乃至怀疑精神的塑造具有重要意义。

  通过对数字化教学资源的选取与利用,学生的学习从以教师主讲的单向指导模式转变为建设性、发现性的学习,从被动学习转变为主动学习,由教师传播知识到学生自己重新创造知识。这无疑是锻炼和提高学生的信息素养的大好机会,也是检验其学习能力、学习收获的最佳方式和途径之一。

  本系列教材在相关编写人员的配合下,逐步配备基本数字教学资源,主要内容包括:

  文本:课程重难点、思考题与习题参考答案、知识拓展等。

  图片:课程教学外观图、原理图、设计图等。

  视频:课程讲述对象展示视频、模拟动画,课程实验视频,工程实例视频等。

  音频:课程讲述对象解说音频、录音材料等。

数字资源获取方法:

① 打开微信,点击"扫一扫"。

② 将扫描框对准书中所附的二维码。

③ 扫描完毕,即可查看文件。

更多数字教学资源共享、图书购买及读者互动敬请关注"开动传媒"微信公众号!

丛 书 序

土木工程涉及国家的基础设施建设,投入大,带动的行业多。改革开放后,我国国民经济持续稳定增长,其中土建行业的贡献率达到 1/3。随着城市化的发展,这一趋势还将继续呈现增长势头。土木工程行业的发展,极大地推动了土木工程专业教育的发展。目前,我国有 500 余所大学开设土木工程专业,在校生达 40余万人。

2010 年 6 月,中国工程院和教育部牵头,联合有关部门和行业协(学)会,启动实施"卓越工程师教育培养计划",以促进我国高等工程教育的改革。其中,"高等学校土木工程专业卓越工程师教育培养计划"由住房和城乡建设部与教育部组织实施。

2011 年 9 月,住房和城乡建设部人事司和高等学校土建学科教学指导委员会颁布《高等学校土木工程本科指导性专业规范》,对土木工程专业的学科基础、培养目标、培养规格、教学内容、课程体系及教学基本条件等提出了指导性要求。

在上述背景下,为满足国家建设对土木工程卓越人才的迫切需求,有效推动各高校土木工程专业卓越工程师教育培养计划的实施,促进高等学校土木工程专业教育改革,2013 年住房和城乡建设部高等学校土木工程学科专业指导委员会启动了"高等教育教学改革土木工程专业卓越计划专项",支持并资助有关高校结合当前土木工程专业高等教育的实际,围绕卓越人才培养目标及模式、实践教学环节、校企合作、课程建设、教学资源建设、师资培养等专业建设中的重点、亟待解决的问题开展研究,以对土木工程专业教育起到引导和示范作用。

为配合土木工程专业实施卓越工程师教育培养计划的教学改革及教学资源建设,由武汉大学发起,联合国内部分土木工程教育专家和企业工程专家,启动了"高等学校土木工程专业卓越工程师教育培养计划系列规划教材"建设项目。该系列教材贯彻落实《高等学校土木工程本科指导性专业规范》《卓越工程师教育培养计划通用标准》和《土木工程卓越工程师教育培养计划专业标准》,力图以工程实际为背景,以工程技术为主线,着力提升学生的工程素养,培养学生的工程实践能力和工程创新能力。该系列教材的编写人员,大多主持或参加了住房和城乡建设部高等学校土木工程学科专业指导委员会的"土木工程专业卓越计划专项"教改项目,因此该系列教材也是"土木工程专业卓越计划专项"的教改成果。

土木工程专业卓越工程师教育培养计划的实施,需要校企合作,期望土木工程专业教育专家与工程专家一道,共同为土木工程专业卓越工程师的培养作出贡献!

是以为序。

2014 年 3 月于同济大学四平路校区

前　言

本书从钢结构基本原理入手,针对基本构件设计和节点连接设计,重点提炼相关的知识点,为学生进一步学习钢结构设计原理打下坚实的理论基础,便于学生学以致用,培养学生分析问题和解决问题的能力。同时,为了激发读者自身的创新思维,本书将一些难度较大的问题既作为典型例题作详细讲解,又作为复习题供学生思考和讨论,还可供读者在分析问题时参考。

本书力求做到系统性、完整性和实用性,在文字叙述上尽可能简洁易懂,便于读者自学,以期学生通过比较短时间的复习和练习,更好地掌握钢结构的基本理论和基本知识。本书也可作为国家一级注册结构工程师执业资格考试复习用书,对研究生入学复试,自考学生、函授学生自考亦有指导意义。

本书由兰州理工大学殷占忠和梁亚雄担任主编,宁夏大学杨文伟、西北民族大学马航海、西南科技大学褚云朋担任副主编。

具体编写分工如下:杨文伟编写第1~5章的学习要点;殷占忠编写第0章,第3章、第5章的典型例题、复习题和参考答案,以及附录11模拟试卷及其参考答案;梁亚雄编写第4章的典型例题、复习题和参考答案,以及第6章及其参考答案;马航海编写第1章的典型例题、复习题和参考答案,以及附录1~附录10;褚云朋编写第2章的典型例题、复习题和参考答案。在本书编写过程中,研究生于光明、陈伟、陈生林、董文燕、苏明浩、步伏程、任亚歌等参加了部分文字处理和插图绘制工作,在此表示感谢。

本书由苏州科技学院方有珍教授担任主审,特此致谢。

在本书编写过程中,编者参考了相关教材,在此向相关作者深表谢意。

由于编者水平有限,书中难免有不足之处,恳请读者批评指正。

编　者

2014 年 12 月

目　录

0　概述 …………………………………… （1）
　0.1　钢结构的特点及发展热点 ………… （2）
　　0.1.1　钢结构课程的现实性与
　　　　　 综合性 ………………………… （2）
　　0.1.2　钢结构不同于其他结构的
　　　　　 特点 …………………………… （2）
　　0.1.3　钢结构的发展热点 …………… （3）
　0.2　课程学习建议 ……………………… （3）
　　0.2.1　钢结构课程学习中的几个
　　　　　 关键点 ………………………… （3）
　　0.2.2　学习建议 ……………………… （3）

1　钢结构设计方法与钢材材性 ……… （4）
　1.1　学习要点 …………………………… （5）
　　1.1.1　钢结构设计方法 ……………… （5）
　　1.1.2　钢材的材性 …………………… （5）
　1.2　典型例题 …………………………… （13）
　1.3　复习题 ……………………………… （23）
　知识归纳 ………………………………… （28）

2　钢结构连接 ………………………… （29）
　2.1　学习要点 …………………………… （30）
　　2.1.1　节点与连接 …………………… （30）
　　2.1.2　钢结构的连接形式 …………… （30）
　　2.1.3　焊接方法和焊缝连接形式 …… （30）
　　2.1.4　对接焊缝的构造和计算 ……… （31）
　　2.1.5　角焊缝的构造和计算 ………… （34）
　　2.1.6　焊接残余应力和焊接残余
　　　　　 变形 …………………………… （39）
　　2.1.7　普通螺栓的连接构造和计算 … （41）
　　2.1.8　高强度螺栓的分类、特点和
　　　　　 计算 …………………………… （46）
　2.2　典型例题 …………………………… （49）
　2.3　复习题 ……………………………… （59）
　知识归纳 ………………………………… （68）

3　轴心受力构件 ……………………… （69）
　3.1　学习要点 …………………………… （70）

　　3.1.1　轴心受力构件的强度和刚度 … （70）
　　3.1.2　轴心受压构件的稳定 ………… （71）
　　3.1.3　轴心受压柱的设计 …………… （75）
　3.2　典型例题 …………………………… （77）
　3.3　复习题 ……………………………… （97）
　知识归纳 ………………………………… （100）

4　受弯构件 …………………………… （101）
　4.1　学习要点 …………………………… （102）
　　4.1.1　梁的截面形式 ………………… （102）
　　4.1.2　梁的强度和刚度 ……………… （102）
　　4.1.3　梁的整体失稳 ………………… （106）
　　4.1.4　梁的局部失稳 ………………… （109）
　　4.1.5　钢梁的设计 …………………… （112）
　4.2　典型例题 …………………………… （113）
　4.3　复习题 ……………………………… （122）
　知识归纳 ………………………………… （129）

5　拉弯与压弯构件 …………………… （130）
　5.1　学习要点 …………………………… （131）
　　5.1.1　压（拉）弯构件的类型及
　　　　　 截面形式 ……………………… （131）
　　5.1.2　压弯构件的破坏形式 ………… （131）
　　5.1.3　压弯构件的强度计算 ………… （132）
　　5.1.4　压弯构件的整体稳定 ………… （132）
　　5.1.5　格构式压弯构件单肢稳定 …… （138）
　　5.1.6　实腹式压弯构件的局部
　　　　　 稳定 …………………………… （138）
　　5.1.7　压弯构件的刚度 ……………… （140）
　5.2　典型例题 …………………………… （140）
　5.3　复习题 ……………………………… （164）
　知识归纳 ………………………………… （169）

6　钢屋架 ……………………………… （170）
　6.1　学习要点 …………………………… （171）
　　6.1.1　屋架选型原则 ………………… （171）
　　6.1.2　屋架的分类 …………………… （171）
　　6.1.3　屋架主要尺寸的确定 ………… （172）

6.1.4 屋架分析模型 ……………… (172)

6.1.5 荷载计算 …………………… (172)

6.1.6 杆件的计算长度 …………… (173)

6.1.7 杆件的允许长细比 ………… (174)

6.1.8 杆件截面的选择 …………… (174)

6.1.9 截面验算 …………………… (175)

6.1.10 杆件节点设计 …………… (175)

6.2 典型例题 ………………………… (178)

6.3 复习题 …………………………… (197)

　知识归纳 …………………………… (202)

附录 …………………………………… (203)

附录1 钢材和连接的强度设计值 ……… (203)

附录2 截面塑性发展系数 γ_x、γ_y ……… (203)

附录3 受弯构件的挠度容许值 ………… (203)

附录4 钢材摩擦面的抗滑移系数 μ …… (203)

附录5 涂层连接面的抗滑移系数 ……… (203)

附录6 轴心受压构件的稳定系数 ……… (204)

附录7 工字形截面简支梁等效临界弯矩系数和轧制普通工字钢简支梁的稳定系数 …………… (204)

附录8 各种截面回转半径的近似值 …… (204)

附录9 型钢表 ……………………… (204)

附录10 螺栓和锚栓规格 …………… (204)

附录11 模拟试卷 ………………… (205)

参考文献 ……………………………… (222)

0 概　述

课前导读

▽ **内容提要**

　　本章介绍了钢结构的特点及发展热点，对钢结构课程学习中的几个关键点进行了归纳，并提出了学习建议。

▽ **能力要求**

　　通过本章的学习，学生应了解钢结构的特点及发展热点，掌握钢结构课程学习中的关键点和学习建议，以便于后续学习。

钢结构是一门理论性与应用性并重的课程,是土木工程专业主要的专业基础课程。该课程一般由钢结构基本原理与钢结构设计两部分组成。钢结构基本原理着重讲述钢结构的基本理论与基本知识。通过该部分内容的学习,学生应了解钢结构的特点、历史、现状及发展前景;掌握钢结构材料的工作性能及影响钢材性能的主要因素,能正确选用结构钢材;掌握钢结构连接的性能、受力分析与设计计算;掌握各种钢结构基本构件的设计计算等,为学习后续课程(如钢结构设计)打下坚实基础。钢结构设计根据专业方向,一般分为房屋建筑钢结构设计、桥梁钢结构设计、地下支挡钢结构设计等。

0.1 钢结构的特点及发展热点   >>>

0.1.1 钢结构课程的现实性与综合性

力学将现实事物高度抽象和理想化,如理论力学分析中研究支点、刚体和抽象的力,材料力学分析中将材料作为理想化的变形体等。而钢结构作为土木工程的结构之一,面向的是现实的物体,且都有一定的缺陷,并非完全理想化的结构。从材料层面上讲,钢材并非完全均匀和各向同性;从结构层面上讲,钢构件并非理想的直杆,有初始应力、初始变形。构件间的连接并非理想的铰接与(或)刚接,结构体所受的力来自现实的自然条件,要具体分析,不能采用抽象的力学。学生学习中要注意与力学课程学习的不同。

事物的复杂性导致结构课程的综合性。结构的响应是内在因素和外在因素综合作用的结果。就钢结构而言,化学元素、晶格组织、冶金缺陷等决定了钢结构的内在性能,是内在因素;荷载(自重、使用荷载、气象荷载、温度变化等)、温度影响(低温冷脆)、环境影响(腐蚀)、地震作用等是钢结构所受的外部影响因素,是外在因素。学生在学习当中要有全局观念,注重钢结构课程的现实性与综合性。

0.1.2 钢结构不同于其他结构的特点

(1)材料本构接近于理想材料

钢材质地均匀,接近于理想材料,有较大的线弹性范围。其比较符合材料力学的基本假定,可以大量采用材料力学的公式。

(2)强度高、质量轻

钢材的强度高,跨越结构中的无效荷载小(自重是无效荷载,使用荷载是有效荷载)。钢结构质量轻,适用于交通不便的地区,同时轻量化提高了结构的使用效率。不过,对于大风荷载地区质量轻的屋盖大跨度建筑,要防止风的吸力掀起屋盖。同时,强度高的细长构件容易屈曲失稳,屈曲是钢材未达到屈服极限而发生的提前失效。

(3)塑性、韧性好

钢材不会突然发生断裂,超静定内力可以重分布,地震作用下具有良好的吸能能力。其韧性好,故有良好的抗冲击性能,从而可避免发生脆性断裂。

(4)耐腐蚀、抗火灾的能力差

钢结构容易发生腐蚀,一般通过刷防锈漆或者改进钢材的性能来提高其耐腐蚀能力。钢结构耐热不耐火,通过涂刷防火涂料提高其抗火灾性能。

(5)易于施工

型钢等具有半成品的性质,可进行机械化、自动化生产,节省工时,现场占地少。工程工期短,资金回笼快。

(6)容易加固改造

钢结构可以建成可拆卸的结构,加固可实现流水线作业,方便快捷。

0.1.3　钢结构的发展热点

（1）材性方面

其发展热点为高性能钢材的研发（高强度钢材，低屈服点钢材，耐火、耐腐蚀钢材等）。

（2）设计理论方面

其发展热点为钢结构非线性理论的深入，基于钢材性能的钢结构设计方法的完善（全寿命设计、防倒塌机理的探索、屈曲后强度的利用、损伤识别等）。

（3）结构形式方面

其发展热点为高层、大跨度结构，组合结构，轻型钢结构，装配式结构等。

（4）施工技术方面

其发展热点为仿真施工（模拟吊装，时变结构力学的应用等）、钢结构监测等。

0.2　课程学习建议　>>>

0.2.1　钢结构课程学习中的几个关键点

材料、强度、稳定性和连接是钢结构课程学习的四个关键点。学生在学习中一定要抓住重点，深刻领会钢结构不同于其他结构的特点。

① 材料：建立材料的力学本构模型，以反映材料的基本力学性能。

② 强度：研究柱（轴力构件）或梁（弯矩构件）某一截面的应力问题。

③ 稳定性：从体系方面研究材料的变形问题，即材料的刚度问题。

④ 连接：重点进行连接节点的分析。

0.2.2　学习建议

① 不能只重视计算，而忽视材料、构造等问题。

② 材料是基础，要了解材料的内在、外在影响因素，了解钢结构对材料性能的要求。

③ 稳定是钢结构的一大特点，强度问题用材料力学能解决，而稳定问题用材料力学与结构力学不能解决，因超出了其范围。稳定理论是力学的分支，也可以是独立的一门学科，学生可以通过选学结构稳定方面的课程，加深对钢结构稳定理论的理解。

④ 领会结构构造与承载力的关系。钢结构通过单一构件连接成为结构体系，不同的结构构造对施工和承载力的影响不同。

⑤ 学习中要多思考，多问几个为什么；要善于积累知识，发现问题，思考问题，深入理解教材内容。

1

钢结构设计方法与钢材材性

课前导读

◇ **内容提要**

本章简要介绍了钢结构的设计方法、钢材应具有的性能和影响钢材性能的因素，通过典型例题和复习题对重难点内容进行了阐述。

◇ **能力要求**

通过本章的学习，学生应了解钢结构设计方法的内容及钢材的型号规格，掌握钢材具有的性能和影响钢材性能的主要因素。

◇ **数字资源**

钢材的强度设计值

铸钢件的强度设计值

结构用无缝钢管的强度设计值

1.1 学习要点 >>>

1.1.1 钢结构设计方法

结构设计的最终目标是将结构设计成为一个可接受的安全结构,同时使其在给定条件下是最合理的结构。钢结构的设计也是基于这样的目标,并通过以下三个层次的设计方法来实现。

① 第一层次设计方法——安全度考虑方法;

② 第二层次设计方法——内力分析方法;

③ 第三层次设计方法——截面与构件设计方法。

这三个层次的设计方法在现行规范中的表达是:钢结构的设计采用以概率理论为基础的极限状态设计法,用分项系数表达式进行设计。其基本思路如图 1-1 所示。

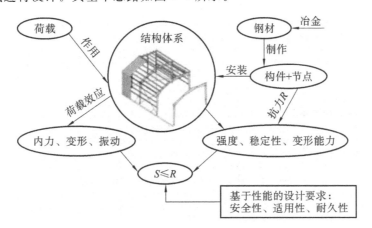

图 1-1 钢结构设计基本框图

进行钢结构设计时应加强对以下知识的学习:

① 领会荷载效应与结构抗力之间的内在联系。荷载作用在结构上产生荷载效应,所以结构模型的正确简化是进行钢结构设计的关键环节,一定要增强分析这方面问题的能力。

② 由于钢材的本构关系接近理想材料,其计算基本能够采用材料力学的计算方法,所以要加强对材料力学理论知识的再学习,为钢结构后续知识的拓展打下坚实的基础。

③ 结合钢结构设计及施工规范,领会钢结构设计与施工方面的联系。钢结构的施工设计有时候比单纯的钢结构设计更重要。

1.1.2 钢材的材性

(1)结构钢对材料性能的基本要求

① 较高的强度,即结构钢应是轻质高强材料。

② 足够的变形能力,即结构钢应具有优良的塑性和韧性。

③ 良好的加工性能,即结构钢应能够适应冷、热加工,且焊接性能好。

④ 可适应恶劣环境的耐久性,即结构钢应能够适应低温、腐蚀性介质和重复荷载。

(2)钢材的主要性能指标

① 抗拉强度(f_u)——衡量钢材发生最大塑性变形时抗拉能力的指标;

② 屈服强度(f_y)——衡量钢材承载能力的指标;

③ 伸长率(δ)——衡量钢材塑性变形能力的指标;

④ 冷弯性能——更严格衡量钢材塑性变形能力的指标;

⑤ Z 向性能——衡量钢材抗层状撕裂能力的指标;

⑥ 冲击韧性——衡量钢材抵抗动荷载能力的指标。

（3）钢材的破坏形式

① 塑性破坏（延性破坏）：发生破坏前钢材有明显的塑性变形,持续时间较长。破坏断口常为杯形,呈纤维状,色泽发暗。

② 脆性破坏：发生破坏前钢材没有或只有小的塑性变形,破坏突然发生。破坏断口平直,呈纤维状,或呈有光泽的晶粒状。

③ 疲劳断裂：在循环荷载的重复作用下,经历一定时间的损伤积累后,构件及其连接部位出现裂纹,最后发生断裂的现象。发生破坏时钢材的塑性变形很小,破坏突然发生,属于脆性破坏的范畴,危险性强。

在钢结构设计中,要极力避免钢结构发生危险的脆性破坏。钢材的冶炼、加工、使用、所处环境,钢结构设计等各种因素都会影响钢结构脆性破坏的发生。为此,《钢结构设计规范》(GB 50017—2003)中的第 3.3 条提出了钢结构在选材时的防脆性破坏措施,学生需要深刻领会。

（4）影响钢材性能的一般因素

① 化学成分的影响。

钢材的化学成分会影响钢材性能,如图 1-2 所示。

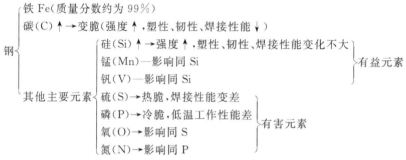

图 1-2 钢材化学成分对钢材性能的影响

② 钢材生产过程的影响。

钢材生产过程：冶炼→浇铸→轧制→热处理,如图 1-3 所示。

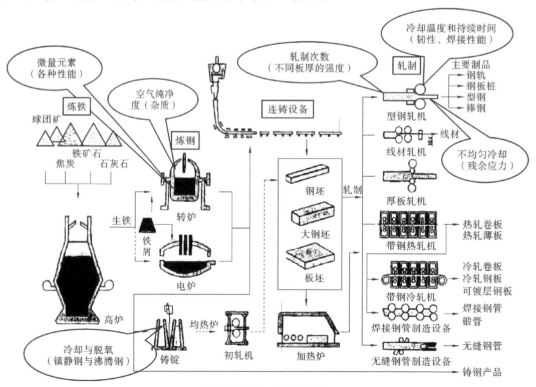

图 1-3 钢材的生产过程

a．冶炼。

不同冶炼方法的成本、质量和应用状态不同,见表1-1。

表1-1　　　　　　　　　　　不同冶炼方法的成本、质量和应用状态

冶炼方法	成本	质量	应用状态
平炉钢	生产率低,成本高	好	应用减少
氧气顶吹转炉钢	生产率高,成本低	接近平炉钢	目前为应用主流
侧吹(空气)转炉钢	生产率高,成本低	差	淘汰
电炉钢	耗电,成本高	最好	用于冶炼特种钢材

b．浇铸。

钢材在冶炼、浇铸过程中会产生影响钢材力学性能的杂质——氧化铁,需投入脱氧剂来排除氧化铁或减少氧化铁的含量。常用的脱氧剂有锰(Mn)、硅(Si)、铝(Al)[或钛(Ti)]。其脱氧能力分别为:弱、较强、强。不同的钢材应采用不同的脱氧剂,且其性能、成本和应用状态也不同,如表1-2所示。

c．轧制。

轧制的作用:在高温和压力下,将钢锭或钢坯热轧成钢板和型钢;改变钢材的形状及尺寸;改善小气泡、裂纹、疏松等缺陷;使金属组织更加致密,从而改善钢材的力学性能。钢材的轧制过程如图1-4所示。

薄钢板和厚钢板轧制后的性能和轧制过程中的要求有所不同。

表1-2　　　　　　　　　　　钢材采用脱氧剂的性能、成本和应用状态

钢材	采用的脱氧剂	性能	成本	应用状态
沸腾钢	Mn	脱氧不够充分,材质差	低	要求低的钢结构
镇静钢	Si	脱氧充分,材质好,f_y比沸腾钢高	高	要求高的钢结构
半镇静钢		介于沸腾钢和镇静钢之间		一般不用

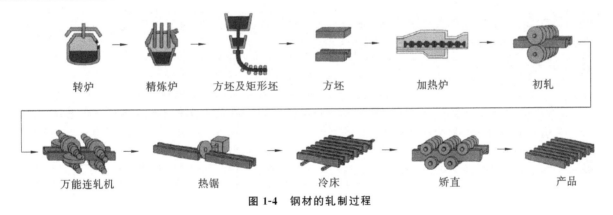

转炉　　精炼炉　　方坯及矩形坯　　方坯　　加热炉　　初轧

万能连轧机　　热锯　　冷床　　矫直　　产品

图1-4　钢材的轧制过程

薄钢板:轧制次数多的薄钢板缺陷少;比厚钢板强度高,塑性和冲击韧性好。

厚钢板(厚度大于40 mm):轧制后,钢材内部的非金属夹杂物被压成薄片;易出现分层(夹层)现象,使钢材沿厚度方向受拉性能变差;需进行z方向的材性试验;应尽量避免z向受力,防止发生层状撕裂。

d．热处理。

钢材一般以热轧状态供货,某些高强度钢材在轧制后需进行热处理。热处理的作用是使钢材既获得高强度,又保持良好的塑性和韧性。

主要的热处理方法有:

(a)正火。正火是最简单的热处理方法,是把钢材加热至850~900℃并保持一段时间后,在空气中自然冷却。

(b)回火。回火是将钢材重新加热至650℃,并保持一段时间,然后在空气中自然冷却。

(c) 淬火。淬火是把钢材加热至 900℃ 以上,保温一段时间后放入水或油中快速冷却。

(d) 淬火＋回火(也称调质处理)。强度很高的钢材,都要经过调质处理。

③ 冷作硬化的影响。

a. 硬化:当钢材应力超过弹性极限时,以后重新加载会使之前的弹性极限提高,塑性变形减小的现象。

b. 冷作硬化:钢结构在冷(常温)加工(弯曲、剪切、钻冲等)过程中引起的钢材硬化。

其影响:使钢材变脆,强度提高,但塑性、韧性下降。

对于重要结构,常将因冷加工引起的硬化部位刨去。

④ 时效的影响。

钢材纯铁体中存在着碳和氮的固溶物,随着时间的推移,其会慢慢析出,分布在钢材晶粒的滑移面上,阻碍纯铁体发生塑性变形。这种现象称为时效。

时效的影响:钢材强度提高,塑性降低,韧性显著降低。

时效周期:几天至几十年时间不等。

⑤ 温度的影响。

a. 正温对钢材力学性能的影响:温度 T 在室温至 200℃ 范围内时,钢材的强度、弹性模量、塑性、韧性没有大的变化;T 在 250℃ 左右时,钢材的抗拉强度提高,而冲击韧性降低,称为蓝脆(表面呈蓝色),应避免将钢材在蓝脆温度范围进行热加工;T 超过 300℃ 后,钢材的屈服强度、极限强度显著降低;T 达到 600℃ 时,钢材的强度已很低,不能承载。温度对钢材机械性能的影响如图 1-5 所示。

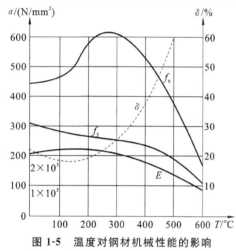

图 1-5 温度对钢材机械性能的影响

b. 负温对钢材力学性能的影响:温度 T 从室温开始下降时,钢材强度略有提高,而塑性和冲击韧性降低(变脆);温度下降到某一数值时,钢材的冲击韧性突然急剧下降,称为低温冷脆。T_1、T_2 区间(图 1-6)为温度转变区,钢材的 T_1 越小越好。曲线最陡点的温度 T_0,为低温冷脆临界温度。钢结构设计时应使环境温度高于 T_1,但不要求高于 T_2。冲击韧性与温度的关系曲线如图 1-6 所示。

⑥ 应力集中的影响。

应力集中是指构件、连接部位因有孔洞、槽口、截面厚度或宽度剧烈变化等几何尺寸突变,应力分布很不均匀,出现局部高峰应力的现象,如图 1-7 所示。带槽试件的应力-应变曲线如图 1-8 所示。通过应力集中系数(SCF)来定量评价应力集中的严重程度。

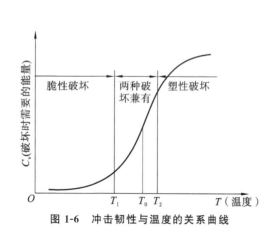

图 1-6 冲击韧性与温度的关系曲线

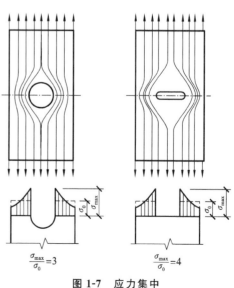

图 1-7 应力集中

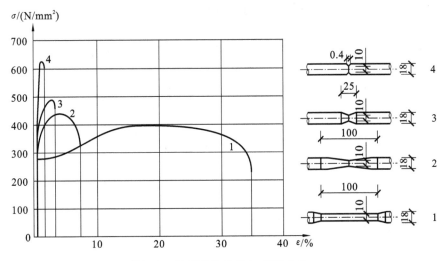

图 1-8 带槽试件的应力-应变曲线

$$SCF = \frac{\sigma_{max}}{\sigma_0}$$

式中 σ_{max}——最大应力；

σ_0——名义应力（或平均应力）。

有应力集中的钢材，材性变脆；应力集中处常常产生三向的同号拉应力，易使钢材开裂时没有明显的塑性变形（脆断）；应力集中对塑性良好钢结构的静力强度影响不大，但会降低其疲劳强度。

（5）钢材的选用

铁碳合金的组成如图 1-9 所示，其中的低碳钢、普通碳素钢、低合金钢和普通合金钢为建筑钢结构用钢材。

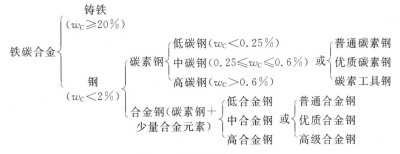

图 1-9 铁碳合金的组成

① 建筑钢结构用材的品种及特点。

建筑钢结构用材的品种及特点见表 1-3。

表 1-3   建筑钢结构用材的品种及特点

品种	特点
碳素结构钢	用于结构的普通低碳钢，含碳量为 $0.06\% \sim 0.22\%$
低合金高强度结构钢	普通低碳钢＋若干种合金元素（Mn、V 等，总量小于 5%）
优质碳素结构钢	有害元素少的碳素结构钢＋热处理
钢索	钢丝、平行钢丝索、钢绞线、钢丝绳的总称

a. 碳素结构钢。

（a）碳素结构钢的牌号［《碳素结构钢》（GB/T 700—2006）］。

碳素结构钢的牌号等见表 1-4。

表 1-4   碳素结构钢

牌号	Q195	Q235（规范推荐）	Q255	Q275
特点	含碳量、强度↑，塑性↓ → 建筑钢结构最常用牌号：Q235 强度、塑韧性、焊接性能均好			
供货	在保证钢材力学性能符合标准规定的情况下，各牌号 A 级钢的碳、锰、硅含量可以作为供货条件，但其含量应在质量证明书中注明；B、C、D 级钢均应保证屈服强度、抗拉强度、伸长率、冷弯性能及冲击韧性等性能			

（b）碳素结构钢的表示方法。

下面以 Q235 为例说明碳素结构钢的表示方法，见表 1-5。

表 1-5   **Q235 碳素结构钢的表示方法**

钢材代号	屈服强度/MPa	质量等级（四级）	脱氧方法
Q （屈服强度）	235	A 无冲击韧性规定 冷弯试验在需方要求时提供	F（沸腾钢） b（半镇静钢） Z（镇静钢）
		B 规定 20℃时的冲击韧性 $A_{kv} \geqslant 27$ J 提供冷弯试验合格证书	
		C 规定 0℃时的冲击韧性 $A_{kv} \geqslant 27$ J 提供冷弯试验合格证书	Z （镇静钢）
		D 规定 −20℃时的冲击韧性 $A_{kv} \geqslant 27$ J 提供冷弯试验合格证书	TZ （特殊镇静钢）

b. 低合金高强度结构钢。

（a）低合金高强度结构钢的牌号[《低合金高强度结构钢》（GB/T 1591—2008）]。

低合金高强度结构钢的牌号等见表 1-6。

表 1-6   低合金高强度结构钢

牌号	Q295	Q345	Q390	Q420	Q460
特点	含碳量、强度↑，塑性↓ → 建筑钢结构最常用牌号：Q345B				
供货	提供力学性能质保书（f_y、f_u、δ 和冷弯试验等） 提供化学成分质保书（C、Mn、Si、S、P、V、Ti 等）				

（b）低合金高强度结构钢的表示方法。

下面以 Q345 为例说明低合金高强度结构钢的表示方法，见表 1-7。

c. 钢索。

钢索的种类及特点见表 1-8。

② 钢结构的选材原则。

基本原则：结构安全可靠，满足使用要求，经济合理。

进行钢结构选材时，还需考虑钢结构及其应用环境等的特点：结构重要性（重要、一般、次要），荷载性质（动载、静载或拉力、压力），工作温度（低温、一般），环境介质（腐蚀性、一般），连接方法（焊接、非焊接），板材厚度（厚板、薄板）。

表 1-7   **Q345 低合金高强度结构钢的表示方法**

钢材代号	屈服强度/MPa	质量等级（五级）	脱氧方法
Q（屈服强度）	345	A 无冲击韧性规定 冷弯试验在需方要求时提供	Z（镇静钢）
		B 规定 20℃时的冲击韧性 $A_{kv}\geqslant34$ J 提供冷弯试验合格证书	
		C 规定 0℃时的冲击韧性 $A_{kv}\geqslant34$ J 提供冷弯试验合格证书	
		D 规定 -20℃时的冲击韧性 $A_{kv}\geqslant34$ J 提供冷弯试验合格证书	TZ（特殊镇静钢）
		E 规定 -40℃时的冲击韧性 $A_{kv}\geqslant27$ J 提供冷弯试验合格证书	

表 1-8   **钢索的种类及特点**

钢索种类	特点
钢丝	用高强度钢材制作，抗拉强度为 1570～1770 MPa；由优质碳素结构钢经多次冷拔加工而成；对原材料钢材的化学成分有严格要求。国内产品直径为 3～9 mm，悬索结构常用尺寸为 ϕ3 mm 和 ϕ4 mm。一般钢丝直径越小，强度越高
平行钢丝索	由多根（7 根、19 根、37 根、61 根等）钢丝相互平行组成；索内钢丝受力均匀，强度、弹性模量接近单根钢丝。桥梁等中的索结构常常应用平行钢丝索
钢绞线	由多根钢丝捻成（亦称单股钢丝绳）。钢丝根数为 7 根、19 根或 37 根；7 根捻法最简单，一根在中心，其余 6 根在周围顺着同一方向缠绕。钢绞线受拉时，中心钢丝应力最大，其他外层钢丝应力稍小。因各钢丝受力不均，钢绞线的抗拉强度比单根钢丝低 10%～20%，弹性模量也有降低。钢绞线也可几根平行放置，形成钢绞线束
钢丝绳	钢丝绳通常由 7 股钢绞线捻成，以一股钢绞线为核心，外层的 6 股钢绞线沿同一方向缠绕；钢丝绳承载力较高，但强度和弹性模量比钢绞线有不同程度的降低

③ 钢材规格。

钢材按规格可分为三大类：钢板，型钢（热轧、焊接），冷弯薄壁型钢。

a. 钢板。

钢板的分类及规格见表 1-9。

表 1-9   **钢板的分类及规格**

钢板分类	厚度/mm	宽度/mm	长度/m
薄钢板	0.35～4	500～1800	0.4～6
中厚钢板	4.5～20	700～3000	4～12
厚钢板	22～60		
特厚钢板	>60	600～3800	4～9
扁钢	4～60	12～200	3～9

b. 型钢。

型钢可分为角钢(热轧)、工字钢(热轧)、槽钢(热轧)、H型钢(热轧、焊接)、T型钢(热轧)、圆钢管等。其各自的分类及规格见表1-10~表1-15。

表1-10　　　　　　　　　　　　　　　　　角钢的分类及规格

角钢分类	型号或表示方法	最小规格/mm	最大规格/mm	长度/m
等边角钢	∟边长×厚度	∟20×3	∟200×24	4~19
不等边角钢	∟长边边长×短边边长×厚度	∟25×16×3	∟200×125×18	

表1-11　　　　　　　　　工字钢的分类及规格(其他几何参数可查相关规范)

工字钢分类	型号或表示方法	最小规格/cm	最大规格/cm	长度/m
普通工字钢	I高度	I10	I63	5~19
轻型工字钢	QI高度	QI10	QI70	

表1-12　　　　　　　　　槽钢的分类及规格(其他几何参数可查相关规范)

槽钢分类	型号或表示方法	最小规格/cm	最大规格/cm	长度/m
普通槽钢	[高度	[5	[40	5~19
轻型槽钢	Q[高度	Q[5	Q[40	

表1-13　　　　　　　　　　　　　　　　H型钢的分类及规格

H型钢分类	型号或表示方法	最小规格/mm	最大规格/mm	长度/m
宽翼缘H型钢	HW高×宽	HW100×100	HW400×400	6~15
中翼缘H型钢	HM高×宽	HM150×100	HM600×300	
窄翼缘H型钢	HN高×宽	HN100×50	HN700×300	
高频焊接H型钢	H高×宽×腹板厚×翼缘厚	H100×50×3×3	H350×175×4.5×6	6~12

表1-14　　　　　　　　　　　　　　　　　T型钢的分类及规格

T型钢分类	型号或表示方法	最小规格/mm	最大规格/mm	长度/m
宽翼缘T型钢	TW高×宽	TW50×100	TW200×400	6~15
中翼缘T型钢	TM高×宽	TM74×100	TM300×300	
窄翼缘T型钢	TN高×宽	TN50×50	TN300×200	

表1-15　　　　　　　　　　　　　　　　　圆钢管的分类及规格

圆钢管分类	型号或表示方法	最小规格/mm	最大规格/mm	长度/m
热轧无缝钢管	φ直径×壁厚	φ32×2.5	φ351×16	3~12
电焊钢管(直焊缝、螺旋焊缝)	φ直径×壁厚	φ32×2	φ152×5.5	

c. 冷弯薄壁型钢。

冷弯薄壁型钢具有以下特点:采用2~6 mm厚的薄钢板,经冷弯或模压成形而成;充分利用薄壁钢材的强度,在轻钢结构中广泛应用;2 mm以下厚度的冷弯薄壁型钢不宜用于承重结构;在国外,冷弯薄壁型钢的板厚有加大的趋势,如美国已用到25 mm板厚的冷弯薄壁型钢。

冷弯薄壁型钢的类型如图1-10所示。

(6) 结构钢材的新发展

钢结构发展的一种体现就是采用新的高性能钢材。因此,结构钢材的新发展表现如下:耐火钢、耐候

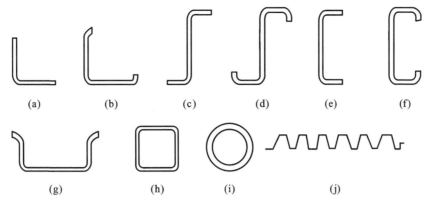

图 1-10　冷弯薄壁型钢的类型

(a) 等边角钢；(b) 卷边等边角钢；(c) Z 型钢；(d) 卷边 Z 型钢；(e) 槽钢；

(f) 卷边槽钢；(g) 向外卷边槽钢(帽形钢)；(h) 方钢管；(i) 圆钢管；(j) 压型钢

钢、高强度钢、极低屈服点钢、结构用铸钢、高摩擦系数钢板(厚度由 0.3～0.45 mm 增大到了 0.9 mm)。

1.2　典型例题　>>>

【**例 1-1**】　什么是钢结构？

【**解**】　钢结构是用钢板、热轧或焊接型钢(角钢、工字钢、H 型钢、槽钢、T 型钢、圆钢管等)及冷加工成形的薄壁型钢等钢材，通过一定的连接方式进行连接而形成的结构。

【**例 1-2**】　钢结构有哪些特点？

【**解**】　钢结构和其他材料的结构相比，有如下优点：

(1) 建筑钢材强度高，塑性、韧性好

建筑钢材强度高，故适用于建筑跨度大、高度大、承载力大的结构。建筑钢材塑性好，故结构在一般条件下不会因超载而发生突然断裂，只增大变形，从而易于被发现。建筑钢材韧性好，故适宜在动力荷载作用下工作，有利于抗震。

(2) 钢结构的质量轻

钢材容重大、强度高，做成的结构质量却比较轻。其质量轻，故可减小基础的负荷，降低地基、基础部分的造价，同时方便运输和吊装。

(3) 材质均匀，其实际受力情况和科学计算假定比较符合

由于在冶炼和轧制过程中对钢材进行了科学控制，故其组织比较均匀，各向接近同性，为理想的弹塑性体，能较好地符合材料力学的基本假定。因此，钢结构的实际受力情况和工程力学的计算结果比较符合，计算上的不确定性比较小，计算结果较为可靠。

(4) 钢结构制作简便，施工工期短

钢结构构件一般是在工厂制作的，施工机械化、程控化程度高，准确度和精确度也较高。钢结构所有材料皆已轧制成各种型材，加工简易而迅速。钢构件质量较轻，连接简单，安装方便，施工周期短。小型钢结构和轻型钢结构可在现场制作，吊装容易。由于具有连接简单的特性，故钢结构易于加固、改建和拆迁。

(5) 钢结构的密闭性较好

钢材及其连接(如焊接)的水密性和气密性较好，适用于要求密闭的板壳结构，如高压容器、油库、气柜、管道等。

钢结构和其他材料的结构相比,有如下缺点:

(1) 钢结构的耐蚀性差

钢材容易锈蚀,必须注意防护,特别是薄壁构件。一般需对钢结构采取防护措施,如除锈,涂刷防护漆,镀锌等。

(2) 钢材耐热但不耐火

钢材受热温度在150℃以内时,其主要性能(屈服强度和弹性模量)变化很小;温度超过200℃后,钢材材质变化较大,强度逐步降低,而且有蓝脆和徐变现象发生。对有防火要求的钢材,需按相应规定采取隔热保护措施。

(3) 钢结构在低温和其他条件下的缺点

钢结构在低温和其他条件下可能发生脆性断裂。

【例 1-3】 在建筑领域,钢结构有哪些应用?

【解】 在工业与民用建筑中,钢结构的应用范围大致如下。

(1) 工业厂房

工业厂房一般工期要求很紧,钢结构施工速度快、工期短的优势刚好可以满足要求。重型厂房荷载大,有动荷载,适宜采用钢结构。

(2) 大跨度结构

钢结构自重轻、强度高,适用于大跨度结构,如飞机装配车间、飞机库、航站楼、大会堂、体育场馆、火车站、展览馆、会展中心等皆需大跨度结构。其结构体系可为框架、网架、悬索、拱架及组合结构等。

(3) 高耸结构

高耸结构承受的风荷载和地震作用随高度的增加而加大,采用钢结构可以发挥其强度高,塑性、韧性好的优势,适宜采用钢结构。高耸结构包括塔架和桅杆结构,如电视塔、微波塔、输电线塔、无线电天线桅杆等。

(4) 多层和高层建筑

我国过去钢材比较短缺,多采用钢筋混凝土结构。近年来,钢结构在多层和高层建筑领域已逐步得到了应用。多层和高层建筑的骨架采用钢结构可以获得明显的经济效益和社会效益。

(5) 板壳结构

冶金和石油化工企业的油库、油罐、煤气库、高炉、漏斗、烟囱及各种管道等适宜采用钢结构。

(6) 可拆卸或移动的结构

活动式房屋和流动式展馆适宜采用装配式钢结构。各种运输机械,如塔式起重机、履带式起重机的吊臂、龙门起重机等也适宜采用钢结构作为骨架。

(7) 轻型钢结构

轻型钢结构包括轻型门式刚架房屋钢结构、冷弯薄壁型钢结构及钢管结构。近年来,轻型钢结构已广泛应用于仓库、办公室、工业厂房及体育设施,并向住宅楼方向迅速发展。

(8) 和混凝土形成组合结构

钢结构和混凝土形成的组合结构如组合梁和钢管混凝土柱等。

【例 1-4】 在我国,钢结构的设计方法经历过哪些阶段?

【解】 在我国,钢结构设计方法的发展经历了以下四个阶段:传统的容许应力法、三系数极限状态法、半概率极限状态设计法、全概率极限状态设计法。

【例 1-5】 结构设计的准则是什么?

【解】 结构设计的准则为:结构由各种荷载所产生的效应(应力和应变)不大于结构由材料性能和几何因素所决定的抗力或规定限值。

【例1-6】 什么是极限状态? 结构的极限状态可以分为哪些类型?

【解】 当结构或其组成部分超过某一特定状态就不能满足规定的某一功能要求时,就称为该功能的极限状态。

结构的极限状态可以分为以下两类。

(1) 承载能力极限状态

其对应于结构或构件达到最大承载能力或是出现了不适于继续承载的变形,包括构件或其连接发生强度破坏、疲劳破坏、结构或构件丧失稳定、结构变为机动体系或出现过度的塑性变形及结构倾覆等。

(2) 正常使用极限状态

其对应于结构或构件达到正常使用或耐久性能的某项规定限值,包括出现影响正常使用或影响外观的变形,影响正常使用或耐久性能的局部损坏以及影响正常使用的振动等。

【例1-7】 什么是结构的可靠度?

【解】 按照概率极限状态设计方法,结构的可靠度可定义为:结构在规定的时间内、在规定的条件下,完成预定功能的概率。这里所说的"完成预定功能",是指对于规定的某种功能来说结构不失效。

【例1-8】 建筑物和构筑物在进行设计时,必须满足哪些功能要求?

【解】 任何建筑物和构筑物在进行设计时,必须满足下列功能要求。

(1) 安全性

安全性是指结构在规定的使用期限内,能够承受正常施工、正常使用时可能出现的各种荷载、变形等作用;在偶然荷载作用下,结构仍能保持整体稳定性,不发生倒塌或连续破坏的性能。

(2) 适用性

适用性是指结构在正常使用荷载作用下具有良好的工作性能,如不发生影响正常使用的过大挠度、永久变形等。

(3) 耐久性

耐久性是指结构在正常使用和正常维护的条件下,在规定的使用期限内满足使用要求的能力。

安全性、适用性、耐久性是结构可靠的标志,总称为结构的可靠性。

【例1-9】 目前,我国钢结构设计采用哪种设计方法? 其实质是什么?

【解】 目前,我国钢结构设计(除疲劳外)采用概率极限状态设计法,采用分项系数设计表达式进行计算。

概率极限状态设计法的实质是将影响结构功能的诸多因素作为随机变量,因而对结构的功能只能给出一定的概率保证,即认为任何设计都不能保证绝对安全,而是存在着一定的风险,但只要将其失效概率降低到人们可以接受的程度,就可以认为所设计的结构是安全的。

【例1-10】 荷载分为哪些类型?

【解】 荷载一般可分为以下几种类型。

(1) 永久荷载(恒荷载)

永久荷载(恒荷载)是指在设计使用期间,其值不随时间变化或其变化的数值与平均值相比可以忽略不计的荷载,如结构自重、土压力等。

(2) 可变荷载(活荷载)

可变荷载(活荷载)是指在设计使用期间,其值随时间变化或其变化的数值与平均值相比不可以忽略的荷载,如楼面活荷载、风荷载、雪荷载等。

(3) 偶然荷载

偶然荷载是指在设计使用期间不一定出现,一旦出现,数值很大,持续时间较短,造成的破坏作用很大的荷载,如地震、撞击、爆炸等作用荷载。

【例1-11】 荷载有哪些代表值?

【解】 一般荷载有标准值、组合值、频遇值和准永久值四种代表值。其中,标准值是荷载的基本代表值,其他三种是以标准值乘以相应的系数得到的。对于永久荷载而言,只有标准值一种代表值;对于可变荷载而言,有标准值、组合值、频遇值和准永久值四种代表值。

(1)荷载标准值

荷载标准值是指结构构件在使用期间的正常情况下可能出现的最大荷载值。考虑到结构的可靠性,对某些自重变异较大的材料(保温、防水材料),在设计中一般应根据荷载对结构的有利或不利影响,分别取其自重的下限值或上限值。

(2)荷载组合值

当结构承受两种或两种以上的可变荷载,且承载能力极限状态按基本组合设计或正常使用极限状态按荷载效应标准组合设计时,考虑到这两种或两种以上可变荷载同时达到最大值的可能性较小,因此可以将它们的标准值乘以一个小于或等于1的荷载组合系数。这种将可变荷载标准值乘以荷载组合系数后得到的数值,称为可变荷载的组合值。

(3)荷载频遇值

为确定可变作用与时间有关的材料性能而选用的时间参数称为设计基准期。设计基准期一般为50年。对可变荷载,在设计基准期内,超越的时间为规定的较小比率或超越频率为规定频率所对应的荷载值,称为可变荷载的频遇值。可变荷载的频遇值等于可变荷载的标准值乘以频遇值系数。

(4)荷载准永久值

虽然可变荷载在设计基准期内会随时间而发生变化,但是研究表明,不同的可变荷载在结构上的变化情况不一样。可变荷载在整个设计基准期内的总保持时间超过50%的荷载值,称为该可变荷载的准永久值。其值为可变荷载标准值乘以荷载准永久值系数。

【例1-12】 荷载设计值和荷载标准值有什么关系?

【解】 荷载设计值是荷载标准值乘以荷载分项系数所得到的荷载值。

在设计中,只在按承载能力极限状态进行计算荷载组合值的公式中引用了荷载分项系数。因此,只有在按承载能力极限状态进行设计时才需要考虑荷载分项系数和荷载设计值。

在按正常使用极限状态进行设计时,当考虑荷载组合时,恒荷载和活荷载都用标准值;当考虑荷载频遇组合和准永久组合时,恒荷载用标准值,活荷载用频遇值和准永久值或只用准永久值。

【例1-13】 钢材强度的标准值与设计值之间有什么关系?

【解】 钢材强度标准值的取值原则是:在符合规定质量的钢材强度实测总体中,强度标准值应具有不小于95%的保证率,即钢材的实测强度小于强度标准值的概率只有5%。

钢材强度的标准值除以钢材的抗力分项系数(γ_R)所得的强度值,称为钢材的强度设计值。在规范中,钢材强度的标准值以符号f_y表示,设计值用f表示,即$f = f_y / \gamma_R$。

【例1-14】 钢材的强度指标有哪些?

【解】 钢材的强度指标有屈服强度和极限强度两个。

(1)屈服强度

钢材的屈服强度是钢材在力的作用下开始产生永久性残余变形时所对应的强度,包括受拉屈服强度、受压屈服强度、受剪屈服强度,是钢材的主要强度指标。

(2)极限强度

钢材的极限强度是钢材实际能承受的最大应力,包括抗拉强度、抗压强度和抗剪强度。

【例 1-15】 什么是钢材的屈强比?

【解】 钢材的屈强比是指钢材的屈服强度与极限强度的比值,一般用来衡量钢材的安全储备。屈强比越小,钢材的强度储备就越大,一般屈强比不大于0.8。

当材料的强度达到或接近极限强度时,材料已产生非常大的塑性变形,此时结构已无法正常使用。因此,在结构设计中,一般用屈服强度作为钢材能承受的最大应力。

【例 1-16】 钢结构采用的钢材应具有哪些性能?

【解】 钢结构采用的钢材应具有以下性能。

(1) 较高的抗拉强度 f_u 和屈服强度 f_y

f_y 是衡量结构承载能力的指标,f_y 高则可减轻结构自重,节约钢材和降低造价。f_u 是衡量钢材经过较大变形后的抗拉能力,它直接反映钢材内部组织的优劣。同时,f_u 高可以增加结构的安全储备。

(2) 较高的塑性和韧性

塑性和韧性好,结构在静荷载和动荷载作用下就有足够的应变能力,既可减轻结构脆性破坏的倾向,又能通过较大的塑性变形调整局部应力,同时具有较好的抵抗重复荷载作用的能力。

(3) 良好的工艺性能

良好的工艺性能(包括冷加工、热加工和焊接性能)不但易于将钢材加工成各种形式的结构,而且不致因加工而对结构的强度、塑性、韧性等造成较大的不利影响。

此外,根据结构的具体工作条件,有时还要求钢材具有适应低温、高温和腐蚀性环境的能力。

【例 1-17】 《钢结构设计规范》(GB 50017—2003)对钢材有哪些具体规定?

【解】 《钢结构设计规范》(GB 50017—2003)对钢材的具体规定:承重结构采用的钢材应具有抗拉强度,伸长率,屈服强度和硫、磷含量的合格保证;对焊接结构,还应具有碳含量的合格保证。焊接承重结构以及重要的非焊接承重结构采用的钢材还应具有冷弯试验的合格保证;对需要验算疲劳强度的结构用钢材,根据具体情况应当具有常温或负温冲击韧性的合格保证。

【例 1-18】 钢材的破坏形式有哪些?

【解】 钢材有两种不同的破坏形式:塑性破坏和脆性破坏。钢结构所用的材料有较高的塑性和韧性,故一般发生塑性破坏,但在一定的条件下,仍然有发生脆性破坏的倾向。

(1) 塑性破坏

塑性破坏是由于变形过大,超过了材料或构件允许的应变而发生的,而且仅在构件的应力达到了钢材的抗拉强度后才发生。破坏前构件会产生较大的塑性变形,断裂后的断口呈纤维状,色泽发暗。构件在发生塑性破坏前,由于有较大的塑性变形发生,且变形持续的时间较长,因此很容易及时发现而采取措施予以补救,不致引起严重后果。另外,构件发生塑性变形后出现内力重分布,使结构中原先受力不等的部分应力分布趋于均匀,因而能提高结构的承载能力。

(2) 脆性破坏

钢材发生脆性破坏前塑性变形很小,甚至没有塑性变形,计算应力可能小于钢材的屈服强度,断裂从应力集中处开始。冶金和机械加工过程中产生的缺陷,特别是缺口和裂纹,常是断裂的发源地。钢材发生脆性破坏前没有任何预兆,破坏是突然发生的,断口平直并呈有光泽的晶粒状。由于钢材发生脆性破坏前没有明显的预兆,无法及时察觉和采取补救措施,而且个别构件的断裂常会引起整个结构塌毁,危及生命财产的安全,因此其后果十分严重。在设计、施工和使用钢结构时,要特别注意防止出现脆性破坏。

【例 1-19】 钢材的塑性指标有哪些? 如何确定?

【解】 钢材的塑性指标有以下三种。

(1) 伸长率

伸长率是指在标距范围内钢材试件拉断后的残余变形与原标距之比,一般用 $\delta(\%)$ 来表示:

$$\delta = \frac{l - l_0}{l_0} \times 100\%$$

式中　l——试件拉断后的实际长度；

　　　l_0——试件的原标距长度。

钢材的伸长率反映钢材的塑性变形能力,伸长率越大,塑性越好。

（2）断面收缩率

断面收缩率是反映材料塑性变形能力的另一个指标,其值等于试件被拉断后颈缩区的断面面积缩小值与原断面面积比值的百分比,一般用 $\psi(\%)$ 来表示：

$$\psi = \frac{A_0 - A_1}{A_0} \times 100\%$$

式中　A_0——试件受力前的断面面积；

　　　A_1——试件拉断后颈缩区的断面面积。

（3）冷弯性能

冷弯性能在常温下通过冷弯性能试验（图 1-11）来检验。试验是用直径为 d（与试件的厚度 a 成一定比例）的冲头对试件加压,使其弯曲 $180°$,当试件表面不出现裂纹或分层时即认为其冷弯性能合格。

冷弯试验不仅能直接检验钢材的弯曲变形能力或塑性性能,还能暴露钢材内部的冶金缺陷,如硫、磷偏析和硫化物、氧化物的掺杂情况,这些缺陷都将降低钢材的冷弯性能。因此,冷弯性能是鉴定钢材在弯曲状态下塑性应变能力和钢材质量的综合指标。

【例 1-20】　钢材的韧性如何确定？

【解】　钢材的韧性一般用冲击韧性试验确定。韧性是钢材抵抗冲击荷载的能力,用材料在冲击试验机上被摆锤击断时所吸收的机械能来度量。其采用夏比（Charpy）V 形缺口试件（其尺寸一般为 10 mm×10 mm×55 mm,图 1-12）在夏比试验机上进行,所得结果以消耗的功 C_V 表示,单位为 J,试验结果不除以缺口处的横截面面积。

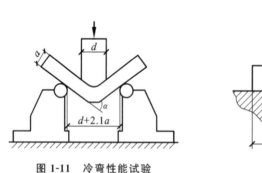

图 1-11　冷弯性能试验

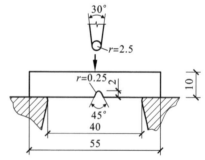

图 1-12　冲击韧性试验

【例 1-21】　化学成分对钢材性能有哪些影响？

【解】　钢材是由各种化学元素组成的,化学成分及其含量对钢材的性能特别是力学性能有着重要的影响。

铁是钢材的基本元素,纯铁质软,在碳素结构钢中含量约占 99%；碳和其他元素含量仅占约 1%,但对钢材的力学性能却有着决定性的影响。

在碳素结构钢中,碳是含量仅次于纯铁的主要元素,它直接影响钢材的强度、塑性、韧性和焊接性能等。碳含量增加,钢材的强度提高,而塑性、韧性和疲劳强度下降,同时恶化钢材的焊接性能和耐腐蚀性。

硫和磷（特别是硫）是钢材的有害成分,它们可降低钢材的强度、塑性、韧性、焊接性能和疲劳强度。高温时,硫使钢变脆,称为热脆；低温时,磷使钢变脆,称为冷脆。

氧和氮都是钢材中的有害杂质。氧的作用和硫类似,可使钢热脆；氮的作用和磷类似,可使钢冷脆。氧、氮的含量一般不会超过其极限含量,故通常不要求作含量分析。

硅和锰都是钢材的有益元素,它们都是炼钢的脱氧剂。它可使钢材的强度提高,如含量不过高,则对钢材的塑性和韧性无显著的不良影响。

钒和钛是钢材的合金元素,能提高钢材的强度和耐腐蚀性能,又不显著降低钢材的塑性。

铜在碳素结构钢中属于杂质成分。它可以显著提高钢材的耐腐蚀性能,也可以提高钢材的强度,但对钢材的焊接性能有不利影响。

【例 1-22】　钢材的硬化有哪些类型?

【解】　钢材的硬化有以下三种类型。

(1)冷作硬化

冷拉、冷弯、冲孔、机械剪切等冷加工会使钢材产生很大的塑性变形,从而提高了钢的屈服强度,同时降低了钢的塑性和韧性。这种现象称为冷作硬化(或应变硬化)。

(2)时效硬化

高温时熔化于铁中的少量氮和碳,随着时间的推移逐渐从纯铁中析出,形成自由碳化物和氮化物,可对基体的塑性变形起到遏制作用,从而使钢材的强度提高,塑性、韧性下降,这种现象称为时效硬化,俗称老化。时效硬化的过程一般很长,但如在材料发生塑性变形后加热,可使时效硬化的发展特别迅速,这种方法称为人工时效。

(3)应变时效

应变时效是指钢材发生冷作硬化后又发生时效硬化的现象。

在一般钢结构中,不利用硬化来提高钢的强度,有些重要结构要求对钢材进行人工时效后检验其冲击韧性,以保证结构具有足够的抗脆性破坏能力。另外,应将局部硬化部分采用刨边或扩钻的方式予以消除。

【例 1-23】　温度对钢材的性能有何影响?

【解】　钢材的内部晶体组织对温度很敏感,温度升高和降低都会使钢材的性能发生变化。

其总的趋势是:温度升高,钢材的强度降低,应变增大;温度降低,钢材的强度会略有增加,但塑性和韧性会降低而使钢材变脆。

温度在常温至 200 ℃以内时,钢材性能没有很大变化;温度为 430～540 ℃时,钢材的强度急剧下降;温度为 600 ℃时,钢材的强度很低,不能承受荷载。但温度在 250 ℃左右时,钢材的强度反而略有提高,同时塑性和韧性均下降,材料有转脆的倾向,钢材表面的氧化膜呈蓝色,称为蓝脆现象。钢材应避免在蓝脆温度范围内进行热加工。当温度为 260～320 ℃时,在应力持续不变的情况下,钢材以很缓慢的速度继续变形,此种现象称为徐变现象。

当温度从常温开始下降,特别是下降至负温范围内时,钢材强度虽有些提高,但其塑性和韧性降低,材料逐渐变脆,这种性质称为低温冷脆。

【例 1-24】　什么是应力集中?

【解】　当构件中存在着孔洞、槽口、凹角、截面突然改变以及钢材内部缺陷时,构件中的应力分布将不再保持均匀,而是在某些区域产生局部高峰应力,在另外一些区域则应力降低,形成应力集中现象。

应力高峰区的最大应力与净截面上的平均应力之比称为应力集中系数。研究表明,在应力高峰区总是存在着同号的双向或三向应力。这是因为高峰拉应力引起的截面横向收缩受到附近低应力区的阻碍而引起方向垂直于内力方向的拉应力,使材料处于复杂受力状态。由能量强度理论得知,这种同号的平面或立体应力场有使钢材变脆的趋势。

【例 1-25】　在复合应力作用下,钢材性能将发生哪些变化?

【解】　在复合应力作用下,钢材除了强度会发生变化以外,塑性和韧性也会发生变化。

① 在同号平面应力作用下,钢材的极限强度有所提高,塑性变形有所下降。

② 在异号平面应力作用下,钢材的极限强度有所下降,塑性变形有所增加。

③ 钢材受同号立体拉应力作用时,如三个应力相等,则塑性变形几乎不出现,钢材有发生脆性破坏的倾向。

④ 钢材受同号立体压应力作用时,如三个应力相等,则塑性变形和断裂破坏几乎不发生,因此钢材不易发生破坏。

【例 1-26】 什么是钢材的疲劳?

【解】 钢材在反复荷载的作用下,结构的抗力及性能都会发生重要变化。在直接的连续反复的动力荷载作用下,根据试验,钢材的强度将降低。当钢材的强度低于一次静力荷载作用下拉伸试验的抗拉强度 f_u 时,钢材会发生破坏,这种现象称为钢材的疲劳。钢材的疲劳破坏表现为钢材突然发生脆性断裂。

【例 1-27】 为什么钢材会发生疲劳破坏?

【解】 任何材料都是有缺陷的,在反复荷载的作用下,先在其缺陷处发生塑性变形和硬化而生成一些极小的裂纹。此后这种微观裂纹逐渐发展成宏观裂纹,试件截面削弱,而在裂纹根部出现应力集中现象,使材料处于三向拉伸应力状态,塑性变形受到限制。当反复荷载达到一定的循环次数时,材料最终发生破坏,表现为突然的脆性断裂。因此,疲劳破坏实际上是损伤累积的结果。

【例 1-28】 在复杂应力状态下,如何判断钢材进入了塑性阶段?

【解】 在单向拉伸试验中,单向应力达到屈服强度时,钢材即进入塑性状态。在复杂应力(如平面或立体应力)作用下,钢材由弹性状态转入塑性状态是通过将能量强度理论(或第四强度理论)计算的折算应力 σ_{red} 与单向应力作用下的屈服强度 f_y 相比较来判断的,即:

$$\sigma_{red} = \sqrt{\sigma_x^2 + \sigma_y^2 + \sigma_z^2 - (\sigma_x\sigma_y + \sigma_y\sigma_z + \sigma_z\sigma_x) + 3(\tau_{xy}^2 + \tau_{yz}^2 + \tau_{zx}^2)}$$

当 $\sigma_{red} < f_y$ 时,为弹性状态;当 $\sigma_{red} \geq f_y$ 时,为塑性状态。

【例 1-29】 钢材种类如何划分?

【解】 （1）按用途划分

钢材按用途分为结构钢、工具钢和特殊钢(如不锈钢等)。结构钢又分为建筑用钢和机械用钢。

（2）按冶炼方法划分

钢材按冶炼方法分为转炉钢和平炉钢。此外,还有电炉钢,是特种合金钢。当前的转炉钢主要采用氧气顶吹转炉钢。平炉钢质量好,但冶炼时间长,成本高。氧气顶吹转炉钢的质量与平炉钢相当,但成本较低。

（3）按脱氧方法划分

钢材按脱氧方法分为沸腾钢(代号为 F)、镇静钢(代号为 Z)和特殊镇静钢(代号为 TZ),镇静钢和特殊镇静钢的代号可以省去。镇静钢脱氧充分,沸腾钢脱氧较差。一般采用镇静钢,尤其是轧制钢材的钢坯推广采用连续铸锭法生产时,钢材必然为镇静钢。若采用沸腾钢,则不但质量差,价格不便宜,而且供货困难。

（4）按成型方法划分

钢材按成型方法分为轧制钢(热轧钢、冷轧钢)、锻钢和铸钢。

（5）按化学成分划分

钢材按化学成分分为碳素钢和合金钢。

【例 1-30】 热轧钢板有哪些类型?

【解】 热轧钢板有以下三种类型:

① 厚钢板(厚度为 4.5～60 mm,宽度为 600～3000 mm,长度为 4～12 m);

② 薄钢板(厚度为 0.35～4 mm,宽度为 500～1500 mm,长度为 0.5～4 m);

③ 扁钢(厚度为 4～60 mm,宽度为 12～200 mm,长度为 3～9 m)。

钢板的表示方法为在符号"—"后加"宽度×厚度×长度",如—1200×8×6000,数值单位均为 mm。

【例 1-31】 热轧型钢有哪些类型？

【解】 热轧型钢有角钢、工字钢、槽钢和钢管。

① 角钢分等边和不等边两种。不等边角钢的表示方法为,在符号"∟"后加"长边宽×短边宽×厚度",如 ∟100×80×8;等边角钢则以边宽和厚度表示,如 ∟100×8,数值的单位皆为 mm。

② 工字钢有普通工字钢、轻型工字钢和 H 型钢。

普通工字钢和轻型工字钢用号数表示,号数即为其截面高度的厘米数。20 号以上的工字钢,同一号数有三种腹板厚度,分别为 a、b、c 三类,如 工30a、工30b、工30c。由于 a 类腹板较薄,故用作受弯构件较为经济。轻型工字钢的腹板和翼缘均较普通工字钢薄,因而在相同质量下其截面模量和回转半径均较大。

H 型钢是世界各国使用很广泛的热轧型钢。与普通工字钢相比,其翼缘内外两侧平行,便于与其他构件相连。它可分为宽翼缘 H 型钢(代号为 HW,翼缘厚度 B 与截面高度 H 相等)、中翼缘 H 型钢[代号为 HM,$B=(1/3\sim1/2)H$]、窄翼缘 H 型钢 [代号为 HN,$B=(1/3\sim1/2)H$]和高频焊接 H 型钢。

各种 H 型钢均可剖分为 T 型钢供应,代号分别为 TW、TM 和 TN。H 型钢和剖分 T 型钢的规格标记均采用高度 H×宽度 B×腹板厚度 t_1×翼缘厚度 t_2 表示。例如,HM340×250×9×14 对应的剖分 T 型钢为 TM170×250×9×14,数值单位均为 mm。

③ 槽钢有普通槽钢和轻型槽钢两种,以截面高度的厘米数编号,如[30a。编号相同的轻型槽钢,其翼缘较普通槽钢宽而薄,腹板也较薄,回转半径较大,质量较轻。

④ 钢管有无缝钢管和焊接钢管两种,用符号"ϕ"后加"外径×厚度"表示,如 ϕ400×6,数值单位为 mm。

【例 1-32】 薄壁型钢是怎样制成的？有何优点？

【解】 薄壁型钢用薄钢板(一般采用 Q235 钢或 Q345 钢)经模压或弯曲制成。其壁厚一般为 1.5～5 mm,在国外薄壁型钢厚度有加大的趋势,如美国可用到 1 in (25.4 mm)厚。有防锈涂层的彩色压型钢板所用钢板厚度为 0.4～1.6 mm,被用作轻型屋面及墙面等构件。

薄壁型钢壁薄,截面惯性矩较大,刚度较好,能充分发挥钢材的优势,节省材料。

【例 1-33】 选用钢材时应考虑哪些综合因素？

【解】 钢材选用的原则是:在满足结构可靠性的前提下,尽可能做到经济合理。为了保证承重结构的承载能力,防止其在一定条件下发生脆性破坏,应根据结构的重要性、结构形式、应力状态、连接方式、工作环境等因素综合考虑,选用合适的钢材。

【例 1-34】 钢结构采用哪种钢材？

【解】 在建筑工程中采用的钢材为碳素结构钢、低合金高强度结构钢和优质碳素结构钢。

【例 1-35】 说明钢材 Q345GJCZ25 的具体含义。

【解】 Q345GJCZ25 的具体含义如下。

Q:表示屈服强度("屈"汉语拼音首字母);

345:屈服强度数值为 345 N/mm²;

GJ:表示高性能建筑结构用钢("高""建"汉语拼音首字母);

C:质量等级符号;

Z25:厚度方向性能级别。

【例 1-36】 某钢结构平台主梁结构自重为 5 kN/m²,活荷载按检修时所产生的最大荷载取值,其值为 18 kN/m²,主梁间距为 6 m,跨度为 9 m,求梁跨中弯矩设计值。

【解】 梁跨中弯矩由可变荷载效应控制,永久荷载分项系数可取 1.2,可变荷载分项系数可取 1.3。对于该平台结构,由检修材料产生的荷载需要乘以折减系数,主梁的折减系数为 0.85,柱的折减系数为 0.75。

$$M=\frac{1}{8}ql^2=\frac{1}{8}\times(1.2\times5\times6+0.85\times1.3\times18\times6)\times9^2=1572.82(\mathrm{kN\cdot m})$$

【例 1-37】 一简支钢梁上作用有均布荷载,安全等级为一级,跨度为 5 m,荷载标准值:恒荷载 $g_\mathrm{k}=12$ kN/m,活荷载 $q_\mathrm{k}=8$ kN/m。试计算该梁在进行强度验算时的内力值。

【解】 强度验算为承载能力极限状态下的计算,其荷载效应组合为基本组合:

$$S_{\mathrm{Gk}}=\frac{1}{8}g_\mathrm{k}l_0^2=\frac{1}{8}\times12\times5^2=37.5(\mathrm{kN\cdot m})$$

$$S_{\mathrm{Qk}}=\frac{1}{8}q_\mathrm{k}l_0^2=\frac{1}{8}\times8\times5^2=25(\mathrm{kN\cdot m})$$

因安全等级为一级,故 $\gamma_0=1.1$。

可变荷载效应控制的组合:

$$M=\gamma_0(\gamma_\mathrm{G}S_{\mathrm{Gk}}+\gamma_\mathrm{Q}S_{\mathrm{Qk}})=1.1\times(1.2\times37.5+1.4\times25)=88(\mathrm{kN\cdot m})$$

永久荷载效应控制的组合:

$$M=\gamma_0\left(\gamma_\mathrm{G}S_{\mathrm{Gk}}+\sum_{i=1}^{n}\psi_{ci}\gamma_{\mathrm{Q}i}S_{\mathrm{Q}ik}\right)=1.1\times(1.35\times37.5+0.7\times1.4\times25)=82.64(\mathrm{kN\cdot m})$$

比较最不利组合,应取可变荷载效应控制的组合值为该梁进行强度验算时的内力值。

【例 1-38】 一与节点板单面连接的等边角钢轴心受压杆的长细比为 100,采用工地高空焊接安装,施工条件差。计算连接时,焊缝强度设计值的折减系数应如何选取?

【解】 根据《钢结构设计规范》(GB 50017—2003)相应条款及备注的规定,折减系数取值为:

$$0.85\times0.9=0.765$$

【例 1-39】 在复杂应力作用下,钢材(Q235,厚度为 16 mm)所受的主应力分别为:$\sigma_1=200$ N/mm^2,$\sigma_2=100$ N/mm^2,$\sigma_3=-100$ N/mm^2。试判断该钢材是否屈服。

【解】 按第四强度理论计算折算应力:

$$\sigma_\mathrm{red}=\sqrt{\frac{1}{2}\left[(\sigma_1-\sigma_2)^2+(\sigma_1-\sigma_3)^2+(\sigma_3-\sigma_2)^2\right]}=\sqrt{\frac{1}{2}\left[(200-100)^2+(100+100)^2+(-100-200)^2\right]}$$

$$=264.6(\mathrm{N/mm^2})$$

厚度为 16 mm Q235 钢材的屈服强度查表为 215 N/mm^2,折算应力大于钢材的屈服强度,所以该钢材在复杂应力下发生了屈服。

【例 1-40】 轧制钢板(截面尺寸为 400 mm×20 mm,钢材为 Q345B)在反复荷载作用下承受轴心拉力,荷载标准值为 $N_\mathrm{max}=1000$ kN,$N_\mathrm{min}=-100$ kN,荷载循环作用次数 $n=1\times10^6$,试验算该钢板的疲劳强度是否满足要求。

【解】 查《钢结构设计规范》(GB 50017—2003)附录 E 疲劳计算的构件和连接分类表,该钢板计算疲劳时属第 1 类。

查表得:$C=1940\times10^{12}$,$\beta=4$。

当 $n=1\times10^6$ 时,容许应力幅为:

$$[\Delta\sigma]=\left(\frac{C}{n}\right)^{\frac{1}{\beta}}=\left(\frac{1940\times10^{12}}{1\times10^6}\right)^{\frac{1}{4}}=209.9(\mathrm{N/mm^2})$$

因结构为非焊接结构,故

$$\Delta\sigma=\sigma_{\max}-0.7\sigma_{\min}=\frac{[1000-0.7\times(-100)]\times10^3}{400\times20}=133.75(\text{N/mm}^2)<[\Delta\sigma]=209.9\ \text{N/mm}^2$$

因此,该轧制钢板的疲劳强度满足要求。

1.3 复 习 题 >>>

第1章参考答案

一、填空题

1. 在我国《钢结构设计规范》(GB 50017—2003)中,计算结构的强度和稳定时,采用荷载的_____;计算疲劳和变形时,采用荷载的_____。

2. 我国的钢结构设计方法中,除疲劳计算外,采用以_____为基础,以_____表达的极限状态设计法,并将极限状态分为_____极限状态和_____极限状态。

3. 钢结构设计的基本要求是:_____、_____、_____。

4. 度量结构可靠性的指标是_____。

5. 作用按其随时间的变异性,可分为:_____、_____、_____。

6. 在钢结构设计表达式 $\gamma_0 S\leqslant R$ 中,γ_0 为_____。

7. 当可靠指标减小时,相应的失效概率将_____,结构可靠性_____。

8. 近似概率极限状态设计法是用_____来衡量结构或构件可靠程度的。

9. 钢材的设计强度等于_____除以_____。

10. 钢结构在进行正常使用极限状态计算时应采用荷载的_____。

11. 根据结构发生破坏时可能产生后果的_____,把结构分为一、二、三级三个安全等级,一般工业与民用钢结构取_____。

12. 结构的可靠性包括:_____、_____、_____。

13. 承受_____荷载的钢结构,应选用韧性好的钢材。

14. 钢材的耐热性_____,耐火性_____。

15. 低合金高强度结构钢均为_____,因此在其牌号中不需要标注脱氧方法。

16. _____是指结构和构件承受静力荷载时材料吸收变形能的能力。

17. _____是指结构和构件承受动力荷载时材料吸收能量的能力。

18. 低温时,钢材的强度_____,塑性和韧性_____。

19. 反映钢材塑性的指标有_____和_____,一般用_____来表示。

20. 钢材的抗剪屈服强度 f_{vy} 由_____确定,与屈服强度的关系为:_____。

21. 钢材在复杂应力状态下,由弹性状态转入塑性状态的条件是_____等于或大于钢材的_____。

22. 在普通碳素结构钢中,随着碳含量的增加,钢材的强度_____,塑性_____,韧性_____,焊接性能_____,疲劳强度_____。

23. 钢材的破坏形式为_____和_____。所有的结构设计都应力求结构破坏呈_____破坏形式,以避免出现严重的破坏后果。

24. 根据浇注过程中脱氧方式的不同,钢材分为_____、_____和_____。其中,_____的脱氧程度最高,性能最好。

25. 钢材在 250℃ 时,其抗拉强度略有_____,塑性和韧性_____的现象称为_____现象。

26. 在负温范围内,当温度降低到一定值时,钢材的冲击韧性急剧下降,试件断口呈脆性破坏特征。该现象称为_____现象。

27. 随着施加荷载速度的增大,钢材的屈服强度将_____,韧性_____。

28. 根据循环荷载的类型不同,钢材的疲劳分为_____和_____。

29. 对于焊接结构,除了应限制钢材中硫、磷的极限含量外,还应主要限制_____的含量不超过规定值。

30. 钢材的冶金缺陷有_____、_____、_____、_____等,可通过_____和_____消除或降低其影响。

31. 建筑结构用钢在性能方面的基本要求是:具有较高的_____,良好的_____和_____。

32. 冷弯性能是判别钢材_____和_____的综合指标。

33. 进行结构计算的目的在于保证所设计的结构和构件在_____和_____过程中均能满足预期的_____和_____要求。

34. 结构设计准则应当这样来陈述:结构由各种_____所产生的效应(内力和变形)不大于结构(包括连接)由_____和_____等所决定的抗力或规定限值。

35. 如果将影响结构设计的诸因素取为定值,用一个凭经验判定的安全系数来考虑设计诸因素变异的影响,来衡量结构的安全度。这种方法称为_____,包括_____和_____。

36. 一次二阶矩法既有确定的_____,又可给出不超过该极限状态的_____(可靠度),因而是一种较为完善的概率极限状态设计法。其把结构可靠度的研究由以经验为基础的_____分析阶段推进到以概率论和数理统计为基础的_____分析阶段。

37. 设计结构重要性系数的目的是用_____保证结构在使用年限内的_____。

38. 钢结构选用钢材的工艺性能包括:_____、_____和_____。

39. 承重结构采用的钢材应具有_____、_____和_____、_____含量的合格保证,对焊接结构还应具有碳含量的合格保证。焊接承重结构以及重要的非焊接承重结构采用的钢材还应具有_____的合格保证。

40. 对需要验算疲劳强度的结构用钢材,根据具体情况应当具有_____或_____冲击韧性的合格保证。

41. 钢材在发生塑性破坏前会产生较大的_____,断裂后的断口呈_____,色泽_____。

42. 高强度钢没有明显的屈服强度和屈服台阶。这类钢的屈服条件是根据_____而人为规定的,故称为条件屈服点(或屈服强度)。条件屈服点是以卸荷后试件中残余应变为_____所对应的应力定义的。

43. 钢材在冷拉、冷弯、冲孔、机械剪切等_____过程中会产生很大的塑性变形,从而提高了钢的_____,同时降低了钢的_____和_____,这种现象称为_____(或应变硬化)。

44. 当温度为 260～320℃ 时,在应力持续不变的情况下,钢材以很缓慢的速度继续变形,此种现象称为_____现象。

45. 当平面或立体应力皆为_____时,材料发生破坏时没有明显的_____产生,即材料处于_____状态。

46. 根据应力幅的概念,不论应力循环是拉应力还是压应力,只要应力幅超过容许值就会产生_____。

47. 按质量等级可将碳素结构钢分为 A、B、C、D 四级。在保证钢材力学性能符合标准规定的情况下,各牌号中:_____级钢的碳、锰、硅含量可以不作为交货条件,但其含量应在质量证明书中注明;_____级钢均应保证屈服强度、抗拉强度、伸长率、冷弯及冲击韧性等力学性能。

48. 低合金高强度结构钢在碳素结构钢 A、B、C、D 四个质量等级的基础上,增加了一个等级(即 E 级),主要是要求_____冲击韧性。

49. 焊接结构用钢材应保证碳的极限含量,但 Q235 _____钢的含碳量可以不作为交货条件,未经可靠的专门检验,不允许用于焊接结构。

50. 普通工字钢和轻型工字钢用号数表示,号数即为其截面高度的_____。

二、判断题

1. 结构的轻质性可以用材料密度和强度的比值来衡量,比值越小,结构相对越轻。(　　)

2. 韧性是结构或构件承受静力荷载时吸收变形能的能力。(　　)

3. 在计算结构的变形时,一般采用荷载标准值。(　　)

4. 刚架结构是由梁和柱铰接形成的。(　　)

5. 钢材耐火,不耐热。(　　)

6. 厚钢板的材性一般优于薄钢板。(　　)

7. 钢材随着含碳量的增加,强度提高,塑性变好。(　　)

8. 钢材的疲劳破坏是脆性破坏。(　　)

9. 疲劳容许应力幅与钢种无关。(　　)

10. 应力集中一般会影响结构的静力极限承载力,设计时应考虑其影响。(　　)

11. 钢材在重复荷载作用下只引起压应力,可不进行疲劳验算。(　　)

12. 结构设计基准期就是结构的寿命。超过这一期限后,就意味着该结构不能再继续使用。(　　)

13. 在设计表达式中,荷载分项系数一般作为乘积因子,而抗力分项系数以分母形式出现。(　　)

14. 在进行稳定计算时,荷载应采用标准值。(　　)

15. 在结构安全等级相同时,延性破坏的目标可靠性指标小于脆性破坏的目标可靠性指标。(　　)

16. 结构的可靠性就是结构的安全性。(　　)

17. 可靠指标 β 的取值,在我国采用校准法。(　　)

18. 结构的功能函数 $Z=0$,表示结构处于失效状态。(　　)

19. 在构件发生断裂破坏前,有明显征兆是脆性破坏的典型特征。(　　)

20. 根据第四强度理论,$f_{vy}=f_y/0.58$。(　　)

21. 对于同种钢材,伸长率 $\delta_5 > \delta_{10}$。(　　)

22. 钢材的剪切模量大于钢材的弹性模量。(　　)

23. 沸腾钢与镇静钢冶炼浇筑方法的最大不同之处是冶炼温度不同。(　　)

24. 在钢结构设计中,钢材的设计强度为强度极限值 f_u。(　　)

25. 应力集中易导致结构发生塑性破坏。(　　)

26. 应力集中易导致结构发生脆性破坏的根本原因是应力集中处塑性变形受到约束。(　　)

27. 钢材的设计强度只取决于钢种,而与钢材的厚度无关。(　　)

28. 残余应力在构件内部自相平衡,与外力无关。(　　)

29. 钢材可作为理想的弹塑性体。(　　)

30. 在计算钢材的疲劳强度时,应力幅表示应力变化的幅度,其值总是正值。(　　)

三、选择题

1. 下列与钢材有关的知识中,说法正确的是(　　)。

A. 沸腾钢的冲击韧性优于镇静钢

B. 钢材的耐火性好

C. 低碳钢为碳含量小于 0.8% 的碳素钢

D. 钢与生铁的区别在于钢中碳的质量分数小于 2%

2. 下列与钢材有关的知识中,说法不正确的是(　　)。

A. 硫使钢材发生热脆,磷使钢材发生冷脆

B. 对于碳素结构钢,随着牌号的增大,碳含量增大,其强度与硬度增大

C. 检测碳素结构钢时,必须做拉伸、冲击、冷弯性能试验

D. 钢结构设计时,碳素结构钢以屈服强度作为设计的依据

3. 要提高建筑钢材的强度,并消除其脆性,改善其力学性能,一般应加入的适量化学元素是(   )。

  A. 硫   B. 磷   C. 铜   D. 锰

4. 在我国,碳素结构钢和低合金钢的牌号命名采用的方法是(   )。

  A. 汉语拼音首字母   B. 化学元素符号

  C. 汉语拼音首字母和阿拉伯数字相结合   D. 罗马数字

5. 随着钢材碳含量的提高,下列会提高的是(   )。

  A. 屈服强度   B. 焊接性能   C. 冲击韧性   D. 耐蚀性

6. 建筑结构用钢中,钢材的力学性能取决于(   )元素。

  A. 锰   B. 硅   C. 碳   D. 氧

7. 钢材表面发生锈蚀的诸多原因中,最主要的是(   )。

  A. 存在杂质   B. 电化学作用   C. 外部介质作用   D. 冷加工存在内应力

8. 下列钢材中,不属于低合金高强度结构钢的是(   )。

  A. Q235   B. Q345   C. Q390   D. Q420

9. 下列钢材的钢号相同,但对同一计算点厚度不同,强度最大的是(   )。

  A. 12 mm   B. 18 mm   C. 20 mm   D. 25 mm

10. 下列关于钢材性能与轧制过程的关系,说法不正确的是(   )。

  A. 沿轧制方向钢材性能最好   B. 垂直于轧制方向钢材性能稍差

  C. 钢材性能与轧制方向无关   D. 沿厚度方向钢材性能最差

11. 在反复的动力荷载作用下,当应力比为 0 时,称为(   )。

  A. 完全对称循环   B. 不完全对称循环

  C. 脉冲循环   D. 不对称循环

12. 在进行结构的变形验算时,应采用荷载的(   )。

  A. 标准值   B. 设计值   C. 最大值   D. 最小值

13. 钢结构的正常使用极限状态是指(   )。

  A. 已达到 50 年的使用年限   B. 结构达到最大承载力而发生破坏

  C. 结构产生了疲劳裂纹   D. 结构变形已不能满足使用要求

14. 验算组合梁刚度时,荷载通常取(   )。

  A. 屈服强度   B. 标准值   C. 设计值   D. 极限强度

15. 大跨度结构体系常采用钢结构的主要原因是(   )。

  A. 便于拆装   B. 制造工厂化   C. 自重轻   D. 密闭性好

16. 理想的弹塑性体是指在屈服强度前材料为(   )。

  A. 完全弹性   B. 非弹性   C. 塑性   D. 弹塑性

17. 普通碳素钢应力强化阶段的变形是(   )。

  A. 完全弹性变形   B. 完全塑性变形

  C. 以弹性为主的弹塑性变形   D. 以塑性为主的弹塑性变形

18. 若钢材中氧、硫含量超过限量,则钢材会(   )。

  A. 变硬   B. 变软   C. 热脆   D. 冷脆

19. 建筑用压型钢板一般需要预先镀锌,主要原因是(   )。

  A. 提高强度   B. 提高塑性   C. 提高韧性   D. 提高耐蚀性

20. 钢结构发生脆性破坏的主要原因是(   )。

  A. 钢材的强度高   B. 钢材的塑性好

  C. 钢材的使用应力超过了屈服强度   D. 构造不合理或工作条件差

21. 对于同一构件的伸长率,正确的是( )。

A. $\delta_5 > \delta_{10}$ B. $\delta_5 < \delta_{10}$ C. $\delta_5 = \delta_{10}$ D. 不能确定

22. 承重结构用钢材应保证的力学性能包括( )。

A. 抗拉强度、伸长率   B. 抗拉强度、屈服强度、伸长率

C. 抗拉强度、屈服强度、冷弯性能   D. 屈服强度、伸长率、冷弯性能

23. 钢号 Q235A 中,235 表示钢材的( )。

A. f_y B. f_u C. f_k D. f_p

24. 进行疲劳设计时,我国规范采用的设计方法是( )。

A. 近似概率极限状态设计法   B. 全概率极限状态设计法

C. 允许应力法   D. 半概率极限状态设计法

25. 钢材中硫、磷的含量必须符合标准,否则会对钢材的( )产生不利影响。

A. 强度   B. 弹性模量   C. 可加工性   D. 韧性

26. 工厂内钢结构构件除锈效率高、污染少的加工方法是( )。

A. 喷石英砂   B. 电动钢丝刷   C. 抛丸   D. 钢丝刷

27. 钢管结构构件作浸锌防腐处理时,( )。

A. 应两端作气密性封闭   B. 应一端封闭,一端开放

C. 应两端开放   D. A、B、C 均可

28. Q235 按照质量等级分为 A、B、C、D 四个等级,其质量分类依据的是( )。

A. 化学成分   B. 冲击韧性   C. 伸长率   D. 冷弯性能

29. 钢材在双向拉力作用下,抗拉强度和伸长率的变化分别是( )。

A. 提高,降低   B. 降低,提高   C. 提高,提高   D. 降低,降低

30. 蓝脆现象发生时的温度是( )。

A. 150 ℃   B. 250 ℃   C. 260～320 ℃   D. 600 ℃

31. 焊接残余应力一般不影响结构的( )。

A. 静力强度   B. 疲劳强度   C. 刚度   D. 冲击韧性

32. 使钢材发生冷脆现象的化学元素是( )。

A. S   B. P   C. O   D. C

33. 影响焊接结构疲劳寿命的主要因素是( )。

A. 应力的最大值   B. 应力的最小值   C. 应力比   D. 应力幅

34. 热轧型钢冷却后产生的残余应力中,( )。

A. 以拉应力为主   B. 以压应力为主   C. 拉、压应力相等   D. 不能确定

35. 钢材发生脆性破坏的特点是( )。

A. 无变形   B. 变形很小   C. 变形较大   D. 变形很大

36. 当钢板厚度较大时,为防止其沿厚度方向发生层状撕裂,钢材应满足的性能指标是( )。

A. Z 向性能   B. 冷弯性能   C. 冲击韧性   D. 伸长率

37. 已知某钢材的屈服强度标准值为 250 N/mm², 抗拉强度标准值为 390 N/mm², 材料分项系数为 1.087, 则钢材的强度设计值为( )。

A. 250 N/mm²   B. 390 N/mm²   C. 230 N/mm²   D. 360 N/mm²

38. 进行疲劳验算的应力循环次数应大于( )。

A. 50000   B. 500000   C. 5000000   D. 60000

39. 在钢构件中产生应力集中的主要原因是( )。

A. 构件温度的变化   B. 荷载大小的变化   C. 加载时间的变化   D. 构件截面的突变

40. 钢结构塑性破坏的特点是( )。

A. 变形小   B. 无变形   C. 破坏历时短   D. 变形大

41. 下列性能指标中,反映钢结构强度储备的是(   )。

A. 屈服强度   B. 伸长率   C. 屈强比   D. 弹性模量

42. 使钢材发生热脆现象的化学元素是(   )。

A. Si   B. P   C. O   D. C

43. 引起钢材发生疲劳破坏的荷载是(   )。

A. 静力荷载   B. 产生拉应力的循环荷载

C. 冲击荷载   D. 产生压应力的循环荷载

44. 钢材中的主要有害元素是(   )。

A. 硫、磷、碳、锰   B. 氧、氮、硅、锰   C. 硫、磷、氧、氮   D. 硫、磷、氧、硅

45. 以下关于应力集中的说法中,正确的是(   )。

A. 应力集中降低了钢材的屈服强度

B. 应力集中产生异号应力场,使钢材变脆

C. 应力集中产生同号应力场,使钢材的塑性变形受到限制

D. 应力集中提高了钢材的疲劳强度

46. 在三向应力状态下,衡量钢材转入塑性状态的综合强度指标是(   )。

A. 设计应力   B. 计算应力   C. 折算应力   D. 容许应力

47. 计算钢结构变形时,应采用(   )。

A. 荷载的设计值、构件的毛截面面积   B. 荷载的标准值、构件的毛截面面积

C. 荷载的设计值、构件的净截面面积   D. 荷载的标准值、构件的净截面面积

48. 当钢结构表面长期受辐射热作用时,应采取有效防护措施的温度低限值为(   )。

A. 150 ℃   B. 200 ℃   C. 250 ℃   D. 300 ℃

49. 北方地区某高层钢结构建筑1~10层外框柱采用焊接箱形截面,板厚60~80 mm,工作温度低于 -20 ℃,初步选用Q345国产钢材。下列钢材中最适合采用的是(   )。

A. Q345D   B. Q345GJC   C. Q345GJDZ15   D. Q345C

50. 在下列计算钢结构构件或连接的几种情况中,其强度设计值的取值方法不符合规范相关要求的是(   )。

A. 单面连接的单角钢,按轴心受力计算其强度和连接时应乘以系数0.85

B. 无垫板的单面施焊对接焊缝应乘以系数0.85

C. 施工条件较差的高空安装焊缝应乘以系数0.9

D. 当以上几种情况同时存在时,其折减系数不得采用直接简单连乘的方法计算

知识归纳

(1) 钢结构无可比拟的优点,使之具有广阔的应用领域。

(2) 钢结构的设计方法为近似概率极限状态设计法。这是一种用可靠度指标衡量结构可靠性的方法。

(3) 钢材一次拉伸时的力学性能分为四个阶段:弹性阶段、弹塑性阶段、塑性阶段、应变硬化阶段。

(4) 建筑钢材的主要力学性能有:屈服强度、抗拉强度、伸长率、冷弯性能、冲击韧性、焊接性能、断面收缩率。

(5) 影响钢材性能的主要因素有化学成分因素、成材过程、钢材的硬化、温度、应力集中、重复荷载、残余应力等。

2

钢结构连接

课前导读

▽ 内容提要

　　本章通过对钢结构常用连接形式的介绍，重点讲解了焊接连接的形式及其计算、螺栓连接的构造及其计算。钢结构连接是整体结构设计中构件连接设计的基础。

▽ 能力要求

　　通过本章的学习，学生应了解焊缝连接的形式以及螺栓连接的构造要求，掌握在不同受力条件下焊接连接的计算和螺栓群的计算。

▽ 数字资源

焊缝强度
设计值

螺栓连接的
强度设计值

钢材摩擦面的
抗移滑数 μ

涂层连接面的
抗滑移系数 μ

螺栓和
锚栓规格

2.1 学 习 要 点 ≫≫≫

2.1.1 节点与连接

钢结构系统＝构件＋连接

节点＝连接＋节点域

连接表示构件之间的关系,可以实现相邻构件间的内力传递。

节点是结构杆件连接起来的部位,是连接的具体表现形式。构件通过节点连接在一起,如图 2-1 和图 2-2所示。

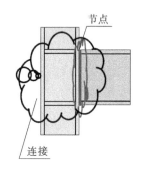 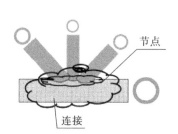

图 2-1 钢框架的连接节点 　　　图 2-2 钢管的相贯节点

2.1.2 钢结构的连接形式

具体连接形式如图 2-3 所示。

$$
\text{钢结构的连接形式}\begin{cases}
\text{焊接连接}\\ \text{(最常用的连接形式)}\end{cases}\begin{cases}\text{对接焊缝连接}\\\text{角焊缝连接}\end{cases}\begin{array}{l}\text{焊缝构造、计算及控制焊接变形的措施,}\\\text{角焊缝的计算是重点掌握内容}\end{array}
$$

钢结构的连接形式 { 螺栓连接 { 普通螺栓连接 高强度螺栓连接(结构构件之间常用的连接形式,应重点掌握)

紧固件连接(轻型钢结构常用的连接形式)

图 2-3 钢结构的连接形式

2.1.3 焊接方法和焊缝连接形式

(1)常用的焊接方法

① 电弧焊。

电弧焊可分为手工电弧焊、半自动(电弧)焊、自动(电弧)焊。

② 气体保护焊。

③ 电渣焊。

④ 气焊。

⑤ 电阻焊。

(2)焊缝连接形式

焊缝连接形式如图 2-4 所示。

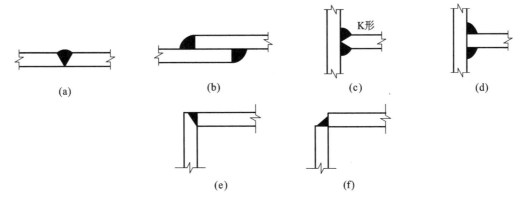

图 2-4　焊缝连接形式

(a) 平接(对接焊缝)；(b) 搭接(角焊缝)；(c) 顶接(T 形连接,对接焊缝)；
(d) 顶接(T 形连接,角焊缝)；(e) 角接(对接焊缝)；(f) 角接(角焊缝)

2.1.4　对接焊缝的构造和计算

(1) 对接焊缝的构造

① 垫板、清根与补焊(与母材等强)。

垫板、清根与补焊如图 2-5 所示。

垫板　　　　　　　补焊

图 2-5　垫板、清根与补焊示意图

② 坡口形式。

坡口形式如图 2-6 所示。其中,图 2-6(a)中板厚 $t \leqslant 10$ mm,图 2-6(b)、(c)中板厚 $t = 10 \sim 20$ mm,图 2-6(d)~(f)中板厚 $t > 20$ mm。

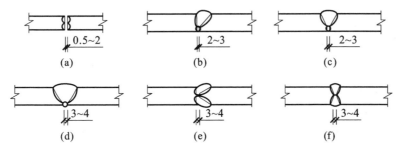

图 2-6　坡口形式

(a) 直边缝；(b) 单边 V 形缝；(c) 双边 V 形缝；(d) U 形缝；(e) K 形缝；(f) X 形缝

③ 变宽度、变厚度的过渡。

承受静力荷载的不同宽度或厚度的钢板拼接如图 2-7 所示。

④ 引弧板。

引弧板如图 2-8 所示。

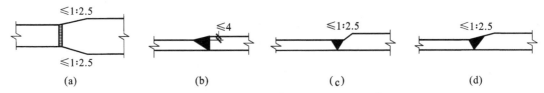

图 2-7　承受静力荷载的不同宽度或厚度的钢板拼接

(a) 不同宽度；(b) 不同宽度(可不设斜坡)；(c)、(d) 不同厚度

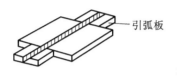

图 2-8 引弧板

（2）对接焊缝的计算

① 焊缝的强度设计值（根据设计规范确定）。

a. 焊缝的质量等级为一、二级时，焊缝的强度设计值按母材强度设计值确定，即焊缝与母材等强。

b. 焊缝的质量等级为三级时，应适当降低焊缝强度设计值，即按母材强度设计值的 85% 确定焊缝的强度设计值。

② 焊缝的检查方法

a. 一级焊缝：外观检查、超声波探伤检查和 X 射线检查，探伤比例为 100%。

b. 二级焊缝：外观检查、超声波探伤检查，探伤比例为 20%。

c. 三级焊缝：只要求进行外观检查。

③ 对接焊缝的截面面积。

对接焊缝截面面积的计算公式为：

$$对接焊缝的截面面积 = 板厚(t) \times 焊缝计算长度(l_w)$$

其中，焊缝的计算长度 l_w 计算如下。

a. 有引弧板时：

$$l_w = L$$

b. 无引弧板时：

$$l_w = L - 2t(t \text{ 为较小板厚})$$

④ 对接焊缝的设计原则。

a. 在应力较低区域设置焊缝；

b. 对于承受轴向压力作用的对接焊缝，无须计算；

c. 对于承受轴向拉力作用的对接焊缝，采用二级焊缝+引弧板；

d. 对于承受反复荷载作用的对接焊缝，采用一级焊缝。

⑤ 焊缝的一般计算步骤。

a. 确定计算截面上的内力（荷载效应）；

b. 计算焊缝截面特征；

c. 应力计算；

d. 强度校核。

（3）对接焊缝设计典型问题

① 承受轴力 N 的对接焊缝（钢板）。

承受轴力 N 的对接焊缝分为直焊缝和斜焊缝两种，如图 2-9 所示。

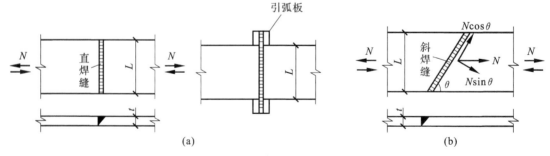

图 2-9 承受轴力 N 的对接焊缝

（a）直焊缝；（b）斜焊缝

a. 直焊缝的应力计算式：

$$\sigma = \frac{N}{l_w t_w} \leqslant f_t^w \text{ 或 } f_c^w$$

b. 斜焊缝的应力计算式：

$$\begin{cases} \sigma = \dfrac{N\sin\theta}{l_{\mathrm{w}}t_{\mathrm{w}}} \leqslant f_{\mathrm{t}}^{\mathrm{w}} \text{ 或 } f_{\mathrm{c}}^{\mathrm{w}} \\[3mm] \tau = \dfrac{N\cos\theta}{l_{\mathrm{w}}t_{\mathrm{w}}} \leqslant f_{\mathrm{v}}^{\mathrm{w}} \end{cases}$$

式中　N——轴向拉力或压力；

　　　t_{w}——焊缝厚度(不同厚度板连接时为较小板厚)；

　　　l_{w}——焊缝计算长度,有引弧板时 $l_{\mathrm{w}}=L$,无引弧板时 $l_{\mathrm{w}}=L-2t$(t 为较小板厚)；

　　　$f_{\mathrm{t}}^{\mathrm{w}}$,$f_{\mathrm{c}}^{\mathrm{w}}$——对接焊缝的抗拉、抗压设计强度；

　　　$f_{\mathrm{v}}^{\mathrm{w}}$——对接焊缝的抗剪设计强度。

《钢结构设计规范》(GB 50017—2003)规定,当 $\tan\theta \leqslant 1.5$ 时,可不验算。

② 承受弯矩 M+剪力 V 的对接焊缝。

a. 平板梁、工字形梁。其承受弯矩和剪力的对接焊缝如图 2-10 所示。

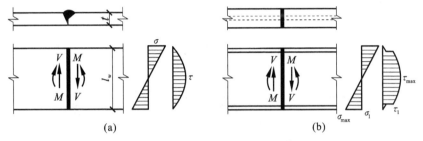

图 2-10　承受弯矩和剪力的对接焊缝(一)

(a) 平板梁及其应力分布；(b) 工字形梁及其应力分布

$$\sigma_{\mathrm{m}} = \frac{M}{W_{\mathrm{w}}} \leqslant f_{\mathrm{t}}^{\mathrm{w}}, \quad \tau = \frac{VS_{\mathrm{w}}}{I_{\mathrm{w}}t} \leqslant f_{\mathrm{v}}^{\mathrm{w}}, \quad \sigma_1 = \frac{M}{W_{\mathrm{w}}} \cdot \frac{h_0}{h}, \quad \tau_1 = \frac{VS_1}{I_{\mathrm{w}}t}, \quad \sigma_{\mathrm{f}} = \sqrt{\sigma_1^2 + 3\tau_1^2}$$

b. 梁柱连接、柱牛腿处。其承受弯矩和剪力的对接焊缝如图 2-11 所示。与一般梁中的连接计算不同,剪力仅由梁或牛腿腹板承受。

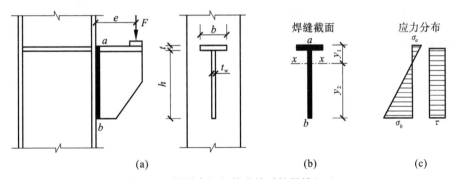

图 2-11　承受弯矩和剪力的对接焊缝(二)

(a) 对接焊接；(b) 焊缝截面；(c) 应力分布

③ 承受弯矩 M+剪力 V+轴力 N 的对接焊缝(工字形梁)。

工字形梁中承受弯矩+剪力+轴力的对接焊缝如图 2-12 所示。

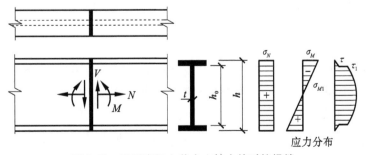

图 2-12　承受弯矩+剪力+轴力的对接焊缝

2.1.5　角焊缝的构造和计算

（1）角焊缝的构造

① 直角焊缝与斜角焊缝。

直角焊缝与斜角焊缝如图 2-13 所示。直角焊缝的截面形式如图 2-14 所示:普通型直角焊缝施焊方便,最为常用;平坡型和深熔型直角焊缝适合承受动力荷载,但施焊不便。

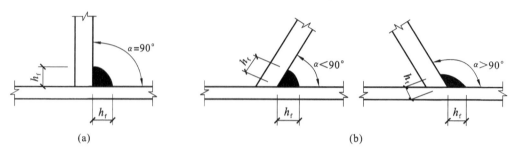

图 2-13　直角焊缝与斜角焊缝

（a）直角焊缝;（b）斜角焊缝

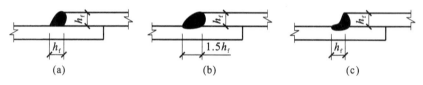

图 2-14　直角焊缝的截面形式

（a）普通型;（b）平坡型;（c）深熔型

② 端焊、侧焊与围焊。

a. 端焊:焊缝长度方向垂直于力线。

b. 侧焊:焊缝长度方向平行于力线。

c. 围焊:既存在焊缝长度垂直于力线的焊缝,又存在焊缝长度平行于力线的焊缝,如图 2-15 所示。

③ 焊脚尺寸。

a. 最小焊脚尺寸为 $1.5\sqrt{t_{thick}}$,防止发生收缩开裂。

b. 最大焊脚尺寸为 $1.2t_{thin}$,防止薄板被烧穿。

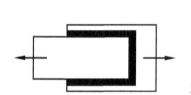

图 2-15　轴向力作用下三面围焊示意图

④ 焊缝长度 l_w。

a. 最小焊缝长度为 $8h_f$ 或 40 mm,防止缺陷集中。

b. 最大焊缝长度为 $60h_f$,防止应力不均匀。

确定两条侧焊缝最大间距时,要保证传力的均匀性。

（2）角焊缝的破坏模式及受力特点

① 侧焊缝。

侧焊缝主要承受剪应力,分布不均,两头大、中间小;剪断面常发生在 45°斜平面上,强度较低,塑性较好,为塑性破坏。侧焊缝的应力分布如图 2-16 所示。

② 端焊缝。

端焊缝的应力状态远比侧焊缝复杂:正应力及剪应力都有,且分布很不均匀,为三向应力;根部应力集中最厉害,常常是开裂的起点;焊缝破坏强度高,但塑性差,属脆性断裂破坏。端焊缝的应力分布如图 2-17 所示。

（3）角焊缝的强度验算方法

① 计算截面:即假定破坏截面,均取焊缝 45°角处的有效截面,如图 2-18 所示。

② 焊缝有效高度:

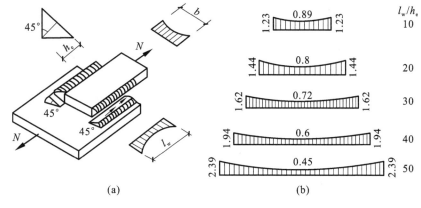

图 2-16 侧焊缝的应力分布

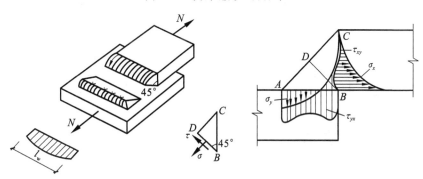

图 2-17 端焊缝的应力分布

$$h_e = 0.7 h_f$$

h_f 为焊缝高度。直角焊缝的有效高度如图 2-19 所示。

③ 焊缝长度:

$$l_w = 每条连续焊缝的长度 - 2h_f(每端扣减 h_f)$$

④ 强度验算。

焊缝所受应力如图 2-20 所示。

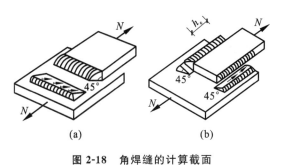

图 2-18 角焊缝的计算截面
(a) 端焊缝;(b) 侧焊缝

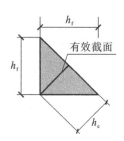

图-19 直角焊缝的有效高度

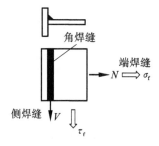

图 2-20 焊缝所受应力

危险点处强度验算公式为:

$$\sqrt{\left(\frac{\sigma_f}{\beta_f}\right)^2 + \tau_f^2} \leqslant f_f^w$$

式中　σ_f——垂直于焊缝长度方向的应力;

　　　τ_f——平行于焊缝长度方向的应力;

　　　f_f^w——角焊缝的强度设计值;

　　　β_f——端焊缝的强度增大系数,直角焊缝承受静荷载、间接动荷载时,$\beta_f = 1.22$,直角焊缝承受直接动荷载时,$\beta_f = 1.0$,对斜角焊缝,$\beta_f = 1.0$。

当 $\tau_f = 0$ 时，$\sigma_f \leqslant \beta_f f_f^w$；当 $\sigma_f = 0$ 时，$\tau_f \leqslant f_f^w$。

（4）角焊缝强度验算典型问题

① 拼接板连接（受轴力 N 作用，通过连接焊缝群的形心）。

a. 两边侧焊。

拼接板连接两边侧焊如图 2-21 所示，可认为焊缝截面上的应力均匀分布。

其验算公式为：

$$\tau_f = \frac{N}{h_e \sum l_w} \leqslant f_f^w$$

式中　f_f^w——角焊缝的强度设计值；

　　　h_e——角焊缝的有效高度；

　　　$\sum l_w$——连接一侧角焊缝的计算长度之和，如为一条单独的焊缝，则每端扣除 h_f。

b. 两边端焊。

拼接板连接两边端焊如图 2-22 所示。

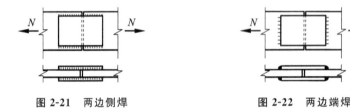

图 2-21　两边侧焊　　　　　　　图 2-22　两边端焊

其验算公式为：

$$\sigma_f = \frac{N}{h_e \sum l_w} \leqslant \beta_f f_f^w$$

式中　β_f——端焊缝的强度增大系数。

c. 四周围焊。

拼接板连接四周围焊如图 2-23 所示。

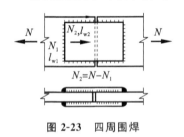

图 2-23　四周围焊

由端焊缝验算公式 $\dfrac{N_1}{h_e \sum l_{w1}} \leqslant \beta_f f_f^w$ 求得 N_1，再验算侧焊缝：

$$\tau_f = \frac{N_2}{h_e \sum l_{w2}} \leqslant f_f^w$$

当焊缝受直接动力荷载时：

$$\frac{N}{h_e \sum l_w} \leqslant f_f^w$$

d. 四周菱形围焊。

拼接板连接四周菱形围焊如图 2-24 所示，其可减小拼接板角部的应力集中。

无论是静荷载还是动荷载，均可采用公式 $\dfrac{N}{h_e \sum l_w} \leqslant f_f^w$ 进行简化验算。

② 角钢连接（受轴力 N 作用）。

a. 两边侧焊。

角钢连接两边侧焊如图 2-25 所示。

由平衡条件：

$$\begin{cases} N_1 = \dfrac{e_2}{e_1 + e_2} N = K_1 N \\[2mm] N_2 = \dfrac{e_1}{e_1 + e_2} N = K_2 N \end{cases}$$

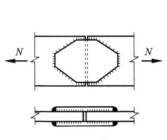

图 2-24 四周菱形围焊

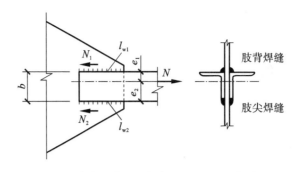

图 2-25 角钢连接两边侧焊（N_1、N_2 不均匀分配）

得

$$\begin{cases}\dfrac{N_1}{h_{e1}\sum l_{w1}}\leqslant f_f^w\\[2mm]\dfrac{N_2}{h_{e2}\sum l_{w2}}\leqslant f_f^w\end{cases}$$

式中 K_1，K_2——角钢肢背、肢尖焊缝的内力分配系数。

b. 三面围焊。

角钢连接三面围焊如图 2-26 所示。

由端焊缝强度验算公式，可得：

$$N_3 = 0.7h_f\sum l_{w3}\beta_f f_f^w$$

由平衡条件：

$$\begin{cases}N_1=\dfrac{e_2 N}{e_1+e_2}-\dfrac{N_3}{2}=K_1 N-\dfrac{N_3}{2}\\[2mm]N_2=\dfrac{e_1 N}{e_1+e_2}-\dfrac{N_3}{2}=K_2 N-\dfrac{N_3}{2}\end{cases}$$

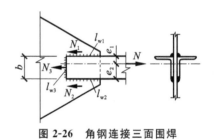

图 2-26 角钢连接三面围焊

得

$$\begin{cases}\dfrac{N_1}{h_{e1}\sum l_{w1}}\leqslant f_f^w\\[2mm]\dfrac{N_2}{h_{e2}\sum l_{w2}}\leqslant f_f^w\end{cases}$$

③ 梁柱连接（受弯矩 M、剪力 V、轴力 N 作用）。

梁柱连接、焊缝截面及其应力分布如图 2-27 所示。

梁柱连接焊缝的强度验算如下。

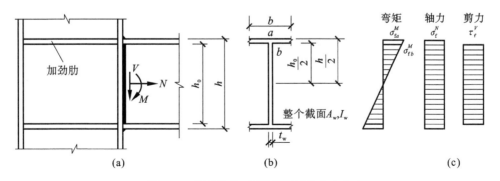

图 2-27 梁柱连接、焊缝截面及其应力分布

（a）梁柱连接；（b）整个焊缝截面；（c）焊缝应力分布

对于危险点 a：

$$\sigma_{fa} = \sigma_f^N + \sigma_{fa}^M = \frac{N}{A_w} + \frac{My_a}{I_w} \leqslant \beta_f f_f^w$$

对于危险点 b：

$$\sigma_{fb} = \sigma_f^N + \sigma_{fb}^M = \frac{N}{A_w} + \frac{My_b}{I_w}, \quad \tau_{fb} = \tau_f^V = \frac{V}{A_w} \text{（} A_w \text{仅为腹板焊缝截面面积）}$$

$$\sqrt{\left(\frac{\sigma_{fb}}{\beta_f}\right)^2 + \tau_{fb}^2} \leqslant f_f^w$$

问题：若柱上无加劲肋，以上计算是否需调整？

④ 柱子牛腿连接（受扭矩 T、剪力 V、轴力 N 作用，图 2-28）。

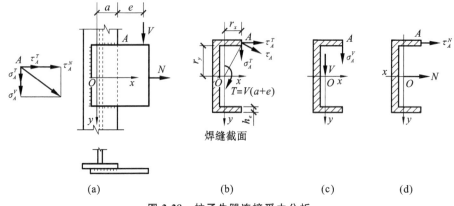

图 2-28 柱子牛腿连接受力分析

焊缝为弹性体，板为刚性体，扭矩绕形心 O 旋转。扭矩 T 产生的应力[图 2-28(b)]为：

$$\tau_A = \frac{Tr}{I_{zw}}$$

A 点：

$$\tau_A^T = \frac{Tr_y}{I_{zw}}, \quad \sigma_A^T = \frac{Tr_x}{I_{zw}}$$

极惯性矩为：

$$I_{zw} = I_{xw} + I_{yw}$$

剪力 V 在 A 点处产生的应力[图 2-28(c)]为：

$$\sigma_A^V = \frac{V}{h_e \sum l_w}$$

轴力 N 在 A 点处产生的应力[图 2-28(d)]为：

$$\tau_A^N = \frac{N}{h_e \sum l_w}$$

X 方向合应力为：

$$\tau_f = \tau_A^T + \tau_A^N$$

Y 方向合应力为：

$$\sigma_f = \sigma_A^T + \sigma_A^V$$

其验算公式为：

$$\sqrt{\left(\frac{\sigma_f}{\beta_f}\right)^2 + \tau_f^2} \leqslant f_f^w$$

（5）角焊缝与对接焊缝的比较

角焊缝与对接焊缝的比较见表 2-1。

表 2-1   角焊缝与对接焊缝的比较

不同之处	角焊缝	对接焊缝
加工制作	不需要坡口加工	焊接时较厚板件连接部位往往需要坡口,需少量垫板、引弧板等辅助材料
焊缝强度	应力计算方法与母材金属有较多不同点,强度设计值与母材金属不同	应力计算方法与母材金属相同,强度设计值与母材金属相同(或略低)
其他	接头处截面变化大于对接连接,动力性能一般比对接焊缝接头差	母材—焊缝金属—母材之间能较平缓过渡,应力集中较小

2.1.6 焊接残余应力和焊接残余变形

(1)产生的原因

焊接残余应力和焊接残余变形如图 2-29 所示。

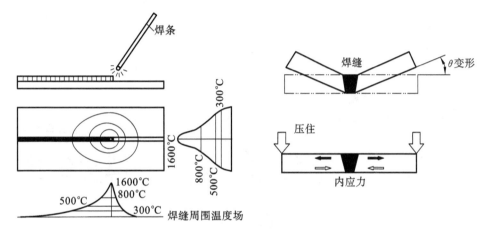

图 2-29 焊接残余应力和焊接残余变形的产生

① 焊接残余变形:由焊缝及其周围不均匀的热胀冷缩引起。

② 焊接残余应力:由焊缝冷却收缩受到阻止引起。

(2)焊接残余应力

焊接残余应力分为纵向焊接残余应力、横向焊接残余力和厚度方向焊接残余应力,如图 2-30 所示。

① 纵向焊接残余应力如图 2-31 所示。

② 横向焊接残余应力如图 2-32 所示。

③ 厚度方向焊接残余应力如图 2-33 所示。

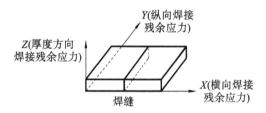

图 2-30 焊接残余应力的分类

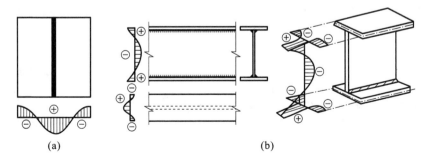

图 2-31 纵向焊接残余应力

(a)平板;(b)工字形截面

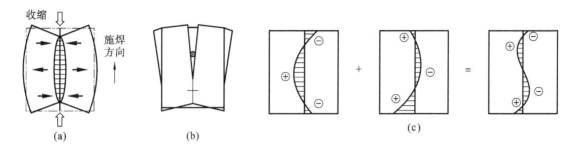

图 2-32　横向焊接残余应力

（a）第一部分的应力；（b）第二部分的应力；（c）应力合成

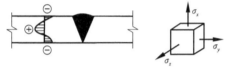

图 2-33　厚度方向焊接残余应力

焊接残余应力具有以下特点：

① 板内焊接残余应力自身平衡。

② 焊接残余应力常形成三向拉应力，且达到 f_y 的数值。

③ 焊接残余应力对疲劳、刚度、压杆稳定产生不利作用，对塑性变形能力好的钢材强度没有大的影响。

（3）焊接残余变形

① 焊接残余变形的不利影响。

焊接残余变形使得构件装配困难，使构件受力状态恶化，如图 2-34 所示。

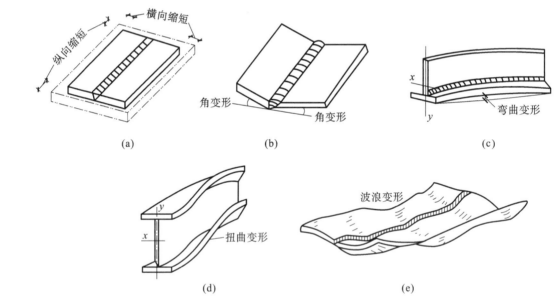

图 2-34　焊接残余变形的不利影响

② 减小焊接残余变形的措施。

a. 设计措施：焊缝不宜过分集中，避免焊缝立体交错[图 2-35（a）]；合理安排焊缝位置[图 2-35（b）、（c）]；加劲板开孔，让主要焊缝通过，次要焊缝中断[图 2-35（d）]。

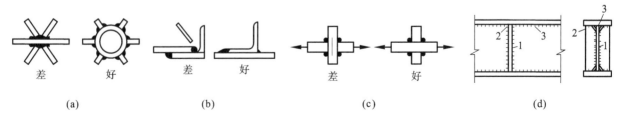

图 2-35　减小焊接残余变形的设计措施

1—梁腹板与加劲板焊缝；2—梁翼缘与加劲板焊缝；3—梁翼缘与腹板焊缝

b. 加工措施:合理安排焊接次序,拆分多道焊缝,施焊前预加反向变形。

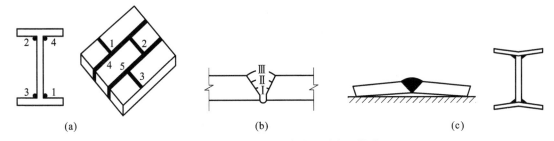

图 2-36　减小焊接残余变形的加工措施

（a）合理安排焊接次序;（b）拆分多道焊缝;（c）施焊前预加反变形

2.1.7　普通螺栓的连接构造和计算

（1）普通螺栓的连接构造

普通螺栓的分类及其相关内容见表 2-2。钢板、角钢上的螺栓排列分别如图 2-37、图 2-38 所示。

表 2-2　　　　　　　　　　　　　　　普通螺栓的分类及其相关内容

分类	钢材	强度等级	d_0(孔径)$-d$(栓径)	加工	受力特点	安装	应用
C 级 （粗制螺栓）	普通碳素结构钢 Q235	4.6 4.8	1.0～1.5 mm	粗糙,尺寸不准,成本低	抗剪性能差,抗拉性能好	方便	承拉,应用多,临时固定
A 级 B 级 （精制螺栓）	优质碳素结构钢 45 钢 35 钢	8.8	0.3～0.5 mm	精度高,尺寸准确,成本高	抗剪、抗拉性能均好	精度要求高	目前应用减少

注:1. A 级与 B 级的区别:仅尺寸不同,对于 A 级,$d \leqslant 24$ mm,$L \leqslant 150$ mm;对于 B 级,$d > 24$ mm,$L > 150$ mm。

2. Ⅰ 类孔:孔壁表面粗糙度小,孔径偏差允许值为 $+0.25$ mm,对应 A、B 级螺栓。

3. Ⅱ 类孔:孔壁表面粗糙度大,孔径偏差允许值为 $+1$ mm,对应 C 级螺栓。

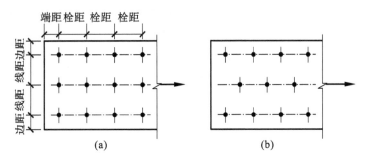

图 2-37　钢板上的螺栓排列

（a）并列螺栓;（b）错列螺栓

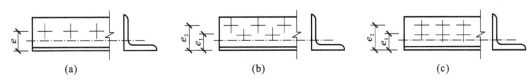

图 2-38　角钢上的螺栓排列

螺栓间距要求如下。

① 受力要求:螺距过小,钢板被剪坏;螺距过大,受压时钢板张开。

② 构造要求:螺距过大,连接不紧密,潮气侵入后易发生腐蚀。

螺栓的最大和最小容许间距见表 2-3。

表2-3   螺栓的最大和最小容许间距

名称	位置和方向			最大容许间距 (取两者中的较小值)	最小容许间距
栓距	外排(垂直内力方向或顺内力方向)			$8d_0$ 或 $12t$	3d_0
	中间排	垂直内力方向		$16d_0$ 或 $24t$	
		顺内力方向	构件受压力	$12d_0$ 或 $18t$	
			构件受拉力	$16d_0$ 或 $24t$	
	沿对角线方向			—	
边距 或端距	顺内力方向			$4d_0$ 或 $8t$	2d_0
	垂直内力方向	剪切边或手工气割边			1.5d_0
		轧制边、自动气割 或锯割边	高强度螺栓		
			其他螺栓或铆钉		1.2d_0

注:1. d_0 为螺孔或铆钉孔的孔径,t 为外层较薄板的厚度。

    2. 钢板边缘与刚性构件(如角钢、槽钢等)相连的螺栓或铆钉的最大间距,可按中间排的数值采用。

(2)普通螺栓的承载力计算

根据受力方式,普通螺栓可分为剪力螺栓、拉力螺栓、同时受剪力和拉力的螺栓三种。

① 剪力螺栓的承载力计算。

剪力螺栓是指受力垂直于螺杆,同时承受剪力和压力,使被连接件间有错动趋势的螺栓。其破坏形式如图2-39所示。图2-39(a)、(b)、(c)所示三种破坏可通过计算解决,图2-39(d)、(e)所示两种破坏可通过构造解决。

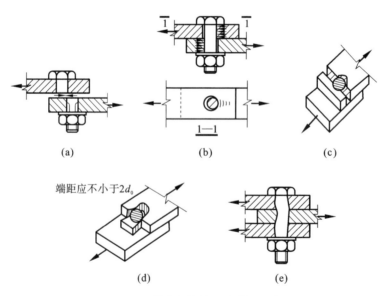

图2-39 剪力螺栓的五种破坏形式

(a)螺栓被剪断(板较厚,螺栓较细);(b)钢板孔壁发生挤压破坏(板较薄,螺栓较粗);(c)钢板被拉断(板开孔,截面被削弱);

(d)钢板被剪坏(螺栓端距过小);(e)螺栓发生弯曲破坏(板过厚,螺栓细长,螺杆长度大于5d)

剪力螺栓的承载力计算示意图如图2-40所示。

a. 一个螺栓的抗剪承载力:

$$N_v^b = n_v \cdot \frac{\pi}{4} d^2 f_v^b$$

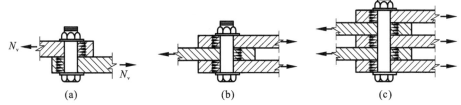

图 2-40 剪力螺栓的承载力计算示意图

（a）单剪切面, $n_v=1$；（b）双剪切面, $n_v=2$；（c）四剪切面, $n_v=4$

b. 一个螺栓的承压承载力：

$$N_c^b = d \cdot \left(\sum t\right) \cdot f_c^b$$

c. 一个剪力螺栓的设计承载力：

$$N_{min}^b = \min\{N_v^b, N_c^b\}$$

d. 验算公式：

$$N_v \leqslant N_{min}^b$$

式中　n_v——剪切面数量；

　　　　d——螺栓直径；

　　　　f_v^b——螺栓的抗剪设计强度；

　　　　$\sum t$——同一受力方向承压构件的较小总厚度；

　　　　f_c^b——螺栓承压设计强度。

② 拉力螺栓的承载力计算。

a. 一个螺栓的抗拉承载力：

$$N_t^b = \frac{\pi}{4} d_e^2 f_t^b$$

式中　d_e——螺栓有效直径；

　　　　f_t^b——螺栓抗拉设计强度（$f_t^b=0.8f$）。

b. 验算公式：

$$N_t \leqslant N_t^b$$

③ 同时受剪力和拉力螺栓的承载力计算。

同时受剪力和拉力螺栓的承载力须同时满足：

$$\sqrt{\left(\frac{N_v}{N_v^b}\right)^2 + \left(\frac{N_t}{N_t^b}\right)^2} \leqslant 1$$

$$N_v \leqslant N_c^b$$

式中　N_v^b——承剪设计强度；

　　　　N_t^b——承拉设计强度；

　　　　N_v——一个螺栓受的剪力；

　　　　N_c^b——承压设计强度。

（3）普通螺栓群的连接强度计算

① 螺栓群受轴力 N 作用。

螺栓群受轴力 N 作用如图 2-41 所示。

a. 螺栓抗剪计算：

$$N_v = \frac{N}{n} \leqslant N_{min}^b = \min\{N_v^b, N_c^b\}$$

n 为螺栓总数，计算时取整数。

b. 钢板强度计算：

$$\sigma = \frac{N}{A_n} \leqslant f$$

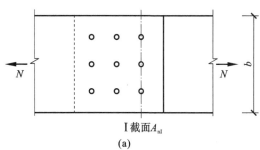

I 截面 A_{nI}

(a)

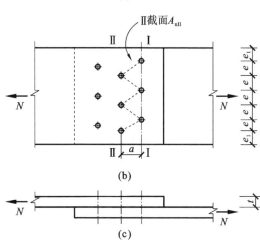

图 2-41 螺栓群受轴力 N 作用

式中　A_n——钢板的净截面面积；

　　　f——钢材的抗拉或抗压设计强度。

螺栓并列布置[图 2-41(a)]时：

$$A_n = (b - n_I d_0)t$$

螺栓错列布置[图 2-41(b)]时：

$$A_n = \min\{A_{nI}, A_{nII}\}$$

$$A_{nII} = [2e_1 + (n_{II} - 1)\sqrt{a^2 + e^2} - n_{II} d_0]t$$

式中　n_I, n_{II}——截面 I、截面 II 上的螺栓个数。

② 螺栓群受扭矩 T 作用。

螺栓受力分析假定：

a. 板件为刚体，螺栓为弹性体；

b. 各螺栓绕螺栓群形心旋转；

c. 产生的剪力与螺栓至形心的距离成正比。

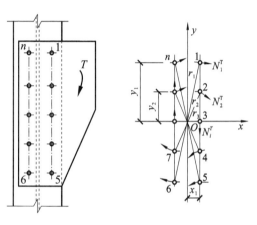

图 2-42　螺栓群受扭矩 T 作用

螺栓群受扭矩 T 作用如图 2-42 所示。

依力矩平衡，得：

$$T = N_1^T r_1 + N_2^T r_2 + N_3^T r_3 + \cdots + N_n^T r_n \qquad (a)$$

各螺栓剪力与 r 成正比，则：

$$\frac{N_1^T}{r_1} = \frac{N_2^T}{r_2} = \frac{N_3^T}{r_3} = \cdots = \frac{N_n^T}{r_n}$$

各剪力都用 N_1 表示，则有：

$$N_2^T = \frac{N_1^T r_2}{r_1}, \quad N_3^T = \frac{N_1^T r_3}{r_1}, \quad \cdots, \quad N_n^T = \frac{N_1^T r_n}{r_1} \qquad (b)$$

将式(b)代入式(a)，得：

$$T = \frac{N_1^T}{r_1}(r_1^2 + r_2^2 + r_3^2 + \cdots + r_n^2) = \frac{N_1^T}{r_1}\sum r_i^2$$

验算剪力最大螺栓处的剪力：

$$N_1^T = \frac{T r_1}{\sum r_i^2} = \frac{T r_1}{\sum x_i^2 + \sum y_i^2} \leqslant N_{\min}^b$$

③ 螺栓群受剪力 V、轴力 N、扭矩 T 作用。

螺栓群受剪力 V、轴力 N、扭矩 T 作用如图 2-43 所示。

由剪力 V，得：

$$N_{1y}^V = \frac{V}{n}$$

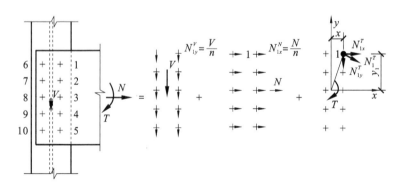

图 2-43　螺栓群受剪力 V、轴力 N 和扭矩 T 作用

由轴力 N,得:

$$N_{1x}^N = \frac{N}{n}$$

由扭矩 T,得:

$$N_{1y}^T = \frac{N_1^T x}{r_1} = \frac{Tx}{\left(\sum x_i^2 + \sum y_i^2\right)}$$

$$N_{1x}^T = \frac{N_1^T y_1}{r_1} = \frac{Ty_1}{\sum x_i^2 + \sum y_i^2}$$

故螺栓所受的最大合剪力为:

$$N_1 = \sqrt{(N_{1x}^T + N_{1x}^N)^2 + (N_{1y}^T + N_{1y}^V)^2} \leqslant N_{\min}^b$$

④ 螺栓群受弯矩 M 作用。

螺栓群受弯矩 M 作用示意图如图 2-44 所示。其中,图 2-44(c)所示为螺栓群绕最低排螺栓轴线旋转时的内力分布。

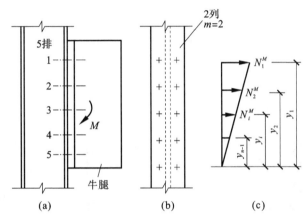

图 2-44 螺栓群受弯矩 M 作用

螺栓的最大拉力:

$$N_{\max} = N_1 = \frac{My_1}{m\sum y_i^2}$$

式中 m——螺栓列数。

其验算公式为:

$$N_{\max} \leqslant N_t^b$$

⑤ 螺栓群受弯矩 M 和轴力 N 作用。

螺栓群受弯矩 M 和轴力 N 作用如图 2-45 所示。

假定螺栓群绕形心线转动,则:

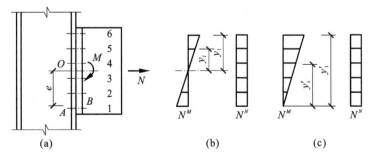

图 2-45 螺栓群受弯矩 M 和轴力 N 作用

$$N_{t,min} = \frac{N}{n} - \frac{My_1}{m\sum y_i^2}$$

$$N_{t,max} = \frac{N}{n} + \frac{My_6}{m\sum y_i^2}$$

a. 当 $N_{t,min} \geqslant 0$ 时,螺栓都受拉,原假定正确,其内力分布如图 2-45(b)所示,验算要求满足 $N_{t,max} \leqslant N_t^b$。

b. 当 $N_{t,min} < 0$ 时,最低排螺栓受压,则螺栓群绕最低排螺栓轴线转动,其内力分布如图 2-45(c)所示,需按下式重新计算螺栓的最大剪力。

$$N_{t,max} = \frac{(M+Ne)y_6}{m\sum y_i^2}$$

其验算公式为:

$$N_{t,max} \leqslant N_t^b$$

⑥ 螺栓群受弯矩 M、轴力 N、剪力 V 作用。

a. 采用支托承受剪力,C 级螺栓承受轴力和弯矩,如图 2-46 所示。

根据支托焊缝承受的剪力 V 进行焊缝验算。

根据螺栓承受的弯矩 M、轴力 N 进行螺栓验算,方法同前。

b. 采用 A、B 级螺栓承受轴力、弯矩和剪力,如图 2-47 所示。

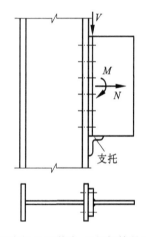
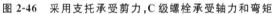

图 2-46 采用支托承受剪力,C 级螺栓承受轴力和弯矩

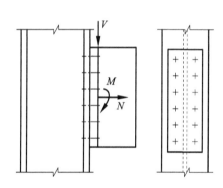

图 2-47 采用 A、B 级螺栓承受轴力、弯矩和剪力

根据剪力 V,按 $N_v = V/n$ 计算 N_v。

根据弯矩 M、轴力 N 计算 $N_{t,max}$,计算方法同前。

其验算公式为:

$$\sqrt{\left(\frac{N_v}{N_v^b}\right)^2 + \left(\frac{N_{t,max}}{N_t^b}\right)^2} \leqslant 1, \quad N_v \leqslant N_c^b$$

2.1.8 高强度螺栓的分类、特点和计算

(1)高强度螺栓的分类与特点

① 按材质分类(表 2-4)。

表 2-4 高强度螺栓按材质分类

强度等级	采用钢材
8.8 级	45 钢,40B 钢
10.9 级	20MnTiB 钢,35VB 钢

② 按受力状况分类(表2-5)。

表2-5

高强度螺栓按受力状况分类

受力特征	承载力极限状态	安装孔孔径 d_0	应用特点
摩擦型	外力达到摩擦力	$d_0 = d + (1.5 \sim 2.0 \text{ mm})$	剪切变形小,耐疲劳,动荷载下不易松动
承压型	外力超过摩擦力 螺栓承剪 钢板承压	$d_0 = d + (1.0 \sim 1.5 \text{ mm})$	承载力比摩擦型大,剪切变形大,一般不用于直接承受动荷载的情况

③ 高强度螺栓与普通螺栓的区别(表2-6)。

表2-6

高强度螺栓与普通螺栓的区别

螺栓类型	高强度螺栓	普通螺栓
材料	材质好,强度高	材质一般,强度低
传力方式	依靠连接板件间的摩擦传力	螺栓直接传力
变形	连接变形小,螺栓不易松动	连接变形大,螺栓易松动
安装	需用专门扳手施加预拉力	一般常用扳手凭手感拧紧

(2) 高强度螺栓的承载力计算

① 摩擦型高强度螺栓承载力计算。

一个摩擦型高强度螺栓的抗剪承载力:

$$N_v^b = 0.9 n_f \mu P$$

式中　n_f——一个螺栓的传力摩擦面数目;

　　　μ——摩擦系数;

　　　P——预拉力。

一个摩擦型高强度螺栓所受剪力的验算公式:

$$N_v \leqslant N_v^b$$

一个摩擦型高强度螺栓的抗拉承载力:

$$N_t^b = 0.8P$$

一个摩擦型高强度螺栓所受拉力的验算公式:

$$N_t \leqslant N_t^b$$

螺栓满足该验算公式时,可实现连接贴紧,不松动。

一个摩擦型高强度螺栓同时受剪、受拉时的承载力验算公式:

$$\frac{N_v}{N_v^b} + \frac{N_t}{N_t^b} \leqslant 1$$

$$N_v^b = 0.9 n_f \mu P, \quad N_t^b = 0.8P$$

② 承压型高强度螺栓承载力计算。

一个承压型高强度螺栓的抗剪承载力:

$$N_{min}^b = \min\left\{ n_v \cdot \frac{\pi}{4} d^2 f_v^b, d\left(\sum t\right) f_c^b \right\}$$

一个承压型高强度螺栓的抗拉承载力:

$$N_t^b = \frac{\pi}{4} d_e^2 f_t^b$$

一个承压型高强度螺栓同时受剪、受拉时的承载力验算公式:

$$\sqrt{\left(\frac{N_v}{N_v^b}\right)^2 + \left(\frac{N_t}{N_t^b}\right)^2} \leqslant 1, \quad N_v \leqslant \frac{N_c^b}{1.2}$$

该验算公式与普通螺栓验算公式不同,考虑了预紧力的作用。

（3）高强度螺栓群的承载力计算

① 钢板搭接，螺栓群承受剪力 N 作用，如图 2-48 所示。

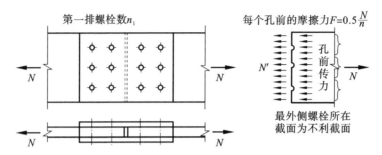

图 2-48　高强度螺栓群承受剪力 N 作用

螺栓群抗剪验算公式：

$$N_v = \frac{N}{n} \leqslant N_v^b = 0.9 n_f \mu P$$

钢板净截面抗拉强度验算如下。

净截面受力：

$$N' = N - n_1 F = N - n_1 \cdot 0.5 \frac{N}{n} = N \left(1 - 0.5 \frac{n_1}{n}\right)$$

净截面应力：

$$\sigma = \frac{N'}{A_n} \leqslant f$$

式中　A_n——钢板的净截面面积；

　　　f——钢板材料的设计强度。

② 螺栓群受剪力 V、轴力 N、扭矩 T 作用，如图 2-49 所示。

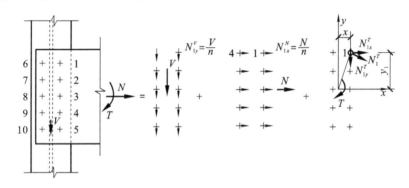

图 2-49　高强度螺栓群受剪力 V、轴力 N、扭矩 T 作用

由剪力 V，得：

$$N_{1y}^V = \frac{V}{n}$$

由轴力 N，得：

$$N_{1x}^N = \frac{N}{n}$$

由扭矩 T，得：

$$\begin{cases} N_{1y}^T = N_1^T \dfrac{x}{r_1} = \dfrac{Tx}{\sum x_i^2 + \sum y_i^2} \\[3mm] N_{1x}^T = N_1^T \dfrac{y_1}{r_1} = \dfrac{Ty_1}{\sum x_i^2 + \sum y_i^2} \end{cases}$$

故螺栓 1 所受的最大合剪力为：

$$N_1 = \sqrt{(N_{1x}^T + N_{1x}^N)^2 + (N_{1y}^T + N_{1y}^V)^2} \leqslant N_v^b = 0.9 n_f \mu P$$

③ 螺栓群承受弯矩 M 作用，如图 2-50 所示。

图 2-50 中所示连接不松动，螺栓群绕形心线旋转。

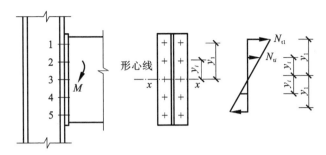

图 2-50　高强度螺栓群受弯矩 M 作用

验算最上一排螺栓：

$$N_{t1} = N_{t,max} = \frac{My_1}{m \sum y_i^2} \leqslant N_t^b = 0.8P$$

④ 螺栓群受弯矩 M、轴力 N、剪力 V 作用，如图 2-51 所示。

图 2-51 所示螺栓群，无论是否承受轴力 N，总是绕螺栓群形心线旋转。

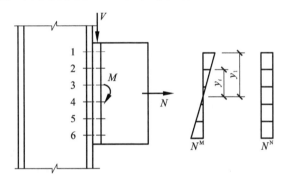

图 2-51　高强度螺栓群受弯矩 M、轴力 N、剪力 V 作用

由剪力 V，得：

$$N_{v1} = \frac{V}{n}$$

由弯矩 M、轴力 N，得：

$$N_{t1} = N_{t,max} = \frac{N}{n} + \frac{My_1}{m \sum y_i^2} \leqslant N_t^b = 0.8P$$

其验算公式为：

$$\frac{N_{v1}}{N_v^b} + \frac{N_{t1}}{N_t^b} \leqslant 1$$

$$N_v^b = 0.9 n_f \mu P, \quad N_t^b = 0.8P$$

2.2　典 型 例 题　　>>>

【例 2-1】　试设计图 2-52 所示的粗制螺栓连接，该连接承受静力荷载 $F = 110$ kN（设计值），$e_1 = 30$ cm。

【解】 ① 初步选用 M22 粗制螺栓,10 个,其布置如图 2-53 所示。由《钢结构设计规范》(GB 50017—2003)查得,螺栓的强度设计值为 $f_v^b = 140$ N/mm², $f_c^b = 305$ N/mm²。

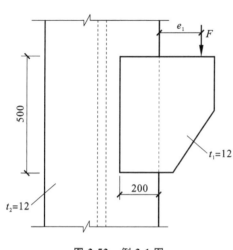

图 2-52 例 2-1 图   图 2-53 粗制螺栓的布置图

M22 粗制螺栓的承载力设计值计算如下。

抗剪承载力为:

$$N_v^b = n_v \frac{\pi d^2}{4} f_v^b = 1 \times \frac{\pi \times 22^2}{4} \times 140 = 53.2 (\text{kN})$$

承压承载力为:

$$N_c^b = d \sum t \cdot f_c^b = 22 \times 12 \times 305 = 80.52 (\text{kN})$$

单个螺栓所受承载力设计值为:

$$N_{\min}^b = \min \{N_v^b, N_c^b\} = 53.2 \text{ kN}$$

② 受力分析。

$$T = F(e_1 + 0.1) = 110 \times (0.3 + 0.1) = 44 (\text{kN} \cdot \text{m})$$
$$V = F = 110 \text{ kN}$$

③ 计算单个螺栓的最大受力。

$$\sum x_i^2 + \sum y_i^2 = 10 \times 5^2 + 4 \times (10^2 + 20^2) = 2250 (\text{cm}^2)$$

$$N_{1y}^V = \frac{V}{n} = \frac{110}{10} = 11 (\text{kN})$$

$$N_{1x}^T = \frac{T y_1}{\sum x_i^2 + \sum y_i^2} = \frac{44 \times 10^6 \times 200}{2250 \times 10^2} = 39.11 (\text{kN})$$

$$N_{1y}^T = \frac{T x_1}{\sum x_i^2 + \sum y_i^2} = \frac{44 \times 10^6 \times 50}{2250 \times 10^2} = 9.78 (\text{kN})$$

$$N_1 = \sqrt{(N_{1y}^V + N_{1y}^T)^2 + N_{1x}^{T2}} = \sqrt{(11 + 9.78)^2 + 39.11^2} = 44.29 (\text{kN}) < N_{\min}^b = 53.2 \text{ kN}$$

故该螺栓连接满足强度要求。

【例 2-2】 有一牛腿用粗制螺栓连接于钢柱上,牛腿下有一支托板承受剪力,采用 M20 螺栓,有效直径 $d_e = 17.6545$ mm。钢材为 Q235A,焊条为 E43 型,栓距为 70 mm,螺栓有 5 排、2 列,共 10 个,其所受荷载如图 2-54 所示。螺栓的抗拉强度设计值 $f_t^b = 170$ N/mm²,要求验算螺栓强度是否满足要求(考虑支托板传递全部剪力)。

【解】 (1) 受力分析

$$V = 100 \text{ kN}, \quad M = Vx = 100 \times 0.2 = 20 (\text{kN} \cdot \text{m}), \quad N = 120 \text{ kN}$$

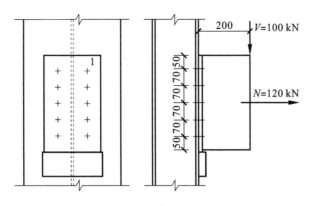

图 2-54 例 2-2 图

由此可计算在 M 作用下 N 的偏心距 e 为:

$$e = \frac{M}{N} = \frac{20 \times 10^6}{120 \times 10^3} = 167 \text{(mm)}$$

(2) 计算螺栓有效截面的核心距

$$\rho = \frac{\sum y_i^2}{ny_1} = \frac{4 \times (70^2 + 140^2)}{10 \times 140} = 70 \text{(mm)} < e = 167 \text{ mm}$$

故螺栓为大偏心受拉。

(3) 计算螺栓 1(最上排螺栓)的最大拉应力

假定中性轴在最下排螺栓的形心处,则所有螺栓均受拉力,故螺栓所受的最大拉力为:

$$N_1 = \frac{My_1'}{\sum y_i'^2} + \frac{N}{n} = \frac{20 \times 10^6 \times 280}{2 \times (70^2 + 140^2 + 210^2 + 280^2)} + \frac{120}{10} = 31.05 \text{(kN)}$$

单个螺栓的抗拉承载力设计值为:

$$N_t^b = A_e f_t^b = \frac{\pi}{4} d_e^2 f_t^b = \frac{\pi}{4} \times 17.6545^2 \times 170 = 41.57 \text{(kN)} > N_1 = 31.05 \text{ kN}$$

故螺栓强度满足要求。

【例 2-3】 试设计双角钢与节点板的角焊缝连接(图 2-55)。钢材为 Q235B,焊条为 E43 型,采用手工电弧焊。该连接承受轴心力 $N = 1200$ kN(设计值),分别采用三面围焊和两面侧焊进行设计。角焊缝的强度设计值为 $f_f^w = 160 \text{ N/mm}^2$。

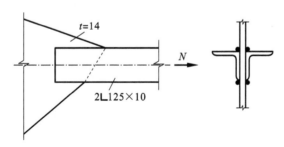

图 2-55 例 2-3 图

【解】 (1) 假定焊缝的焊脚尺寸

最小焊脚尺寸为:

$$h_{f\min} = 1.5\sqrt{t} = 1.5 \times \sqrt{14} = 5.6 \text{(mm)}$$

最大焊脚尺寸为:

肢背

$$h_{f\max} = 1.2t = 1.2 \times 10 = 12 \text{(mm)}$$

肢尖

$$h_{fmax}=t-(1\sim2\text{ mm})=10-(1\sim2)=8\sim9\text{(mm)}$$

肢背和肢尖的最大焊脚尺寸统一取为 8 mm。

（2）采用两面侧焊

角钢为等边角钢，查得：$\alpha_1=0.7$（肢背），$\alpha_2=0.3$（肢尖），则：

$$N_1=\alpha_1 N=0.7\times1200=840\text{(kN)},\quad N_2=\alpha_2 N=0.3\times1200=360\text{(kN)}$$

由此可求得肢背和肢尖所需的焊缝计算长度为：

$$l_{w1}=\frac{N_1}{2\times0.7h_f f_f^w}=\frac{840\times10^3}{2\times0.7\times8\times160}=468.8\text{(mm)}$$

$$l_1=l_{w1}+2h_f=468.8+2\times8=484.8\text{(mm)}$$

故 l_1 取 490 mm。

$$l_{w2}=\frac{N_2}{2\times0.7h_f f_f^w}=\frac{360\times10^3}{2\times0.7\times8\times160}=201\text{(mm)}$$

$$l_2=l_{w2}+2h_f=201+2\times8=217\text{(mm)}$$

故 l_2 取 220 mm。

（3）采用三面围焊

$$N_3=2\times0.7h_f\beta_f b f_f^w=2\times0.7\times8\times1.22\times125\times160=273.28\text{(kN)}$$

则

$$N_1=\alpha_1 N-0.5N_3=0.7\times1200-273.28/2=703.36\text{(kN)}$$

$$N_2=\alpha_2 N-0.5N_3=0.3\times1200-273.28/2=223.36\text{(kN)}$$

$$l_{w1}=\frac{N_1}{2\times0.7h_f f_f^w}=\frac{703.36\times10^3}{2\times0.7\times8\times160}=392.5\text{(mm)}$$

$$l_1=l_{w1}+h_f=392.5+8=400.5\text{(mm)}$$

故 l_1 取 400 mm。

$$l_{w2}=\frac{N_2}{2\times0.7h_f f_f^w}=\frac{223.36\times10^3}{2\times0.7\times8\times160}=125\text{(mm)}$$

$$l_2=l_{w2}+h_f=125+8=133\text{(mm)}$$

故 l_2 取 140 mm。

【例 2-4】 图 2-56 所示为牛腿与柱翼缘的连接。其承受的设计值：竖向力 $V=100$ kN，轴向力 $N=120$ kN。V 的作用点距柱翼缘表面距离 $e=200$ mm。钢材为 Q235 钢，螺栓公称直径为 20 mm，为普通 C 级螺栓，排列如图 2-56(b)所示。牛腿下设支托，焊条为 E43 型，采用手工电弧焊。按下列条件验算螺栓强度和支托焊缝是否满足要求：① 支托承受剪力；② 支托只起临时支承作用，不承受剪力。

【解】 （1）支托承受剪力

竖向力 V 引起的弯矩为：

$$M=Ve=100\times0.2=20\text{(kN}\cdot\text{m)}$$

螺栓承受轴力 N、弯矩 M，剪力 V 由支托承担。

一个抗拉螺栓的承载力设计值为：

$$N_t^b=\frac{\pi d_e^2}{4}f_t^b=\frac{\pi\times17.65^2}{4}\times170=41.60\text{(kN)}$$

先按小偏心受拉计算，假定牛腿绕螺栓群形心转动，则受力最小螺栓所受的拉力为：

$$N_{t,min}=\frac{N}{n}-\frac{My_1}{\sum y_i^2}=\frac{120\times10^3}{10}-\frac{20\times10^6\times140}{4\times(70^2+140^2)}=-16.57\times10^3\text{(N)}<0$$

这说明连接下部受压，连接处为大偏心受拉，中性轴位于最下排螺栓处。受力最大的最上排螺栓所受拉力为：

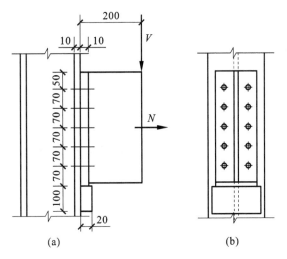

图 2-56 例 2-4 图

$$N_1 = \frac{M + Ne'}{\sum y'_i} = \frac{(20 \times 10^6 + 120 \times 10^3 \times 140) \times 280}{2 \times (70^2 + 140^2 + 210^2 + 280^2)}$$

$$= 35.05 \times 10^3 (\text{N}) = 35.05 \text{ kN} < N_t^b = 41.60 \text{ kN}$$

支托承受剪力 $V = 100$ kN,设焊缝 $h_f = 8$ mm,则:

$$\tau_f = \frac{\alpha V}{h_e \sum t_w} = \frac{1.35 \times 100 \times 10^3}{2 \times 0.7 \times 8 \times (100 - 2 \times 8)} = 143.5 (\text{N/mm}^2) < f_f^w = 160 \text{ N/mm}^2$$

(2) 支托不承受剪力,螺栓承受拉力和剪力

一个螺栓的承载力设计值为:

$$N_v^b = n_v \frac{\pi d^2}{4} f_v^b = 1 \times \frac{\pi \times 20^2}{4} \times 140 = 43.98 (\text{kN})$$

$$N_c^b = d \sum t \cdot f_c^b = 20 \times 10 \times 305 = 61 (\text{kN})$$

每个螺栓承担的剪力为:

$$N_v = \frac{V}{n} = \frac{100 \times 1000}{10} = 1 \times 10^4 (\text{N}) = 10 \text{ kN} < N_v^b = 43.98 \text{ kN}$$

受力最大螺栓所承受的拉力 $N_1 = 35.05$ kN。

螺栓在拉力和剪力的共同作用下,有:

$$\sqrt{\left(\frac{N_v}{N_v^b}\right)^2 + \left(\frac{N_1}{N_t^b}\right)^2} = \sqrt{\left(\frac{10}{43.98}\right)^2 + \left(\frac{35.05}{41.6}\right)^2} = 0.873 < 1$$

故螺栓强度满足要求。

【例 2-5】 试设计图 2-57 所示的连接:① 角钢与连接板的螺栓连接;② 竖向连接板与柱翼缘板的螺栓连接。构件钢材为 Q235B,螺栓为粗制螺栓,$d_1 = d_2 = 180$ mm。

【解】 (1) 角钢与连接板的连接

① 初步选用 M20 粗制螺栓,由《钢结构设计规范》(GB 50017—2003)查得,螺栓的强度设计值 $f_v^b = 140$ N/mm²,$f_c^b = 305$ N/mm²。

抗剪承载力为:

$$N_v^b = n_v \frac{\pi d^2}{4} f_v^b = 2 \times \frac{\pi \times 20^2}{4} \times 140 = 87.9 (\text{kN})$$

承压承载力为:

$$N_c^b = d \sum t \cdot f_c^b = 20 \times 16 \times 305 = 97.6 (\text{kN})$$

单个螺栓所受承载力设计值为：

$$N_{\min}^{b} = \min\{N_{v}^{b}, N_{c}^{b}\} = 87.9 \text{ kN}$$

② 计算所需螺栓数目。

$$n = \frac{N}{\eta N_{\min}^{b}} = \frac{360}{1.0 \times 87.9} = 4.1(\text{个})$$

n 取 5。

（2）竖向连接板与柱翼缘板的螺栓连接

其受力形式如图 2-58 所示。由于有承托板的作用，考虑承托板承受剪力，故只考虑螺栓水平分力的影响，其大小为：

$$N_{x} = \frac{\sqrt{2}}{2}N = \frac{\sqrt{2}}{2} \times 360 = 254.56(\text{kN})$$

初步选用 M20 粗制螺栓，由《钢结构设计规范》(GB 50017—2003)查得，螺栓的强度设计值 $f_{t}^{b} = 170 \text{ N/mm}^{2}$。

单个螺栓的抗拉承载力设计值为：

$$N_{t}^{b} = A_{e}f_{t}^{b} = 245 \times 170 = 41.7(\text{kN})$$

则所需螺栓数目为：

$$n = \frac{N}{\eta N_{t}^{b}} = \frac{254.56}{1.0 \times 41.7} = 6.1(\text{个})$$

n 取 8，螺栓按照双排布置，每排 4 个。

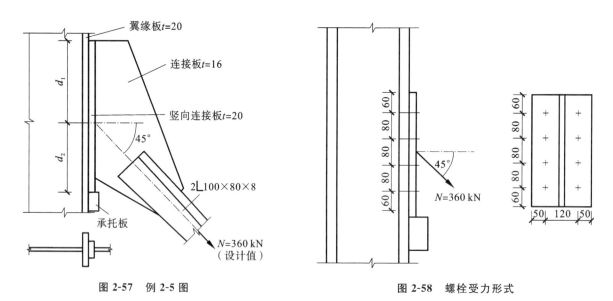

图 2-57　例 2-5 图　　　　　　　　　　图 2-58　螺栓受力形式

【例 2-6】　按摩擦型连接高强度螺栓设计例 2-5 中所要求的连接（取消承托板），且分别考虑：① $d_{1} = d_{2} = 180 \text{ mm}$；② $d_{1} = 150 \text{ mm}, d_{2} = 180 \text{ mm}$。螺栓强度级别及接触面处理自选。

【解】　（1）角钢与连接板的连接

选用 8.8 级 M20 摩擦型高强度螺栓，其连接处构件接触面用喷砂处理。

由《钢结构设计规范》(GB 50017—2003)查得其预拉力 $P = 125 \text{ kN}, \mu = 0.45$，则一个螺栓的承载力设计值为：

$$N_{v}^{b} = 0.9n_{f}\mu P = 0.9 \times 2 \times 0.45 \times 125 = 101.25(\text{kN})$$

所需的螺栓数目为：

$$n = \frac{N}{\eta N_{v}^{b}} = \frac{360}{101.25} = 3.55(\text{个})$$

n 取为 4。

（2）竖向连接板与柱翼缘板的螺栓连接

① 第一种情况：当 $d_1=d_2=180$ mm 时，取消承托板，则其承受的剪力 $V=254.56$ kN，拉力 $N=254.56$ kN。

选取 M20 高强度螺栓，其连接处构件接触面用喷砂处理。

由《钢结构设计规范》(GB 50017—2003) 查得其预拉力 $P=125$ kN，$\mu=0.45$，则由 $V \leqslant N_{v,t}^b = 0.9 n_f \mu (nP - 1.25 \sum N_{ti})$，$\sum N_{ti} = N = 254.56$ kN，可得：

$$254.56 \leqslant N_{v,t}^b = 0.9 \times 1 \times 0.45 \times (n \times 125 - 1.25 \times 254.56)$$

解得 $n=7.6$ 个。

再由 $N_t = \dfrac{N}{n} \leqslant 0.8P$，可得 $n \geqslant \dfrac{N}{0.8P} = \dfrac{254.56}{0.8 \times 125} = 2.6$（个）。故螺栓取 8 个，按两排布置，每排 4 个，如图 2-59 所示。

② 第二种情况：当 $d_1=150$ mm，$d_2=180$ mm 时，则其承受的剪力大小 $V=254.56$ kN，弯矩 $M=Ne=254.56 \times (0.165-0.15)=3.82$（kN·m）。

选取 8 个 M20 高强度螺栓，其连接处的构件接触面采用喷砂处理，布置方式如图 2-60 所示。

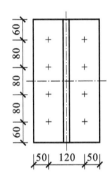

图 2-59　第一种情况下螺栓的布置方式　　　　**图 2-60　第二种情况下螺栓的布置方式**

则单个螺栓的最大拉力为：

$$N_{t1} = \frac{N}{n} + \frac{M y_1}{\sum y_i^2} = \frac{254.56 \times 10^3}{8} + \frac{3.82 \times 10^6 \times (70+35)}{2 \times 2 \times [35^2 + (70+35)^2]}$$

$$= 40(\text{kN}) < 0.8P = 0.8 \times 125 = 100(\text{kN})$$

【例 2-7】　按承压型高强度螺栓连接设计例 2-5 中角钢与连接板的连接。接触面处理及螺栓强度等级自选。

【解】　选取 8.8 级 M20 承压型高强度螺栓，由《钢结构设计规范》(GB 50017—2003) 查得 $f_v^b = 250$ N/mm²，$f_c^b = 470$ N/mm²，则单个螺栓的承载力设计值为：

$$N_v^b = n_v \frac{\pi d^2}{4} f_v^b = 2 \times \frac{\pi \times 20^2}{4} \times 250 = 157(\text{kN})$$

$$N_c^b = d \sum t \cdot f_c^b = 20 \times 16 \times 470 = 150.4(\text{kN})$$

$$N_{\min}^b = \min\{N_v^b, N_c^b\} = 150.4 \text{ kN}$$

所需螺栓的数目为：

$$n = \frac{N}{\eta N_{\min}^b} = \frac{360}{1.0 \times 150.4} = 2.39(\text{个})$$

n 取为 3 个。

【例 2-8】　验算图 2-61 所示牛腿与柱连接的对接焊缝的强度。静力荷载设计值 $F=210$ kN。钢材为 Q235BF 钢，焊条为 E43 型，为手工电弧焊，采用引弧板，焊缝质量等级为三级（假定剪力全部由腹板上的焊缝承受）。已知：$f_c^w=215$ N/mm²，$f_t^w=185$ N/mm²，$f_v^w=125$ N/mm²。

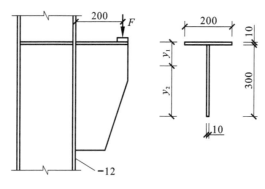

图 2-61　例 2-8 图

【解】　① 计算焊缝截面处的内力：
$$V=F=210 \text{ kN}, \quad M=210\times10^3\times200=4.2\times10^7(\text{N}\cdot\text{mm})$$

由于翼缘处剪应力很小,故可以认为全部剪力由腹板处的竖直焊缝均匀承受,而弯矩由整个 T 形截面焊缝承受。

② 计算对接焊缝截面的几何特征值。

中和轴位置：
$$y_1=\frac{200\times10\times5+300\times10\times160}{200\times10+300\times10}=98(\text{mm}), \quad y_2=310-98=212(\text{mm})$$

$$I_\text{w}=\frac{10\times300^3}{12}+300\times10\times(160-98)^2+\frac{200\times10^3}{12}+200\times10\times(98-5)^2$$
$$=5.13\times10^7(\text{mm}^4)$$

$$A'_\text{w}=300\times10=3.0\times10^3(\text{mm}^2)$$

因剪力只由腹板承担,故只计算腹板的截面积 A'_w。

③ 验算焊缝强度。经分析最危险点是最下面点,故只验算该点的焊缝强度。

$$\sigma=\frac{My_2}{I_\text{w}}=\frac{4.2\times10^7\times212}{5.13\times10^7}=173.57(\text{N/mm}^2)<f_\text{c}^\text{w}=215 \text{ N/mm}^2$$

$$\tau=\frac{V}{A'_\text{w}}=\frac{210\times10^3}{3.0\times10^3}=70(\text{N/mm}^2)<f_\text{v}^\text{w}=125 \text{ N/mm}^2$$

其折算应力：
$$\sqrt{\sigma^2+3\tau^2}=\sqrt{173.57^2+3\times70^2}=211.72(\text{N/mm}^2)>1.1f_\text{t}^\text{w}=1.1\times185=203.5(\text{N/mm}^2)$$

故折算应力强度不满足要求。如将焊缝改成二级焊缝,则 $1.1f_\text{t}^\text{w}=1.1\times215=236.5(\text{N/mm}^2)$,就能满足折算应力强度要求了。

【例 2-9】　一简支梁的截面和荷载(含梁自重在内的设计值)如图 2-62 所示。在距支座 2.4 m 处有翼缘和腹板的拼接连接,试验算其拼接的对接焊缝。已知钢材为 Q235 钢,焊条为 E43 型,采用手工电弧焊,焊缝为三级质量检验标准,施焊时采用引弧板,$f_\text{t}^\text{w}=185 \text{ N/mm}^2$,$f_\text{v}^\text{w}=125 \text{ N/mm}^2$。

【解】　(1) 计算焊缝截面处的内力
$$M=\frac{1}{2}qab=\frac{1}{2}\times220\times2.4\times(6-2.4)=950.4(\text{kN}\cdot\text{m})$$

$$V=q\left(\frac{1}{2}l-a\right)=220\times(3-2.4)=132(\text{kN})$$

(2) 计算焊缝截面的几何特性值
$$I_\text{w}=\frac{1}{12}\times(250\times1032^3-240\times1000^3)=2.898\times10^9(\text{mm}^4)$$

$$W_\text{w}=\frac{I_\text{w}}{y}=\frac{2.898\times10^9}{1032/2}=5.616\times10^6(\text{mm}^3)$$

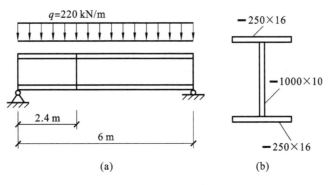

图 2-62 例 2-9 图

腹板与翼缘交接处：

$$S_{w1} = 250 \times 16 \times 508 = 2.032 \times 10^6 \text{(mm}^3\text{)}$$

中和轴处：

$$S_w = 250 \times 16 \times 508 + 500 \times 10 \times 250 = 3.282 \times 10^6 \text{(mm}^3\text{)}$$

(3) 计算焊缝强度

$$\sigma_{max} = \frac{M}{W_w} = \frac{950.4 \times 10^6}{5.616 \times 10^6} = 169.23 \text{(N/mm}^2\text{)} < f_t^w = 185 \text{ N/mm}^2$$

$$\tau_{max} = \frac{VS_w}{I_w t_w} = \frac{132 \times 10^3 \times 3.282 \times 10^6}{2.898 \times 10^9 \times 10} = 14.95 \text{(N/mm}^2\text{)} < f_v^w = 125 \text{ N/mm}^2$$

腹板与翼缘交接处：

$$\sigma_1 = \frac{h_0}{h}\sigma_{max} = \frac{1000}{1032} \times 169.23 = 163.98 \text{(N/mm}^2\text{)}$$

$$\tau_1 = \frac{VS_{w1}}{I_w t_w} = \frac{132 \times 10^3 \times 2.032 \times 10^6}{2.898 \times 10^9 \times 10} = 9.26 \text{(N/mm}^2\text{)}$$

折算应力：

$$\sqrt{\sigma_1^2 + 3\tau_1^2} = \sqrt{163.98^2 + 3 \times 9.26^2} = 164.76 \text{(N/mm}^2\text{)} < 1.1 f_t^w$$
$$= 1.1 \times 185 = 203.5 \text{(N/mm}^2\text{)}$$

计算结果表明，该对接焊缝连接安全。

【例 2-10】 如图 2-63 所示，双角钢（长肢相连）和节点板用直角焊缝相连，采用三面围焊，钢材为 Q235B 钢，焊条为 E43 型，采用手工电弧焊，$f_f^w = 160$ N/mm²，$h_f = 8$ mm，试求该连接能承担的最大静力 N。

【解】 角钢为不等边角钢，长肢相连，角钢肢背和肢尖焊缝的内力分配系数为：$\alpha_1 = 0.65$（肢背），$\alpha_2 = 0.35$（肢尖）。

端焊缝承受的力为：

$$N_3 = 2bh_e\beta_f f_f^w = 2 \times 140 \times 0.7 \times 8 \times 1.22 \times 160$$
$$= 306074 \text{(N)} \approx 306.1 \text{ kN}$$

肢尖和肢背能承受的最大轴力为：

$$N_1 = N_2 = 2 \times 0.7h_f l_w f_f^w = 2 \times 0.7 \times 8 \times (420-8) \times 160$$
$$= 738.3 \text{(kN)}$$

因为 $N_1 \geqslant \alpha_1 N - \dfrac{N_3}{2}$，所以

$$N \leqslant \frac{N_1 + \dfrac{N_3}{2}}{\alpha_1} = \frac{738.3 + \dfrac{306.1}{2}}{0.65} = 1371.3 \text{(kN)}$$

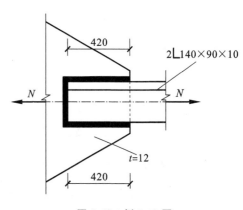

图 2-63 例 2-10 图

同理，因 $N_2 \geqslant \alpha_2 N - \dfrac{N_3}{2}$，所以

$$N \leqslant \frac{N_2 + \dfrac{N_3}{2}}{\alpha_2} = \frac{738.3 + \dfrac{306.1}{2}}{0.35} = 2546.7 (\text{kN})$$

综上可得，此连接能承受的最大静力 $N = 1371.3$ kN。

【例 2-11】 钢柱与支托连接的构造和受力如图 2-64 所示。钢材为 Q235B 钢，焊条为 E43 型，$f_{\mathrm{f}}^{\mathrm{w}} = 160$ N/mm²，焊脚尺寸 $h_{\mathrm{f}} = 8$ mm。试验算支托与钢柱的焊缝连接是否安全（假定剪力仅由垂直焊缝承受）。

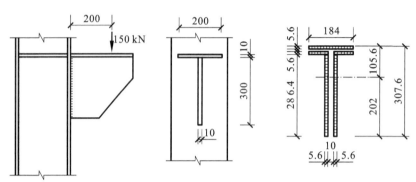

图 2-64　例 2-11 图

【解】　（1）计算角焊缝所受外力设计值

$$V = 150 \text{ kN}, \quad M = 150 \times 200 = 30000 (\text{kN} \cdot \text{mm})$$

（2）计算焊缝所受应力

有效截面的形心位置：

$$\bar{y} = \frac{184 \times 5.6 \times 5.6/2 + 87 \times 5.6 \times 2 \times 18.4 + 286.4 \times 5.6 \times 2 \times 164.4}{184 \times 5.6 + 87 \times 5.6 \times 2 + 286.4 \times 5.6 \times 2}$$

$$= 105.6 (\text{mm})$$

对中和轴的惯性矩：

$$I = \frac{1}{12} \times 184 \times 5.6^3 + 184 \times 5.6 \times 102.4^2 + \left(\frac{1}{12} \times 87 \times 5.6^3 + 87 \times 5.6 \times 86.8^2 \right) \times 2 +$$

$$\left(\frac{1}{12} \times 5.6 \times 286.4^3 + 286.4 \times 5.6 \times 59.2^2 \right) \times 2$$

$$= 5.13 \times 10^7 (\text{mm}^4)$$

焊缝上端所受拉应力为：

$$\sigma_{\mathrm{f1}} = \frac{M\bar{y}}{I} = \frac{30000 \times 10^3 \times 105.6}{5.13 \times 10^7} = 61.75 (\text{N/mm}^2) < \beta_{\mathrm{f}} f_{\mathrm{f}}^{\mathrm{w}} = 1.22 \times 160 = 195.2 (\text{N/mm}^2)$$

焊缝下端所受压应力为：

$$\sigma_{\mathrm{f2}} = \frac{M(l - \bar{y})}{I} = \frac{30000 \times 10^3 \times 202}{5.13 \times 10^7} = 118.1 (\text{N/mm}^2) < \beta_{\mathrm{f}} f_{\mathrm{f}}^{\mathrm{w}} = 1.22 \times 160 = 195.2 (\text{N/mm}^2)$$

垂直焊缝所受的剪应力为：

$$\tau_{\mathrm{f}} = \frac{V}{A_{\mathrm{w1}}} = \frac{150 \times 10^3}{286.4 \times 5.6 \times 2} = 46.8 (\text{N/mm}^2) < f_{\mathrm{f}}^{\mathrm{w}} = 160 \text{ N/mm}^2$$

焊缝下端点为控制点，其应力为：

$$\sqrt{\left(\frac{\sigma_{\mathrm{f}}}{\beta_{\mathrm{f}}} \right)^2 + \tau_{\mathrm{f}}^2} = \sqrt{\left(\frac{118.1}{1.22} \right)^2 + 46.8^2} = 107.7 (\text{N/mm}^2) \leqslant f_{\mathrm{f}}^{\mathrm{w}} = 160 \text{ N/mm}^2$$

计算结果表明，该连接焊缝安全。

2.3 复习题 >>>

第 2 章参考答案

一、填空题

1. 目前,钢结构的连接方法有_____、_____和_____。

2. 在需要进行疲劳计算的构件中,对接焊缝均应_____。

3. 对接焊缝的坡口形式与_____有关。

4. 焊缝按连接构件之间的相对位置关系分为_____、_____、_____和_____。

5. 高强度螺栓根据受力性能不同,可分为_____和_____。

6. 使用角焊缝的 T 形连接中,如果两块被连接板的厚度分别为 6 mm 和 10 mm,则最小焊脚尺寸应为_____ mm。

7. 在高强度螺栓群承受弯矩作用的连接中,通常认为其旋转中心位于_____处。

8. 在承受静力荷载的角焊缝连接中,当角焊缝的有效截面面积相等时,正面角焊缝的承载力是侧面角焊缝承载力的_____倍左右。

9. 在螺栓群受剪连接中,为了防止端部螺栓首先发生破坏而导致连接破坏,规定当螺栓群的长度大于_____时,应将螺栓的抗剪和承压承载力乘以折减系数。

10. 螺栓群在构件上的排列,应满足受力要求、_____和施工要求三方面的要求。

11. 8.8 级高强度螺栓的表示方法中,小数点及后面的数字(即".8")表示螺栓材料的_____。

12. 普通螺栓依靠螺栓承压和抗剪传递剪力,而高强度螺栓首先依靠_____传递剪力。

13. 当板件厚度 $t>6$ mm 时,板件边缘角焊缝的最大焊脚尺寸应为_____。

14. 侧面角焊缝的工作性能主要是_____。

15. 在弯矩作用下,摩擦型高强度螺栓群的中和轴位于_____。

16. 一般情况下,焊接残余应力是一个自相平衡的力系。在焊件的横截面上,既有残余拉应力,又有_____。

17. 单个普通螺栓的承载力设计值计算式为 $N_c^b = d \sum t \cdot f_c^b$,式中的 $\sum t$ 表示_____。

18. 焊接残余应力一般不影响构件的_____。

19. 摩擦型高强度螺栓抗剪连接在轴心力作用下,其疲劳验算应按_____截面计算应力幅。

20. 钢结构焊接中,焊条型号应与焊件金属强度相适应。对 Q235 钢,常用_____型焊条;对 Q345 钢,常用_____型焊条;对 Q390 钢和 Q420 钢,采用_____型焊条。

21. 手工电弧焊所用焊条应与焊件钢材相适应,一般采用_____原则。

22. 焊接应力按受力方向分为_____、_____和_____。

23. 焊缝质量标准分为_____,由检查方法确定。当焊缝质量标准为_____时,对接焊缝的设计强度与母材相等。

24. 施焊位置不同,焊缝质量不同。其中,操作最不方便、焊缝质量最差的是_____。

25. 抗剪螺栓连接的破坏形式有_____、_____、_____和_____。

26. 摩擦型高强度螺栓受剪连接对应的破坏形式为_____,承压型高强度螺栓受剪连接对应的破坏形式为_____。

27. 对于普通螺栓连接,当_____时,可防止端部钢板发生受剪破坏;当_____时,可防止螺杆发生受弯破坏。

28. 侧面角焊缝的计算长度不应小于_____和_____。当其承受动力荷载作用时,不应大于_____。

29. 按施焊时焊缝在焊件之间的相对空间位置,焊接连接可分为 _____、_____、_____ 和_____。

30. 摩擦型高强度螺栓依靠_____传递外力。

31. 当对接焊缝与外力夹角满足_____时,可不计算焊缝强度。

32. 若预拉力为 P,则一个承压型高强度螺栓的抗拉强度为_____。

33. 规范规定:角焊缝的最小焊脚尺寸 $h_{f\min} \geqslant 1.5\sqrt{t}$,式中 t 表示_____。

34. 承压型高强度螺栓仅用于_____结构的连接中。

35. 在螺栓连接中,最小端距是_____。

36. 受拉螺栓连接中,由于杠杆作用而产生撬力 Q,因此螺栓所受轴心拉力不是 N_t,而是_____。为了简化,我国的设计规范将_____的取值降低,以考虑撬力 Q 的不利影响。

37. 在剪力与拉力的共同作用下,螺栓群除应按相关公式进行验算外,还应验算_____。

二、选择题

1. 直角焊缝以( )方向的截面作为有效截面。

A. 30°   B. 45°   C. 60°   D. 50°

2. 在对接焊缝中经常使用引弧板,目的是( )。

A. 消除起落弧在焊口处造成的缺陷   B. 对被连接构件起到补强作用

C. 减小焊接残余变形   D. 防止熔化的焊剂滴落,保证焊接质量

3. 摩擦型高强度螺栓连接中,一个高强度螺栓的抗剪承载力设计值与( )无关。

A. 螺栓的传力摩擦面数   B. 摩擦面的摩擦系数   C. 高强度螺栓的预拉力   D. 被连接板的厚度

4. 如图 2-65 所示,两钢板用直角焊缝连接,采用手工电弧焊,合适的焊脚尺寸 $h_f = ($ $)$。

A. 12 mm   B. 10 mm

C. 8 mm   D. 5 mm

图 2-65 两钢板用直角焊缝连接

5. 三级焊缝的质量检验内容为( )。

A. 外观检查和 100% 的焊缝探伤   B. 外观检查和至少 20% 的焊缝探伤

C. 外观检查   D. 外观检查及对焊缝进行强度实测

6. 斜角焊缝主要用于( )。

A. 梁式结构   B. 桁架   C. 钢管结构   D. 轻型钢结构

7. 在设计焊接结构时,应尽量采用( )。

A. 立焊   B. 平焊   C. 仰焊   D. 横焊

8. 每个高强度螺栓在构件间产生的最大摩擦力与( )无关。

A. 摩擦面数目   B. 摩擦系数   C. 螺栓预应力   D. 构件厚度

9. 进行弯矩作用下的摩擦型抗拉高强度螺栓计算时,中和轴位置为( )。

A. 最下排螺栓处   B. 最上排螺栓处

C. 螺栓群重心轴上   D. 受压边缘一排螺栓处

10. 侧面角焊缝的工作性能主要是( )。

A. 受拉   B. 受弯   C. 受剪   D. 受压

11. 承压型高强度螺栓比摩擦型高强度螺栓( )。

A. 承载力低,变形小   B. 承载力高,变形大   C. 承载力高,变形小   D. 承载力低,变形大

12. 当 Q235 钢与 Q345 钢采用手工电弧焊连接时,宜选用( )。

A. E43 型焊条   B. E50 型焊条

C. E55 型焊条   D. E50 型焊条或 E55 型焊条

13. 产生焊接残余应力的主要因素之一是（　　）。

A. 钢材塑性太差 B. 钢材弹性模量太高

C. 焊接时热量分布不均 D. 焊件厚度太小

14. 下列最适用于动荷载作用的连接是（　　）。

A. 焊接连接 B. 普通螺栓连接

C. 摩擦型高强度螺栓连接 D. 承压型高强度螺栓连接

15. 普通螺栓受剪连接中，如果螺杆直径相对较大，而被连接板件的厚度相对较小，则连接破坏可能是
（　　）。

A. 螺杆被剪坏 B. 被连接板件发生挤压破坏

C. 被连接板件被拉断 D. 被连接板件端部发生冲切破坏

16. 10.9 级螺栓中的".9"表示（　　）。

A. 螺栓材料的屈服强度约为 900 N/mm²

B. 螺栓材料的极限抗拉强度约为 900 N/mm²

C. 螺杆上的螺纹长度与螺杆全长的比值为 0.9

D. 螺栓材料的屈服强度与其抗拉强度的比值为 0.9

17. （　　）可以用作摩擦型高强度螺栓连接的接触面。

A. 经雨淋、潮湿的表面 B. 涂有红丹等底漆的表面

C. 喷砂后生赤锈的表面 D. 涂油脂润滑的表面

18. 普通螺栓受剪连接中，为防止板件发生挤压破坏，应满足（　　）。

A. 板件总厚度 $\sum t \leqslant 5d$

B. 螺栓端距 $a_1 \geqslant 2d_0$

C. 螺栓所受剪力 $N_v \leqslant d \sum t \cdot f_c^b$（$\sum t$ 为同一受力方向承压构件总厚度中的较小值）

D. 螺栓所受剪力 $N_v \leqslant n_v \dfrac{\pi d^2}{4} f_v^b$

19. 在高强度螺栓受拉连接承载力极限状态范围内，随着外拉力的增加，螺杆内的预拉力将（　　）。

A. 始终为 0 B. 基本维持在预拉力 P 附近

C. 由 0 逐渐增大到预拉力 P D. 由预拉力 P 逐渐减小到 0

20. 某侧面直角焊缝 $h_f = 4$ mm，计算得到该焊缝所需计算长度为 50 mm，考虑起落弧缺陷，设计时该
焊缝的实际长度取为（　　）。

A. 50 mm B. 56 mm C. 54 mm D. 58 mm

21. 螺栓承压承载力设计值计算公式 $N_c^b = d \sum t \cdot f_c^b$ 中的 $\sum t$ 是指（　　）。

A. 被连接所有板件的厚度之和

B. 被连接所有板件厚度的平均值

C. 同一受力方向承压板件总厚度中的较小值

D. 同一受力方向承压板件总厚度中的较大值

22. 采用摩擦型高强度螺栓连接，承受剪力作用，在达到极限状态之前，（　　）。

A. 摩擦面产生滑动，螺杆与孔壁产生挤压力

B. 摩擦面产生滑动，螺杆与孔壁不产生挤压力

C. 摩擦面不产生滑动，螺杆与孔壁不产生挤压力

D. 摩擦面不产生滑动，螺杆与孔壁产生挤压力

23. 普通螺栓的抗剪承载力设计值与（　　）无关。

A. 螺孔的直径 B. 螺栓的直径

C. 受剪面数 D. 螺栓的抗剪强度设计值

24. 在图 2-66 所示的普通螺栓连接中,受力最大的螺栓所在的位置为(　　)。
　　A. a 处　　　　　　　　B. b 处　　　　　　　　C. c 处　　　　　　　　D. d 处

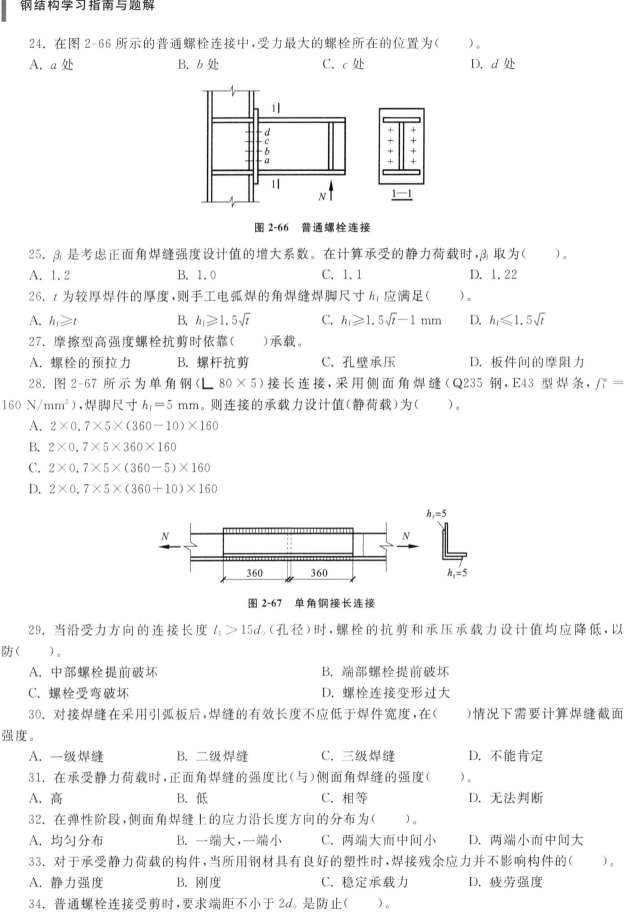

图 2-66　普通螺栓连接

25. β_f 是考虑正面角焊缝强度设计值的增大系数。在计算承受的静力荷载时,β_f 取为(　　)。
　　A. 1.2　　　　　　　　B. 1.0　　　　　　　　C. 1.1　　　　　　　　D. 1.22

26. t 为较厚焊件的厚度,则手工电弧焊的角焊缝焊脚尺寸 h_f 应满足(　　)。
　　A. $h_f \geqslant t$　　　　B. $h_f \geqslant 1.5\sqrt{t}$　　　　C. $h_f \geqslant 1.5\sqrt{t} - 1$ mm　　　　D. $h_f \leqslant 1.5\sqrt{t}$

27. 摩擦型高强度螺栓抗剪时依靠(　　)承载。
　　A. 螺栓的预拉力　　　B. 螺杆抗剪　　　C. 孔壁承压　　　D. 板件间的摩阻力

28. 图 2-67 所示为单角钢($\llcorner$ 80×5)接长连接,采用侧面角焊缝(Q235 钢,E43 型焊条,$f_f^w = 160$ N/mm²),焊脚尺寸 $h_f = 5$ mm。则连接的承载力设计值(静荷载)为(　　)。
　　A. $2 \times 0.7 \times 5 \times (360-10) \times 160$
　　B. $2 \times 0.7 \times 5 \times 360 \times 160$
　　C. $2 \times 0.7 \times 5 \times (360-5) \times 160$
　　D. $2 \times 0.7 \times 5 \times (360+10) \times 160$

图 2-67　单角钢接长连接

29. 当沿受力方向的连接长度 $l_1 > 15d_0$(孔径)时,螺栓的抗剪和承压承载力设计值均应降低,以防(　　)。
　　A. 中部螺栓提前破坏　　　　　　　　B. 端部螺栓提前破坏
　　C. 螺栓受弯破坏　　　　　　　　　　D. 螺栓连接变形过大

30. 对接焊缝在采用引弧板后,焊缝的有效长度不应低于焊件宽度,在(　　)情况下需要计算焊缝截面强度。
　　A. 一级焊缝　　　　B. 二级焊缝　　　　C. 三级焊缝　　　　D. 不能肯定

31. 在承受静力荷载时,正面角焊缝的强度比(与)侧面角焊缝的强度(　　)。
　　A. 高　　　　　　　　B. 低　　　　　　　　C. 相等　　　　　　　　D. 无法判断

32. 在弹性阶段,侧面角焊缝上的应力沿长度方向的分布为(　　)。
　　A. 均匀分布　　　B. 一端大,一端小　　　C. 两端大而中间小　　　D. 两端小而中间大

33. 对于承受静力荷载的构件,当所用钢材具有良好的塑性时,焊接残余应力并不影响构件的(　　)。
　　A. 静力强度　　　　B. 刚度　　　　C. 稳定承载力　　　　D. 疲劳强度

34. 普通螺栓连接受剪时,要求端距不小于 $2d_0$ 是防止(　　)。
　　A. 钢板发生挤压破坏　　　　　　　　B. 螺杆被剪坏
　　C. 钢板发生冲剪破坏　　　　　　　　D. 螺杆产生过大的弯曲变形

35. 承压型高强度螺栓抗剪连接的变形( )。

A. 比摩擦型高强度螺栓抗剪连接小   B. 比普通螺栓抗剪连接大

C. 与普通螺栓抗剪连接相同   D. 比摩擦型高强度螺栓抗剪连接大

36. 摩擦型高强度螺栓与承压型高强度螺栓的主要区别是( )。

A. 施加预应力的大小和方法不同   B. 所采用的材料不同

C. 破坏时的极限状态不同   D. 板件接触面的处理方式不同

37. 以下减小焊接残余变形和焊接残余应力的方法中,有一项是错误的,它是( )。

A. 采取适当的焊接程序

B. 施焊前使构件有一个和焊接变形相反的预变形

C. 保证从一侧向另一侧连续施焊

D. 对小尺寸构件,在焊接前预热或焊后进行回火处理

38. 产生纵向焊接残余应力的主要原因是( )。

A. 冷却速度太快   B. 焊件各纤维能自由变形

C. 钢材的弹性模量太大,使构件刚度很大   D. 施焊时焊件上出现冷塑区和热塑区

39. 在动荷载作用下,侧焊缝的计算长度不宜大于( )。

A. $60h_f$ B. $40h_f$ C. $80h_f$ D. $50h_f$

40. 对于直接承受动力荷载的结构,计算正面角焊缝时( )。

A. 要考虑正面角焊缝强度的提高   B. 要考虑焊缝刚度的影响

C. 与侧面角焊缝的计算式相同   D. 取 $\beta_f = 1.22$

41. 焊接结构疲劳强度的大小与( )关系不大。

A. 钢材的种类   B. 应力循环次数   C. 连接的构造细节   D. 残余应力大小

42. 未焊透的对接焊缝应按( )计算。

A. 对接焊缝   B. 角焊缝   C. 断续焊缝   D. 斜焊缝

三、计算题

1. 验算承受静力荷载的连接中角焊缝的强度。已知 $f_f^w = 160$ N/mm²,无引弧板,其他条件如图 2-68 所示。

2. 由 2∟ 110×70×8(长肢相连)组成的 T 形截面与厚度为 12 mm 的钢板以侧面角焊缝连接,$N = 460$ kN,连接构造如图 2-69 所示。采用的钢材为 Q235BF 钢,焊条为 E43 型,$f_f^w = 160$ N/mm²,试验算此连接是否安全。

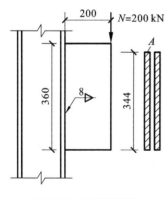

图 2-68 角焊缝连接

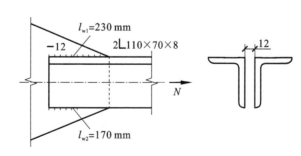

图 2-69 侧面角焊缝连接构造

3. 设计采用拼接钢板的角焊缝进行对接连接(图 2-70)。已知钢板宽 $B = 280$ mm,厚度 $t_1 = 26$ mm,拼接钢板厚度 $t_2 = 16$ mm。该连接承受的静态轴心力设计值 $N = 1000$ kN,钢材为 Q235B 钢,焊条为 E43 型,采用手工电弧焊。角焊缝的强度设计值 $f_f^w = 160$ N/mm²。要求按两面侧焊和三面围焊两种情况进行设计。

4. 试验算图 2-71 所示钢板对接焊缝的强度是否满足要求。钢板宽度为 200 mm,厚度为 14 mm,轴心拉力设计值 $N = 490$ kN,钢材为 Q235 钢,采用手工电弧焊,焊条为 E43 型,焊缝质量等级为三级,施焊时不加引弧板($f_t^w = 185$ N/mm²,$f_v^w = 125$ N/mm²)。

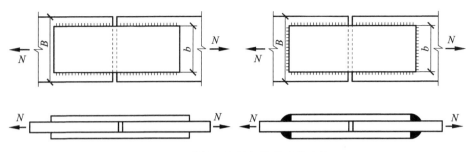

图 2-70　拼接钢板的角焊缝对接连接

5. 试设计一对接焊缝(直缝或斜缝)连接。已知轴心拉力设计值(静力荷载设计值)$N=480$ kN，$B=240$ mm，$t=10$ mm，钢材为 Q235B 钢，焊条为 E43 型，采用手工电弧焊，施焊时采用引弧板，焊缝等级为三级。$f_t^w=185$ N/mm²，$f_v^w=125$ N/mm²。

6. 验算图 2-72 所示的采用 10.9 级 M20 摩擦型高强度螺栓连接的承载力。已知构件的接触面采用喷砂处理，钢材为 Q235BF 钢，构件接触面摩擦系数 $\mu=0.45$，单个螺栓的预拉力设计值 $P=155$ kN。

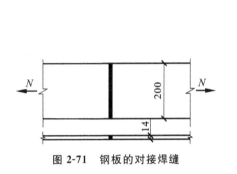

图 2-71　钢板的对接焊缝

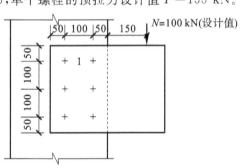

图 2-72　高强度螺栓连接

7. 焊接工字形梁在腹板上设有一道拼接的对接焊缝(图 2-73)，拼接处作用有弯矩 $M=110$ kN·m，剪力 $V=370$ kN，钢材为 Q235B 钢，焊条为 E43 型，采用半自动焊，焊缝质量等级为三级，试验算该焊缝的强度是否满足要求。已知 $f_t^w=185$ N/mm²，$f_v^w=125$ N/mm²。

8. 验算图 2-74 所示两块钢板的对接焊缝能否满足强度要求；如不满足要求，列出可采取的措施。已知截面尺寸 $B=250$ mm，$t=10$ mm，轴心拉力设计值 $N=460$ kN，钢材为 Q235B 钢，焊条为 E43 型，采用手工电弧焊，$f_t^w=185$ N/mm²，焊接时不采用引弧板，焊缝质量等级为三级。

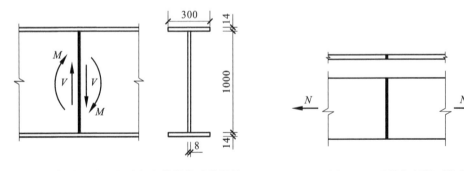

图 2-73　焊接工字形梁腹板上的拼接对接焊缝

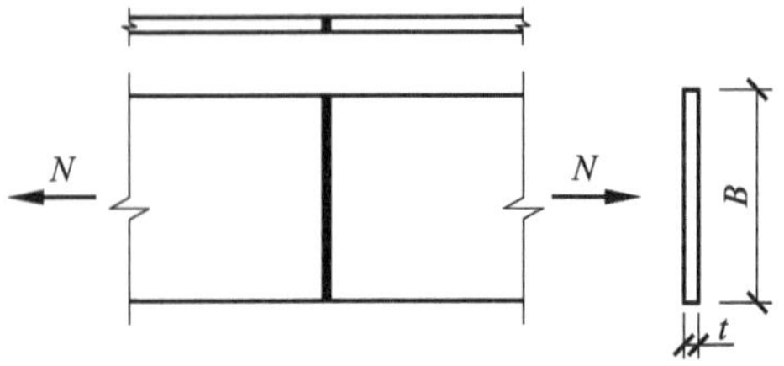

图 2-74　两块钢板的对接焊缝

9. 一工字形梁(图 2-75)在腹板与翼缘处设置有一条工厂拼接的对接焊缝，拼接处承受的作用力 $M=180$ kN·m，$V=360$ kN，$N=200$ kN，试验算拼接的对接焊缝是否安全。已知钢材为 Q235 钢，焊条为 E43 型，采用手工电弧焊，施焊时采用引弧板，焊缝质量等级为三级，$f_t^w=185$ N/mm²，$f_v^w=125$ N/mm²。

10. 如图 2-76 所示，双角钢与节点板采用侧面角焊缝相连，$N=480$ kN，角钢为 2∟100×10，节点板厚度 $t=8$ mm，钢材为 Q235B 钢，焊条为 E43 型，采用手工电弧焊，$f_t^w=160$ N/mm²，试确定所需焊脚尺寸及焊缝长度。

11. 计算图 2-77 所示 T 形截面牛腿与柱翼缘连接的对接焊缝。牛腿翼缘板宽 130 mm，厚 12 mm，腹板高 10 mm。牛腿承受的竖向荷载设计值 $V=100$ kN，力作用点到焊缝截面的距离 $e=200$ mm。钢材为 Q345 钢，焊条 E50 型，焊缝质量检验标准为三级，施焊时不加引弧板。

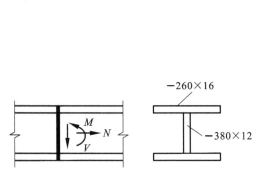

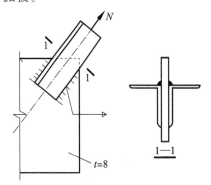

图 2-75　工字形梁在腹板和翼缘处的拼接对接焊缝

图 2-76　连接双角钢与节点板的侧面角焊缝

12. 试验算图 2-78 所示摩擦型高强度螺栓连接的强度是否满足设计要求。钢材为 Q235 钢，螺栓为 10.9 级 M20 螺栓，连接接触面采用喷砂处理，$P=155$ kN，$\mu=0.45$。

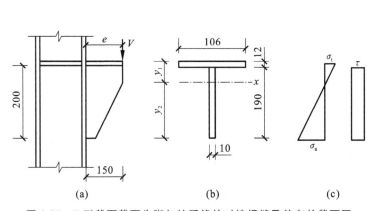

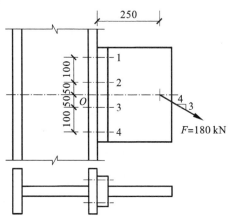

图 2-77　T 形截面截面牛脚与柱翼缘的对接焊缝及其有效截面图

（a）T 形截面牛腿对接焊缝连接；（b）焊缝的有效截面图；（c）受力图

图 2-78　摩擦型高强度螺栓连接

13. 计算图 2-79 所示角焊缝连接能承受的最大动力设计荷载 P。已知：钢材为 Q235B 钢，焊条为 E43 型，$f_f^w=160$ N/mm²。

14. 两钢板截面尺寸为 18 mm×400 mm，两面用盖板连接，钢材为 Q235 钢，承受的轴心力设计值 $N=1100$ kN，采用 M22 普通 C 级螺栓连接，$d_0=23.5$ mm，按图 2-80 所示方法连接，$f_v^b=140$ N/mm²，$f_c^b=305$ N/mm²。试验算节点是否安全。

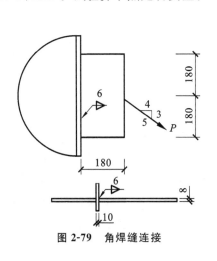

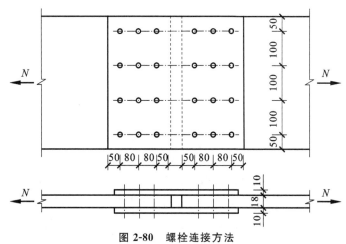

图 2-79　角焊缝连接

图 2-80　螺栓连接方法

15. 螺栓连接如图 2-81 所示。钢材为 Q235B 钢,焊条为 E43 型,$f_f^w=160\ \text{N/mm}^2$。螺栓采用 4.6 级 C 级 M20 螺栓,螺栓孔径 $d_0=21.5\ \text{mm}$,$f_v^b=140\ \text{N/mm}^2$,$f_c^b=305\ \text{N/mm}^2$。

① 验算螺栓连接是否满足承载力要求。

② 计算双角钢与节点板连接焊缝所需的设计长度(已知:$\alpha_1=0.7$,$\alpha_2=0.3$)。

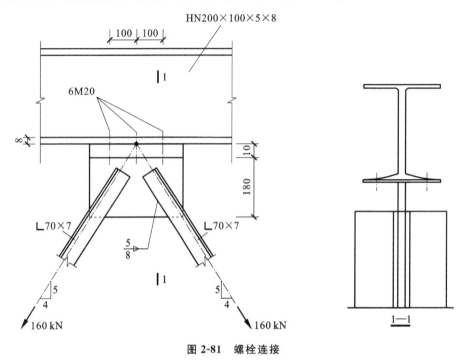

图 2-81 螺栓连接

16. 图 2-82 所示牛腿为 Q235 钢,采用 8.8 级 M20 摩擦型高强度螺栓连接,接触面表面喷砂处理。试验算该连接是否安全(螺栓预拉力 $P=125\ \text{kN}$,摩擦面抗滑移系数为 0.45)。

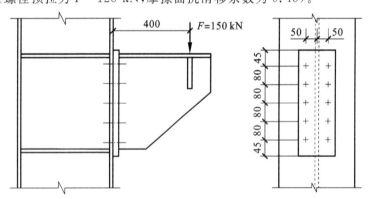

图 2-82 牛腿采用螺栓连接

17. 图 2-83 所示为一围焊缝连接,$l_1=200\ \text{mm}$,$l_2=300\ \text{mm}$,$e=80\ \text{mm}$,$h_f=8\ \text{mm}$,$f_f^w=160\ \text{N/mm}^2$,$F=330\ \text{kN}$,$\bar{x}=60\ \text{mm}$,试验算该连接是否安全。

18. 截面尺寸为 $340\ \text{mm}\times12\ \text{mm}$ 的钢板用摩擦型高强度螺栓连接,拼接钢板厚度为 8 mm,钢材为 Q235A 钢。采用 8.8 级 M20 的高强度螺栓(预拉力 $P=125\ \text{kN}$),螺栓孔径为 21.5 mm,构件表面用钢丝刷清除浮锈($\mu=0.30$),其连接构造如图 2-84 所示,$N=350\ \text{kN}$。验算该连接是否安全。

19. 图 2-85 所示为一围焊缝连接,已知 $l_1=200\ \text{mm}$, $l_2=300\ \text{mm}$, $e=80\ \text{mm}$, $h_f=8\ \text{mm}$,$f_f^w=160\ \text{N/mm}^2$,承受的静力荷载设计值 $F=350\ \text{kN}$,$\bar{x}=60\ \text{mm}$。验算该连接是否安全。

20. 如图 2-86 所示,节点板与柱通过角钢用承压型高强度螺栓连接,试验算柱与角钢之间的螺栓连接是否安全。已知:采用 8.8 级 M20 承压型高强度螺栓,预拉力 $P=125\ \text{kN}$,M20 螺栓的 $A_e=244.8\ \text{mm}^2$,8.8 级螺栓的 $f_t^b=400\ \text{N/mm}^2$。

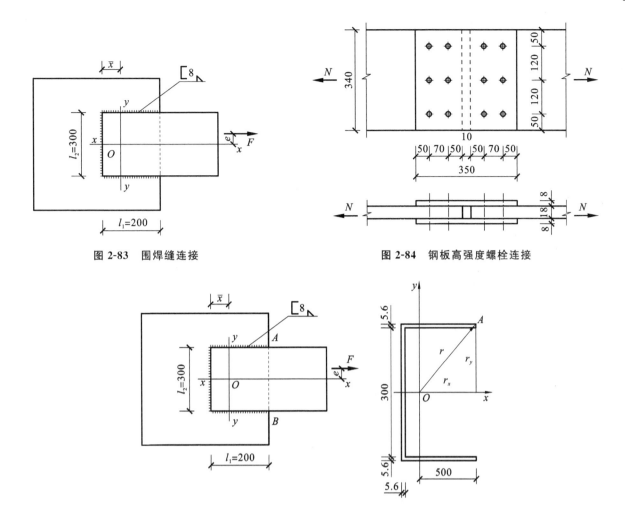

图 2-83　围焊缝连接

图 2-84　钢板高强度螺栓连接

图 2-85　围焊缝连接

21. 试验算图 2-87 所示承压型高强度螺栓连接的强度是否满足设计要求。已知:连接构件钢材为 Q235BF 钢,$t=16$ mm,承压型高强度螺栓采用 8.8 级 M20 螺栓,预拉力 $P=125$ kN,$A_e=244.8$ mm²,$f_t^b=400$ N/mm²,$f_v^b=250$ N/mm²,$f_c^b=470$ N/mm²。

22. 试计算图 2-88 所示角焊缝连接的焊脚尺寸。已知:连接承受的静力荷载设计值 $P=330$ kN,$N=220$ kN,钢材为 Q235BF 钢,焊条为 E43 型,$f_f^w=160$ N/mm²。

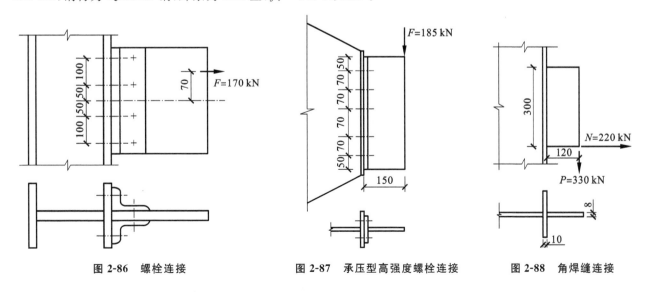

图 2-86　螺栓连接　　　　图 2-87　承压型高强度螺栓连接　　　图 2-88　角焊缝连接

23. 验算图 2-89 所示螺栓连接的强度是否满足要求。已知螺栓直径 $d=20$ mm，C 级螺栓，螺栓和构件材料为 Q235 钢，$f_v^b=140$ N/mm²，$f_c^b=305$ N/mm²，被连接的支托板与柱翼缘的厚度均为 $t=12$ mm。螺栓群所受的荷载设计值为：扭矩 $T=18$ kN·m，剪力 $V=55$ kN。

24. 图 2-90 所示为一普通螺栓（C 级）连接，钢材为 Q235 钢，采用 M20 螺栓，孔径 $d_0=21.5$ mm，$f_v^b=140$ N/mm²，$f_c^b=305$ N/mm²，$f_t^b=170$ N/mm²，外力（设计值）$F=160$ kN。试验算该连接的强度。

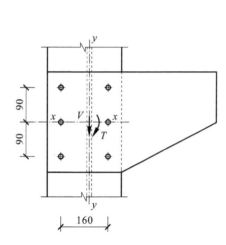

图 2-89　支托板与柱之间的螺栓连接

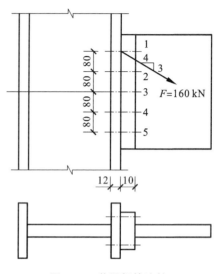

图 2-90　普通螺栓连接

知识归纳

（1）常见钢结构连接有焊缝连接和螺栓连接。焊缝分对接焊缝和角焊缝；螺栓连接分为普通螺栓连接和高强度螺栓连接，高强度螺栓连接又分为摩擦型和承压型两类。

（2）对接焊缝连接的计算可以按照轴心受力构件的方法进行。角焊缝分为正面角焊缝、侧面角焊缝和斜焊缝。计算中要充分考虑其受力方向。

（3）减小焊接残余应力和焊接残余变形的方法是避免焊缝过分集中或多方向焊缝相交于一点，以免相交处形成三向受拉应力状态，使材料变脆。在焊接工艺方面，应采用合理的施焊顺序和方向。

（4）螺栓连接有五种可能的破坏情况：螺杆被剪断、孔壁挤压、钢板被拉断、钢板被剪断、螺栓弯曲。

（5）对于螺栓群的计算，应分析不同受力形式，选取受力最大的螺栓进行计算。

（6）高强度螺栓群的抗剪计算要考虑 50% 的孔前传力。

3

轴心受力构件

课前导读

▽ 内容提要

本章从极限状态设计法出发阐述了轴心受压构件和轴心受拉构件设计的主要内容，介绍了轴心受力构件强度计算和稳定性计算的主要内容，并通过相应的典型例题对重点内容进行了举例说明。其是学习构件设计的基础。

▽ 能力要求

通过本章的学习，学生应了解轴心受力构件的设计内容，掌握轴心受拉构件的强度计算和轴心受压构件的强度及稳定性计算方法。

▽ 数字资源

钢材的强度
设计值

结构用无缝钢管
的强度设计值

轴心受压构件的
稳定系数

各种截面回转
半径的近似值

3.1 学习要点 ≫≫

工程上一般将构成结构的各种材料称为构件。构件分为垂直构件和水平构件,宏观地讲也就是轴心受力构件(柱)与弯矩构件(梁)。大学阶段的结构分析基本上是围绕这两种基本构件展开的。钢结构轴心受力构件按照其自身的特点,可分为实腹式柱和格构式柱。其上部荷载传递路径为柱头→柱身→柱脚→基础。轴心受力构件的基本设计方法遵循以概率理论为基础的极限状态设计法。其设计基本框图如图 3-1 所示。

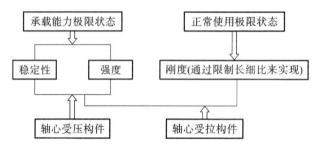

图 3-1 轴心受力构件设计基本框图

3.1.1 轴心受力构件的强度和刚度

(1)强度计算

$$\sigma = \frac{N}{A_n} \leqslant f_d$$

式中 N——构件轴心拉力或轴心压力设计值;

A_n——构件的净截面面积;

f_d——钢材的抗拉(压)强度设计值。

出于连接等目的而在母材上开的孔在拉力作用下不传递力,因此应将其截面面积从总截面面积中减去,剩余的截面面积称为净截面面积。计算中应注意区分钢板连接与角钢连接中计算净截面面积的不同。

(2)刚度计算

刚度的大小可以直接反映结构抵抗变形的能力。足够大的刚度可避免构件在制作、运输、安装、使用中发生过大变形。受拉和受压构件的刚度是以保证其长细比限值[λ]来实现的。

$$\lambda_{max} = \left(\frac{l_0}{i}\right)_{max} \leqslant [\lambda]$$

式中 λ_{max}——构件的最大长细比;

l_0——计算构件长细比时的计算长度;

i——截面的回转半径,$i = \sqrt{\dfrac{I}{A}}$;

[λ]——容许长细比,查《钢结构设计规范》(GB 50017—2003)表 5.3.8 和表 5.3.9 取用。

计算构件长细比时的计算长度 l_0 为:

① 对于轴心受拉构件:$l_0 = l$(l 为构件的长度);

② 对于轴心受压构件:$l_0 = l_r$(l_r 为构件的有效长度)。

图 3-2 所示为柱子有效长度 l_r 的计算示意图。

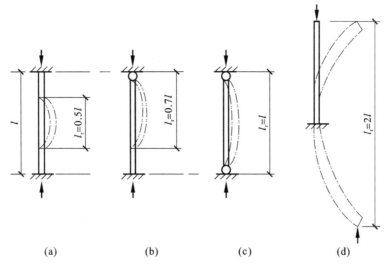

图 3-2 柱子有效长度的计算示意图

(a) 柱子两端固定；(b) 柱子一端固定，一端铰接；(c) 柱子两端铰接；(d) 柱子一端固定，一端自由

3.1.2 轴心受压构件的稳定

钢结构稳定计算在钢结构设计中占有很重要的地位，是钢结构学习中的重点和难点。

（1）屈服与屈曲

钢材和钢结构有屈服和屈曲两种破坏形式，见表 3-1。

表 3-1 钢材和钢结构的破坏形式

类型	破坏形式	具体破坏形式
钢材	钢材 → 屈服 （主要指构件断面、截面上某一点 达到了屈服极限）	塑性破坏 脆性断裂破坏 疲劳破坏 损伤累积破坏
钢结构	构件 → 屈曲 （构件发生弯曲破坏的现象）	结构整体失稳 结构和构件的局部失稳 结构的塑性破坏 结构的脆性断裂 结构的疲劳破坏 结构的损伤累积破坏

从钢材与钢结构的破坏形式中可以看出，钢结构的失稳破坏是钢结构失效的主要原因。为了深入学习稳定设计的精髓，有必要对其基本概念进行深入的剖析。

（2）稳定的基本概念及稳定问题

结构稳定是指处于平衡状态的结构体系受到外界影响时仍能保持其原有的平衡状态，否则结构不稳定或失稳。

结构的受力状态有稳定平衡状态、临界平衡状态和不稳定平衡（即失稳）状态三种，如图 3-3 所示。

① 当 $N < N_{cr}$，$\delta = 0$ 时，结构呈直线，为稳定平衡状态；

② 当 $N = N_{cr}$，$\delta = 0$ 或很小时，结构呈直线或微弯，为临界平衡状态；

③ 当 $N > N_{cr}$，$\delta > 0$ 时，结构弯曲，为不稳定平衡状态。

稳定问题有以下两类。

① 第一类稳定问题：由稳定平衡状态转为临界平衡状态，即发生平衡形式的转移，结构变形从无到有，

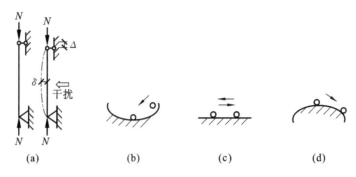

图 3-3　结构受力图及受力状态

(a) 结构受力图；(b) 稳定平衡状态；(c) 临界平衡状态；(d) 不稳定平衡状态

称为平衡分支现象。这类稳定问题通常称为屈曲。其采用欧拉公式求解临界力。

② 第二类稳定问题：由于存在初始缺陷，压杆一开始就偏心受力，没有平衡分支现象，结构变形从小到大，直到失稳破坏为止。其计算采用极限平衡法。

（3）理想轴心压杆与实际轴心压杆整体稳定对比

① 理想轴心压杆。

理想轴心压杆的截面为等截面，无初弯曲和扭曲变形。其可看作弹性直杆或弹塑性直杆，受力变形如图 3-4 所示。

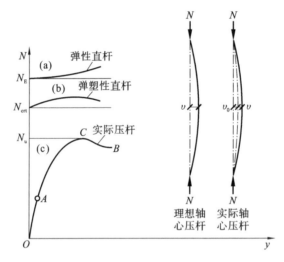

图 3-4　理想轴心压杆与实际轴心压杆整体稳定对比

② 实际轴心压杆。

实际轴心压杆有两种失稳形式，即分岔失稳和极值点失稳。前者在欧拉屈曲临界力和切线模量屈曲临界力作用下发生，后者则在极限承载力作用下发生。

（4）轴心受压构件的整体稳定计算

① 计算公式。

轴心受压构件的整体稳定计算公式为：

$$N \leqslant N_{cr}$$

式中　N——轴心受压构件的压力设计值；

　　　N_{cr}——构件保持稳定状态的临界力。

计入抗力分项系数后，有：

$$N \leqslant \frac{N_{cr}}{\gamma_R}$$

将外力转化为应力，有：

$$\frac{N}{A}\leqslant\frac{N_{cr}}{A\gamma_{R}}=\frac{\sigma_{cr}}{\gamma_{R}}=\frac{\sigma_{cr}f_{y}}{f_{y}\gamma_{R}}=\varphi f_{d}$$

《钢结构设计规范》(GB 50017—2003)中轴心受压构件整体稳定验算公式为：

$$\frac{N}{\varphi A}\leqslant f_{d}$$

$$N\leqslant A\varphi f_{d}$$

式中　N——轴心受压构件的压力设计值；

　　　A——构件的毛截面面积。

② 轴心受压构件的稳定系数 φ。

a. φ-λ 曲线的制订。

在计算轴心受压杆件的失稳临界力时，一般有两种方法：其一是将其当作理想直杆看待，计算出杆件的欧拉临界力和切线模量屈曲临界力；其二是以有几何和力学缺陷的杆件为对象，计算出杆件失稳时的极限承载力。《钢结构设计规范》(GB 50017—2003)中确定 φ-λ 曲线时，自然也是运用这两种方法。

我国《钢结构设计规范》(GB 50017—2003)给定的临界应力 σ_{cr} 是按最大强度准则，并通过数值分析确定的。由于各种缺陷对不同截面、不同对称轴的影响不同，所以其对应的 σ_{cr}-λ 曲线和柱子曲线呈相当宽的带状分布。σ_{cr}-λ 曲线如图 3-5 所示。影响柱子曲线形状的因素有截面形式、尺寸，残余应力分布，初偏心、初弯曲、初扭曲。为了减小误差以及简化计算，引入稳定系数 $\varphi(\varphi=\sigma_{cr}/f_{y})$ 和系数 $\bar{\lambda}(\bar{\lambda}=\frac{\lambda}{\pi}\sqrt{\frac{f_{y}}{E}})$，$\varphi$-$\bar{\lambda}$ 曲线如图 3-6 所示，并在试验的基础上对 φ-$\bar{\lambda}$ 曲线进行归类合并，给出了四条 φ-$\bar{\lambda}$ 曲线(对应四类截面)，如图 3-7 所示。《钢结构设计规范》(GB 50017—2003)中采用的柱子曲线如图 3-8 所示。

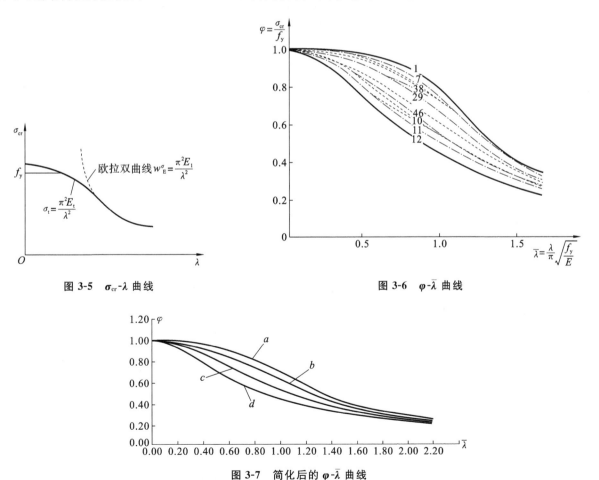

图 3-5　σ_{cr}-λ 曲线

图 3-6　φ-$\bar{\lambda}$ 曲线

图 3-7　简化后的 φ-$\bar{\lambda}$ 曲线

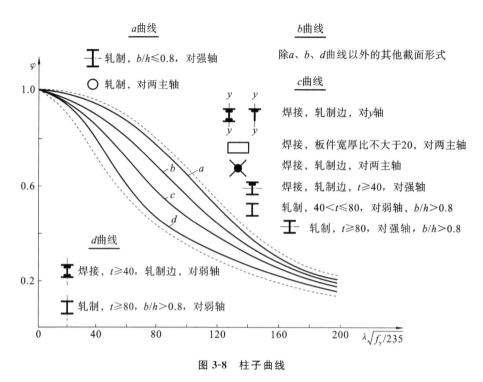

图 3-8 柱子曲线

b. 稳定系数计算要点。

（a）稳定系数 φ 按钢种、长细比 λ、截面分类查表确定。

（b）$\varphi = \varphi_{\min} = \min\{\varphi_x, \varphi_y\}$，$\varphi_x$ 按 λ_x 及 x 方向截面分类查表确定，φ_y 按 λ_y 及 y 方向截面分类查表确定。

（c）当两个方向的截面分类相同时，按 $\lambda_{\max} = \max\{\lambda_x, \lambda_y\}$ 和截面分类，查表可得 $\varphi_{\min}$。

（5）轴心受压构件的局部稳定计算

轴心受压构件都是由一些板件组成的，一般板件的厚度与宽度相比较小，因此设计时应考虑局部稳定问题。对于工字形截面构件的翼缘和腹板的局部稳定，按照弹性稳定理论，采用等稳定准则，其宽厚比限值 b/t 如下。

① 翼缘（三边简支，一边自由）：

$$\frac{b}{t} \leqslant (10 + 0.1\lambda)\sqrt{\frac{235}{f_y}}$$

不满足条件时，可加大厚度 t。

② 腹板（四边简支）：

$$\frac{h_0}{t_w} \leqslant (25 + 0.5\lambda)\sqrt{\frac{235}{f_y}}$$

不满足条件时，可设置加劲肋。

以上两式中的 λ 为构件各方向长细比中的较大值，当 λ 小于 30 时，取 30；当 λ 大于 100 时，取 100。其他截面构件的板件宽厚比限值见表 3-2。

表 3-2　　　　　　　　　　　　　　　　　　　**轴心受压构件板件宽厚比限值**

截面及板件尺寸	宽厚比限值
	$\dfrac{b}{t}\left(\text{或}\dfrac{b_1}{t_1}、\dfrac{b_1}{t}\right) \leqslant (10 + 0.1\lambda)\sqrt{\dfrac{235}{f_y}}$ $\dfrac{h_0}{t_w} \leqslant (25 + 0.5\lambda)\sqrt{\dfrac{235}{f_y}}$

续表

截面及板件尺寸	宽厚比限值
	$\dfrac{b_0}{t}\left(或\dfrac{h_0}{t_w}\right)\leqslant 40\sqrt{\dfrac{235}{f_y}}$
	$\dfrac{d}{t}\leqslant 100\sqrt{\dfrac{235}{f_y}}$

3.1.3 轴心受压柱的设计

（1）实腹式柱的设计

① 截面选择的原则。

a. 截面尽量开展；

b. 在两主轴方向等稳；

c. 便于连接；

d. 构造简单，制造省工，取材方便。

② 截面设计。对于一个轴心受压构件，其出现的问题有以下三种类型：

a. 已知荷载、截面，验算截面；

b. 已知截面，求承载力；

c. 已知荷载，设计截面。

以上三种类型问题的计算框图如图 3-9 和图 3-10 所示。

（2）格构式柱的设计

格构式柱由肢件和缀材组成，缀材可分为缀条和缀板。其截面形式如图 3-11 所示。

格构式柱（格构式压杆）不同于实腹式柱（实腹式压杆）的特点主要是杆件绕虚轴弯曲时，剪力引起的附加变形不可忽略。也就是说，其绕虚轴的弯曲刚度低于实腹式压杆的弯曲刚度，从而必然使直接受这一刚度制约的临界力有所降低，如图 3-12 所示。进行格构式柱绕虚轴的稳定计算时，要采用换算长细比代替实

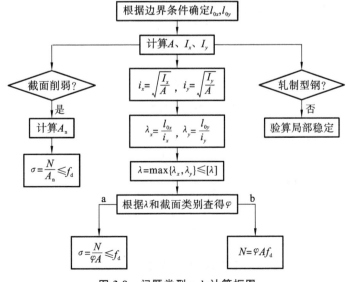

图 3-9　问题类型 a、b 计算框图

际长细比。

在剪力作用下,格构式缀板柱的计算模型可简化为刚架模型,格构式缀条柱的计算模型可简化为桁架模型。其计算框图如图 3-13 所示。

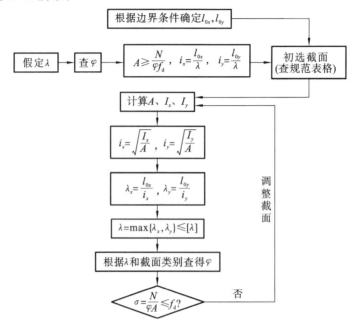

图 3-10 类型 c 计算框图

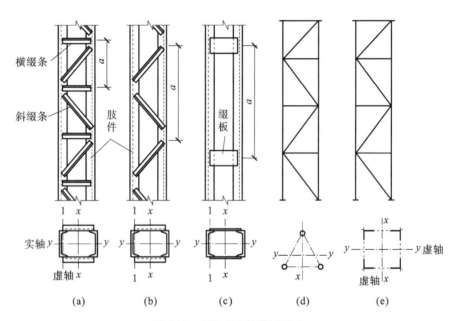

图 3-11 格构式柱的截面形式

(a)、(b) 缀条双肢;(c) 缀板双肢;(d) 三肢;(e) 四肢

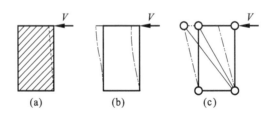

图 3-12 轴心受压柱失稳

(a) 实腹式柱;(b) 格构式缀板柱;(c) 格构式缀条柱

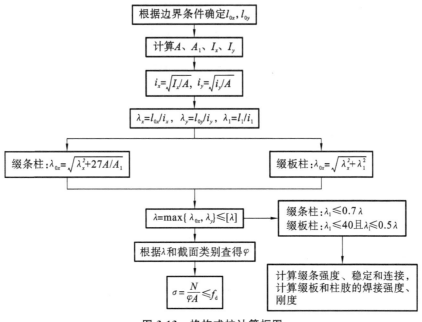

图 3-13　格构式柱计算框图

3.2　典型例题　>>>

【例 3-1】　按格构式缀板柱设计某轴心受压格构式双肢柱。柱肢采用热轧槽钢，翼缘趾尖向内。钢材为 Q235B 钢。构件长 6 m,两端铰支,$l_{0x}=l_{0y}=6$ m。承受轴心压力设计值 $N=1600$ kN。

【解】　(1) 确定柱肢的截面尺寸

查表可知截面关于实轴和虚轴都属于 b 类。取 $f=215$ N/mm²,设 $\lambda_y=60$,查稳定系数表得 $\varphi_y=0.807$,则柱肢截面面积为:

$$A=\frac{N}{\varphi_y f}=\frac{1600\times10^3}{0.807\times215}=9222(\text{mm}^2)$$

$$i_y=\frac{l_{0y}}{\lambda_y}=\frac{6000}{60}=100(\text{mm})$$

查型钢表,柱肢材料初选 2[28b,其截面特征值为:

$$A=9120 \text{ mm}^2,\quad i_y=106 \text{ mm},\quad y_0=20.2 \text{ mm},\quad i_1=23 \text{ mm}$$

[28b 自重为 35.8 kg/m,则:

$$W=2\times35.8\times9.8\times6\times1.3\times1.2=6568(\text{N})$$

上式中的 1.2 为荷载分项系数,1.3 为考虑缀板、柱头和柱脚等用钢后的柱自重增大系数。

对实轴的整体稳定性进行验算:

$$\lambda_y=\frac{6000}{106}=56.6<[\lambda]=150$$

查表得 $\varphi_y=0.825$。

则

$$\frac{N+W}{\varphi_y A}=\frac{1600\times10^3+6568}{0.825\times9120}=213.53(\text{N/mm}^2)<f=215 \text{ N/mm}^2$$

故实轴的稳定性满足要求。

(2) 按双轴等稳定原则确定两分肢槽钢背面之间的距离 b

$$0.5\lambda_y=0.5\times56.6=28.3$$

取 $\lambda_1 = 28.3 < 40$，依双轴等稳定条件，有：

$$\lambda_x = \sqrt{\lambda_y^2 - \lambda_1^2} = \sqrt{56.6^2 - 28.3^2} = 49.0$$

$$i_x = \frac{l_{0x}}{\lambda_x} = \frac{6000}{49.0} = 122.4(\text{mm})$$

$$b = 2(y_0 + \sqrt{i_x^2 - i_1^2}) = 2 \times (20.2 + \sqrt{122.4^2 - 23.0^2}) = 281(\text{mm})$$

设计采用 $b = 280$ mm，截面如图 3-14 所示。

对虚轴的整体稳定性进行验算：

$$i_x = \sqrt{i_1^2 + \left(\frac{b}{2} - y_0\right)^2} = \sqrt{23^2 + \left(\frac{280}{2} - 20.2\right)^2} = 122(\text{mm})$$

$$\lambda_x = \frac{l_{0x}}{i_x} = \frac{6000}{122} = 49.2$$

$$\lambda_{0x} = \sqrt{\lambda_x^2 + \lambda_1^2} = \sqrt{49.2^2 + 28.3^2} = 56.8$$

查表得 $\varphi_x = 0.824$，则：

$$\frac{N + W}{\varphi_x A} = \frac{1600 \times 10^3 + 6568}{0.824 \times 9120} = 213.8(\text{N/mm}^2) < f = 215\ \text{N/mm}^2$$

故虚轴的稳定性满足要求。

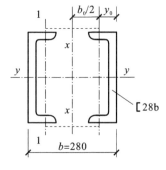

图 3-14 例 3-1 图

（3）整体刚度验算

$$\lambda_{\max} = 56.8 < [\lambda] = 150$$

故其刚度满足要求。

（4）分肢刚度验算

$$\lambda_1 = 28.3 < 0.5\lambda_{\max} = 0.5 \times 56.8 = 28.4$$

故分肢的刚度满足要求。

（5）缀板刚度验算

柱分肢轴线间距：

$$b_1 = b - 2y_0 = 280 - 2 \times 20.2 = 239.6(\text{mm})$$

缀板高度：

$$b_p \geqslant \frac{2b_1}{3} = 159.7\ \text{mm}$$

取 $b_p = 200$ mm。

缀板厚度：

$$t \geqslant \frac{b_1}{40} = 6\ \text{mm}$$

取 $t = 6$ mm。

缀板间净距：

$$l_{01} \geqslant \lambda_1 i_1 = 28.3 \times 23 = 651(\text{mm})$$

取 $l_{01} = 650$ mm。

缀板中心距：

$$l_1 \geqslant l_{01} + b_p = 650 + 200 = 850(\text{mm})$$

缀板长度取 $b_b = 240$ mm。

柱中剪力：

$$V = \frac{Af}{85}\sqrt{\frac{f_y}{235}} = \frac{9120 \times 215}{85} \times \sqrt{\frac{235}{235}} \times 10^{-3} = 23.07(\text{kN})$$

$$V_1 = \frac{V}{2} = \frac{23.07}{2} = 11.54(\text{kN})$$

缀板内力：

$$V_j = \frac{V_1 l_1}{b_1} = \frac{11.54 \times 850}{239.6} = 40.9(kN)$$

$$M = \frac{V_1 l_1}{2} = \frac{11.54 \times 850}{2} = 4904.5(kN \cdot mm)$$

采用 $h_f = 6$ mm，满足构造要求；$l_w = b_p = 200$ mm。

$$\sqrt{\left(\frac{\sigma_f}{1.22}\right)^2 + \tau_f^2} = \sqrt{\left(\frac{4904.5 \times 10^3}{1.22 \times 0.7 \times 6 \times 200^2}\right)^2 + \left(\frac{40.9 \times 10^3}{0.7 \times 6 \times 200}\right)^2}$$

$$= 54.3(N/mm^2) < f_f^w = 160 \; N/mm^2$$

故其刚度满足要求。

【例 3-2】 某焊接工字形截面柱的截面尺寸如图 3-15 所示。柱的上、下端均为铰接，柱高 4.2 m，承受的轴心压力设计值 1000 kN，钢材为 Q235 钢，翼缘为火焰切割边，焊条为 E43 系列，采用手工电弧焊。试验算该柱是否安全。

【解】 已知 $l_x = l_y = 4.2$ m，$f = 215$ N/mm²，计算截面特征值：

$$A = 2 \times 25 \times 1 + 22 \times 0.6 = 63.2(cm^2)$$

$$I_x = 2 \times 25 \times 1 \times 11.5^2 + 0.6 \times 22^3/12 = 1108.4(cm^4)$$

$$I_y = 2 \times 1 \times 25^3/12 = 2604.2(cm^4)$$

$$i_x = \sqrt{\frac{I_x}{A}} = 4.19 \; cm$$

$$i_y = \sqrt{\frac{I_y}{A}} = 6.42 \; cm$$

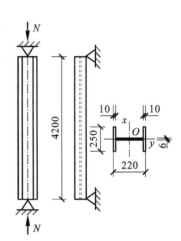

图 3-15 例 3-2 图

验算整体稳定、刚度和局部稳定：

$$\lambda_x = \frac{l_x}{i_x} = \frac{420}{4.19} = 100.24 < [\lambda] = 150$$

$$\lambda_y = \frac{l_y}{i_y} = \frac{420}{6.42} = 65.4 < [\lambda] = 150$$

截面对 x 轴和 y 轴为 b 类。查稳定系数表，可得

$$\varphi_x = 0.901, \quad \varphi_y = 0.778$$

取 $\varphi = \varphi_y = 0.778$，则

$$\sigma = \frac{N}{\varphi A} = \frac{1000}{0.778 \times 63.2} \times 10 = 203.4(N/mm^2) < f_d = 215 \; N/mm^2$$

翼缘宽厚比为：

$$\frac{b_1}{t} = \frac{12.5 - 0.3}{1} = 12.2 < (10 + 0.1\lambda)\sqrt{\frac{235}{f_y}} = 10 + 0.1 \times 65.4 = 16.54$$

腹板高厚比为：

$$\frac{h_0}{t_w} = \frac{24 - 2}{0.6} = 36.7 < (25 + 0.5\lambda)\sqrt{\frac{235}{f_y}} = 25 + 0.5 \times 65.4 = 57.7$$

故构件的整体稳定、刚度和局部稳定都满足要求。

【例 3-3】 轴心受压构件的截面尺寸如图 3-16 所示，钢材为 Q235 钢，截面无削弱，翼缘为轧制边。已知 $I_x = 2.54 \times 10^4$ cm⁴，$I_y = 1.25 \times 10^3$ cm⁴，$A = 87.6$ cm²，$l = 5.2$ m。① 求此柱的最大承载力设计值 N；② 验算此柱的局部稳定性是否满足要求。

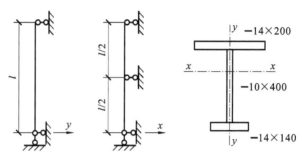

图 3-16　例 3-3 图

【解】　(1) 整体稳定承载力计算

对 x 轴:

$$l_{0x}=l=5.2\ \text{m}, \quad i_x=\sqrt{\frac{I_x}{A}}=\sqrt{\frac{2.54\times10^4}{87.6}}=17(\text{cm})$$

翼缘为轧制边,故其截面对 x 轴为 b 类截面,查表得 $\varphi_x=0.934$,则

$$N_x=\varphi_x Af=0.934\times8760\times215\times10^{-3}=1759(\text{kN})$$

对 y 轴:

$$l_{0y}=\frac{l}{2}=2.6\ \text{m}, \quad i_y=\sqrt{\frac{I_y}{A}}=\sqrt{\frac{1.25\times10^3}{87.6}}=3.78(\text{cm})$$

则

$$\lambda_y=\frac{l_{0y}}{i_y}=\frac{260}{3.78}=68.8\leqslant[\lambda]=150$$

翼缘为轧制边,故其截面对 y 轴为 c 类截面,查表得 $\varphi_y=0.650$,则:

$$N_y=\varphi_y Af=0.65\times8760\times215\times10^{-3}=1224(\text{kN})$$

由于截面无削弱,其强度承载力高于其稳定承载力,故构件的最大承载力为:

$$N_{\max}=N_y=1224\ \text{kN}$$

(2) 局部稳定性验算

$$\lambda_{\max}=\max\{\lambda_x,\lambda_y\}=68.8, \quad 30\leqslant\lambda_{\max}\leqslant100$$

① 大翼缘的局部稳定性验算。

$$\frac{b_1}{t}=\frac{95}{14}=6.79\leqslant(10+0.1\lambda_{\max})\sqrt{\frac{235}{f_y}}=(10+0.1\times68.8)\times\sqrt{\frac{235}{235}}=16.88$$

故大翼缘的局部稳定性满足要求。

② 腹板的局部稳定性验算。

$$\frac{h_0}{t_w}=\frac{400}{10}=40\leqslant(25+0.5\lambda_{\max})\times\sqrt{\frac{235}{f_y}}=(25+0.5\times68.8)\times\sqrt{\frac{235}{235}}=59.4$$

故腹板的局部稳定性满足要求。

【例 3-4】　某管道支架(图 3-17)的压力设计值 $N=1600$ kN,柱两端铰接,钢材为 Q235 钢,其截面无孔削弱。试分别按以下要求设计此支柱的截面:① 取普通轧制工字形截面;② 取热轧 H 型钢;③ 取焊接工字形截面,翼缘板边缘为焰切边缘。

【解】　计算长度 $l_{0x}=6$ m,$l_{0y}=3$ m。

(1) 取普通轧制工字形截面

① 试选截面。

假定 $\lambda=90$,则该截面对 x 轴属 a 类截面,查轴心受压构件稳定系数表,得 $\varphi_x=0.714$;对 y 轴属 b 类截面,查得 $\varphi_y=0.621$。

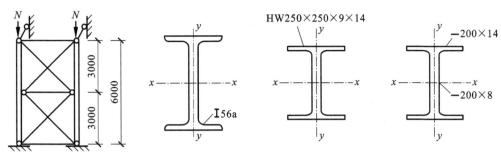

图 3-17 例 3-4 图

$$A=\frac{N}{\varphi_{\min}f}=\frac{1600\times10^3}{0.621\times215\times10^2}=119.8(\mathrm{cm}^2)$$

$$i_x=\frac{l_{0x}}{\lambda}=\frac{600}{90}=6.67(\mathrm{cm}),\quad i_y=\frac{l_{0y}}{\lambda}=\frac{300}{90}=3.33(\mathrm{cm})$$

查型钢表,该管道支架材料选用 I 56a,其截面特征值为:

$$i_x=22.01\ \mathrm{cm},\quad i_y=3.18\ \mathrm{cm},\quad A=135.38\ \mathrm{cm}^2$$

② 强度验算。

截面无削弱,故其强度可不验算。

③ 刚度验算。

$$\lambda_x=\frac{l_{0x}}{i_x}=\frac{600}{22.01}=27.3<[\lambda]=150,\quad \lambda_y=\frac{l_{0y}}{i_y}=\frac{300}{3.18}=94.3<[\lambda]=150$$

④ 整体稳定性验算。

由 $\lambda_x=27.3$ 得其截面的柱曲线为 a 类曲线,查稳定系数表得 $\varphi_x=0.967$。

由 $\lambda_y=94.3$ 得其截面的柱曲线为 b 类曲线,查稳定系数表得 $\varphi_y=0.591$。

取 $\varphi=\varphi_y=0.591$,则:

$$\frac{N}{\varphi A}=\frac{1600\times10^3}{0.591\times135.38\times10^2}=200.5(\mathrm{N/mm}^2)<215\ \mathrm{N/mm}^2$$

故其整体稳定性满足要求。

所以,该管道支架所取截面合适。

⑤ 局部稳定性验算。

热轧型钢的局部稳定性不需验算。

(2) 取热轧 H 型钢

① 试选截面。

假设 $\lambda=60$,因为 $b/h>0.8$,所以对 x、y 轴其截面均属 b 类截面,查稳定系数表得 $\varphi=0.807$。

$$A=\frac{N}{\varphi f}=\frac{1600\times10^3}{0.807\times215\times10^2}=92.2(\mathrm{cm}^2)$$

$$i_x=\frac{l_{0x}}{\lambda}=\frac{600}{60}=10(\mathrm{cm}),\quad i_y=\frac{l_{0y}}{\lambda}=\frac{300}{60}=5(\mathrm{cm})$$

查型钢表,初选 HW250×250×9×14,其截面特征值为:

$$A=92.18\ \mathrm{cm}^2,\quad i_x=10.8\ \mathrm{cm},\quad i_y=6.29\ \mathrm{cm}$$

② 强度验算。

截面无削弱,故其强度可不验算。

③ 刚度验算。

$$\lambda_x=\frac{l_{0x}}{i_x}=\frac{600}{10.8}=55.6<[\lambda]=150,\quad \lambda_y=\frac{l_{0y}}{i_y}=\frac{300}{6.29}=47.7<[\lambda]=150$$

故其刚度满足要求。

④ 整体稳定性验算。

由 $\lambda=55.6$ 查稳定系数表,得:

$$\varphi_x = 0.83, \quad \frac{N}{\varphi_x A} = \frac{1600 \times 10^3}{0.83 \times 92.18 \times 10^2} = 209(\text{N/mm}^2) < 215 \text{ N/mm}^2$$

故其整体稳定性满足要求。

⑤ 局部稳定性验算。

热轧型钢的局部稳定性不需验算。

所以,该管道支架所取截面合适。

(3) 焊接工字形截面

① 试选截面。

假设 $\lambda = 60$,翼缘为焰切边缘的焊接工字形截面对 x、y 轴均为 b 类截面。查得:

$$\varphi = 0.807, \quad A = \frac{N}{\varphi f} = \frac{1600 \times 10^3}{0.807 \times 215 \times 10^2} = 92.2(\text{cm}^2)$$

$$i_x = \frac{l_{0x}}{\lambda} = \frac{600}{60} = 10(\text{cm}), \quad i_y = \frac{l_{0y}}{\lambda} = \frac{300}{60} = 5(\text{cm})$$

由回转半径与轮廓尺寸的近似关系,有:

$$i_x = \alpha_1 h, \quad i_y = \alpha_2 b$$

则

$$h = \frac{i_x}{\alpha_1} = \frac{100}{0.43} \approx 233(\text{mm}), \quad b = \frac{i_y}{\alpha_2} = \frac{50}{0.24} \approx 208(\text{mm})$$

取翼缘的截面尺寸为 250 mm×14 mm,腹板的截面尺寸为 250 mm×8 mm,则

$$A = 2 \times 25 \times 1.4 + 25 \times 0.8 = 90(\text{cm}^2)$$

$$I_x = \frac{1}{12} \times (25 \times 27.8^3 - 24.2 \times 25^3) = 13250(\text{cm}^4)$$

$$I_y = 2 \times \frac{1}{12} \times 1.4 \times 25^3 = 3646(\text{cm}^4)$$

$$i_x = \sqrt{\frac{13250}{90}} = 12.13(\text{cm}), \quad i_y = \sqrt{\frac{3646}{90}} = 6.36(\text{cm})$$

② 强度验算。

截面无削弱,故其强度可不验算。

③ 刚度验算。

$$\lambda_x = \frac{600}{12.13} = 49.5 < [\lambda] = 150, \quad \lambda_y = \frac{300}{6.36} = 47.2 < [\lambda] = 150$$

故其刚度满足要求。

④ 整体稳定性验算。

由 $\lambda_x = 49.5$ 得截面的柱子曲线为 b 类,查得 $\varphi = 0.859$。

$$\frac{N}{\varphi A} = \frac{1600 \times 10^3}{0.859 \times 90 \times 10^2} = 207(\text{N/mm}^2) < 215 \text{ N/mm}^2$$

故其整体稳定性满足要求。

⑤ 局部稳定性验算。

其局部稳定性通过宽厚比验算。

对翼缘板:

$$\frac{b}{t} = \frac{12.1}{1.4} = 8.6 < (10 + 0.1\lambda)\sqrt{\frac{235}{f_y}} = 14.59$$

对腹板:

$$\frac{h_0}{t_w} = \frac{25}{0.8} = 31.25 < (25 + 0.5\lambda)\sqrt{\frac{235}{f_y}} = 49.74$$

故其局部稳定性满足要求。

⑥ 构造要求。

$$\frac{h_0}{t_w} = \frac{25}{0.8} = 31.25 < 80\sqrt{\frac{f_y}{235}} = 80$$

故其可不设横向加劲肋。

本例题中,普通轧制工字形截面、热轧 H 形截面、焊接工字形截面三种截面形式的设计结果对比如下。

① 普通轧制工字形截面:$A=135.38 \text{ cm}^2$,$i_x=22.01 \text{ cm}$,$i_y=3.18 \text{ cm}$;

② 热轧 H 形截面:$A=92.18 \text{ cm}^2$,$i_x=10.8 \text{ cm}$,$i_y=6.29 \text{ cm}$;

③ 焊接工字形截面:$A=90 \text{ cm}^2$,$i_x=12.13 \text{ cm}$,$i_y=6.36 \text{ cm}$。

综合来看,优先选用热轧 H 形截面。对于轴力很大的厂房柱、门架柱等,可使用格构式构件。格构式构件只需少量增加用钢(缀材)即可显著增加其截面回转半径,因此可节省钢材;但其制作加工比较复杂。

【例 3-5】 某焊接组合工字形截面轴心受压构件的截面尺寸如图 3-18 所示。其承受的轴心压力设计值(包括自重)$N=2000 \text{ kN}$,计算长度 $l_{0x}=6 \text{ m}$,$l_{0y}=3 \text{ m}$,翼缘钢板为火焰切割边,钢材为 Q345 钢,$f=315 \text{ N/mm}^2$,截面无削弱。试验算该轴心受压构件的整体稳定性是否满足要求。

【解】 (1) 构件及其截面的几何性质计算

截面面积:

$$A=250\times12\times2+250\times8=8000(\text{mm}^2)$$

惯性矩:

$$I_x=\frac{1}{12}\times(250\times274^3-242\times250^3)=1.1345\times10^8(\text{mm}^4)$$

$$I_y=\frac{1}{12}\times(12\times250^3\times2+250\times8^3)=3.126\times10^7(\text{mm}^4)$$

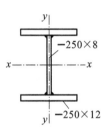

图 3-18 例 3-5 图

回转半径:

$$i_x=\sqrt{\frac{I_x}{A}}=\sqrt{\frac{1.1345\times10^8}{8000}}=119.1(\text{mm}),\quad i_y=\sqrt{\frac{I_y}{A}}=\sqrt{\frac{3.126\times10^7}{8000}}=62.5(\text{mm})$$

长细比:

$$\lambda_x=\frac{l_x}{i_x}=\frac{6000}{119.1}=50.4,\quad \lambda_y=\frac{l_y}{i_y}=\frac{3000}{62.5}=48.0$$

(2) 整体稳定性验算

截面对 x 轴和 y 轴都属于 b 类截面,故有:

$$\lambda_x>\lambda_y$$

$$\lambda_x\sqrt{\frac{f_y}{235}}=50.4\times\sqrt{\frac{345}{235}}=61.1$$

查表得 $\varphi=0.802$,则:

$$\sigma=\frac{N}{\varphi A}=\frac{2000\times10^3}{0.802\times8000}=311.7(\text{N/mm}^2)<f=315 \text{ N/mm}^2$$

故其满足整体稳定性要求。

其整体稳定承载力为:

$$N_c=\varphi A f=0.802\times8000\times315=2021040(\text{N})=2021(\text{kN})$$

【例 3-6】 某焊接 T 形截面轴心受压构件的截面尺寸如图 3-19 所示。其承受的轴心压力设计值(包括自重)$N=2000 \text{ kN}$,计算长度 $l_{0x}=l_{0y}=3 \text{ m}$,翼缘钢板为火焰切割边,钢材为 Q345 钢,$f=315 \text{ N/mm}^2$,截面无削弱。试计算该轴心受压构件的整体稳定性是否满足要求。

【解】 (1) 构件及其截面的几何性质计算

截面面积:

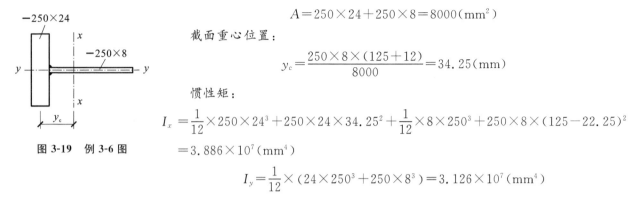

$$A = 250 \times 24 + 250 \times 8 = 8000 \,(\text{mm}^2)$$

截面重心位置：

$$y_c = \frac{250 \times 8 \times (125 + 12)}{8000} = 34.25 \,(\text{mm})$$

惯性矩：

$$I_x = \frac{1}{12} \times 250 \times 24^3 + 250 \times 24 \times 34.25^2 + \frac{1}{12} \times 8 \times 250^3 + 250 \times 8 \times (125 - 22.25)^2$$

图 3-19 例 3-6 图

$$= 3.886 \times 10^7 \,(\text{mm}^4)$$

$$I_y = \frac{1}{12} \times (24 \times 250^3 + 250 \times 8^3) = 3.126 \times 10^7 \,(\text{mm}^4)$$

回转半径：

$$i_x = \sqrt{\frac{I_x}{A}} = \sqrt{\frac{3.886 \times 10^7}{8000}} = 69.7 \,(\text{mm}), \quad i_y = \sqrt{\frac{I_y}{A}} = \sqrt{\frac{3.126 \times 10^7}{8000}} = 62.5 \,(\text{mm})$$

长细比：

$$\lambda_x = \frac{l_x}{i_x} = \frac{3000}{69.7} = 43, \quad \lambda_y = \frac{l_y}{i_y} = \frac{3000}{62.5} = 48$$

（2）整体稳定性验算

因为构件绕 y 轴失稳时属于弯扭失稳，所以必须计算换算长细比 l_{yz}。

因 T 形截面的剪力中心在翼缘板和腹板中心线的交点处，所以剪力中心距形心的距离 e_0 等于 y_c，即：

$$i_0^2 = e_0^2 + i_x^2 + i_y^2 = 34.25^2 + 69.7^2 + 62.5^2 = 9937 \,(\text{mm}^2)$$

对于 T 形截面，有 $I_w = 0$，则

$$I_t = \frac{1}{3} \times (250 \times 24^3 + 250 \times 8^3) = 1.195 \times 10^6 \,(\text{mm}^4)$$

$$\lambda_z^2 = \frac{i_0^2 A}{I_t / 25.7 + I_w / l_w^2} = \frac{25.7 \times 9937 \times 8000}{1.195 \times 10^6} = 1709.66$$

$$\lambda_{yz} = \frac{1}{\sqrt{2}} \left[(\lambda_y^2 + \lambda_z^2) + \frac{1}{2} \sqrt{(\lambda_y^2 + \lambda_z^2)^2 - 4 \left(1 - \frac{e_0^2}{i_0^2}\right) \lambda_y^2 \lambda_z^2} \right]^{\frac{1}{2}} = 52.45$$

截面关于 x 轴和 y 轴均属于 b 类截面，故有：

$$\lambda_{yz} > \lambda_x, \quad \lambda_{yz} \sqrt{\frac{f_y}{235}} = 52.45 \times \sqrt{\frac{345}{235}} = 63.55$$

查表得 $\varphi = 0.788$，则：

$$\sigma = \frac{N}{\varphi A} = \frac{2000 \times 10^3}{0.788 \times 8000} = 317 \,(\text{N/mm}^2) \approx f = 315 \text{ N/mm}^2$$

故其整体稳定性满足要求，且不超过 5%。

其整体稳定承载力为：

$$N_c = \varphi A f = 0.788 \times 8000 \times 315 = 1986 \,(\text{kN}) < N = 2000 \text{ kN}$$

【例 3-7】 已知某轴心受压实腹式柱 AB 长 $l = 5$ m，中点 $l/2$ 处有侧向支撑。采用三块钢板焊成的工字形截面，翼缘板尺寸为 $300 \text{ mm} \times 12 \text{ mm}$，腹板尺寸为 $200 \text{ mm} \times 6 \text{ mm}$，如图 3-20 所示。钢材为 Q235 钢，$f = 215 \text{ N/mm}^2$。求其最大承载力。

【解】 由题意得：

$$l_{0x} = 5 \text{ m}, \quad l_{0y} = 2.5 \text{ m}$$

（1）求最大承载力

截面面积：

$$A = 2 \times 30 \times 1.2 + 20 \times 0.6 = 84 \,(\text{cm}^2)$$

惯性矩：

$$I_x = \frac{30 \times 22.4^3}{12} - \frac{29.4 \times 20^3}{12} = 8498.56(\text{cm}^4)$$

$$I_y = 2 \times \frac{1.2 \times 30^3}{12} = 5400(\text{cm}^4)$$

图 3-20　例 3-7 图

回转半径：

$$i_x = \sqrt{\frac{I_x}{A}} = \sqrt{\frac{8498.56}{84}} = 10.06(\text{cm}), \quad i_y = \sqrt{\frac{I_y}{A}} = \sqrt{\frac{5400}{84}} = 8.02(\text{cm})$$

长细比：

$$\lambda_x = \frac{l_{0x}}{i_x} = \frac{500}{10.06} = 49.70 < [\lambda] = 150, \quad \lambda_y = \frac{l_{0y}}{i_y} = \frac{250}{8.02} = 31.17 < [\lambda] = 150$$

由此可知，该实腹式柱的截面为 b 类截面。由最大长细比 $\lambda_x = 49.70$ 查表得 $\varphi_x = 0.8575$。

整体稳定最大承载力为：

$$N = \varphi A f = 0.8575 \times 84 \times 10^2 \times 215 = 1548645(\text{N}) \approx 1548.6 \text{ kN}$$

（2）局部稳定性验算

腹板的高厚比为：

$$\frac{h_0}{t_w} = \frac{20}{0.6} = 33.3 < (25 + 0.5\lambda)\sqrt{\frac{235}{f_y}} = (25 + 0.5 \times 49.7) \times \sqrt{\frac{235}{235}} = 49.85$$

翼缘板的宽厚比为：

$$\frac{b}{t} = \frac{14.7}{1.2} = 12.25 < (10 + 0.1\lambda)\sqrt{\frac{235}{f_y}} = (10 + 0.1 \times 49.7) \times \sqrt{\frac{235}{235}} = 14.97$$

腹板和翼缘板的高厚比和宽厚比均满足要求，则其局部稳定性满足要求。

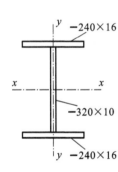

图 3-21　例 3-8 图

【例 3-8】　有一轴心受压实腹式柱的截面为焊接工字形，关于两主轴均属 b 类截面，如图 3-21 所示。钢材为 Q235 钢，已知 $N = 1500$ kN，$l_{0x} = 10.8$ m，$l_{0y} = 3.6$ m，$f = 215$ N/mm^2，试验算此柱的整体稳定性和局部稳定性。

【解】　（1）截面的几何特性值计算

$$A = 10880 \text{ mm}^2, \quad I_x = \frac{10 \times 320^3}{12} + 240 \times 16 \times 2 \times 168^2 = 244066987(\text{mm}^4)$$

$$I_y = 2 \times \frac{16 \times 240^3}{12} = 36864000(\text{mm}^4)$$

$$i_x = \sqrt{\frac{I_x}{A}} = 149.8 \text{ mm}, \quad i_y = \sqrt{\frac{I_y}{A}} = 58.2 \text{ mm}$$

长细比：

$$\lambda_x = \frac{l_{0x}}{i_x} = \frac{10.8}{0.1498} = 72.1, \quad \lambda_y = \frac{l_{0y}}{i_y} = \frac{3.6}{0.0582} = 61.9$$

查表得 $\varphi = 0.737$。

（2）整体稳定性验算

$$\sigma = \frac{N}{\varphi A} = \frac{1500000}{0.737 \times 10880} = 187.1(\text{N/mm}^2) < f = 215 \text{ N/mm}^2$$

故该实腹式柱的整体稳定性满足要求。

（3）局部稳定性验算

腹板的高厚比：

$$\frac{h_0}{t_w} = \frac{320}{10} = 32 < (25 + 0.5\lambda)\sqrt{\frac{235}{f_y}} = (25 + 0.5 \times 72.1) \times \sqrt{\frac{235}{235}} = 61.05$$

翼缘的宽厚比：

$$\frac{b}{t}=\frac{115}{16}=7.2<(10+0.1\lambda)\sqrt{\frac{235}{f_y}}=(10+0.1\times72.1)\times\sqrt{\frac{235}{235}}=17.2$$

故该实腹式柱的局部稳定性满足要求。

【例 3-9】 一工字形截面轴心受压柱如图 3-22 所示,$l_{0x}=l=9$ m,$l_{0y}=3$ m,在跨中截面每个翼缘板和腹板上各有两个对称布置的 $d=24$ mm 的孔,钢材用 Q235AF 钢,$f=215$ N/mm²,翼缘板为焰切边。试求其最大承载能力 N(局部稳定性已保证,不必验算)。

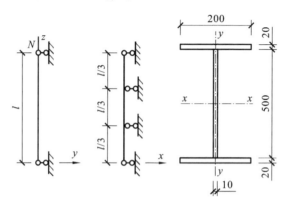

图 3-22 例 3-9 图

【解】 截面几何特性值为:

$$A=2\times200\times20+500\times10=13000(\text{mm}^2),\quad A_n=A-\left(4\times\frac{\pi}{4}\times24^2+2\times\frac{\pi}{4}\times24^2\right)\approx10600(\text{mm}^2)$$

$$I_x=\frac{10\times500^3}{12}+2\times200\times20\times260^2=6.45\times10^8(\text{mm}^4),\quad I_y=2\times\frac{20\times200^3}{12}=2.67\times10^7(\text{mm}^4)$$

$$i_x=\sqrt{\frac{I_x}{A}}=\sqrt{\frac{6.45\times10^8}{1.3\times10^4}}=2.23\times10^2(\text{mm}),\quad i_y=\sqrt{\frac{I_y}{A}}=\sqrt{\frac{2.67\times10^7}{1.3\times10^4}}=45.3(\text{mm})$$

按强度条件确定的承载力为:

$$N_1=A_nf=1.06\times10^4\times215=2.28\times10^6(\text{N})=2280\text{ kN}$$

按稳定条件确定的承载力为:

$$\lambda_x=\frac{l_{0x}}{i_x}=\frac{900}{22.3}=40.4,\quad \lambda_y=\frac{300}{4.53}=66.2<[\lambda]=150$$

因 x 轴为虚轴,且 $\lambda_y>\lambda_x$,因而截面对 y 轴的稳定承载力小于对 x 轴的稳定承载力。由 $\lambda_y=66.2$ 查表得 $\varphi_y=0.773$,所以有

$$N_1=\varphi_yAf=0.773\times1.3\times10^4\times215\times10^{-3}=2161(\text{kN})$$

故此柱的最大承载力为 2161 kN。

【例 3-10】 某轴心受压缀板式柱由 2[20a 组成,钢材为 Q235AF 钢,柱高 7 m,两端铰接,在柱中间设有一侧向支撑,$i_y=7.86$ cm,$f=215$ N/mm²,试确定其最大承载力设计值(已知单个[20a 的几何特性值为:$A=28.84$ cm²,$I_1=128$ cm⁴,$\lambda_1=35$,$Z_0=2.01$ cm,$a=10.7$ cm,$b=25.42$ cm)。

【解】 $$I_x=2(I_1+Aa^2)=2\times(128+28.84\times10.7^2)=6860(\text{cm}^4)$$

$$i_x=\sqrt{\frac{I_x}{A}}=\sqrt{\frac{6860}{2\times28.84}}=10.9(\text{cm}),\quad \lambda_x=\frac{l_{0x}}{i_x}=\frac{700}{10.9}=64.2$$

$$\lambda_{0x}=\sqrt{\lambda_x^2+\lambda_1^2}=\sqrt{64.2^2+35^2}=73.1,\quad \lambda_y=\frac{l_{0y}}{i_y}=\frac{350}{7.86}=44.5<\lambda_{0x}=73.1$$

查表得 $\varphi_x=0.732$,得

$$N=\varphi_xAf=0.732\times2\times28.84\times10^2\times215=907.8(\text{kN})$$

【例3-11】 某轴心受压缀板柱由 2 [28a 组成,钢材为 Q235AF 钢,$l_{0x}=l_{0y}=8.4$ m,外压力 $N=1000$ kN,验算该柱虚轴的稳定承载力。已知:$A=40\times 2=80(\mathrm{cm}^2)$,$I_1=218$ cm^4,$Z_0=21$ mm,$\lambda_1=24$,$f=215$ N/mm^2,$b=36$ cm。

【解】
$$I_x=2(I_1+Aa^2)=2\times(218+40\times 15.9^2)=20660.8(\mathrm{cm}^4)$$

$$i_x=\sqrt{\frac{I_x}{A}}=\sqrt{\frac{20660.8}{80}}=16.07(\mathrm{cm})$$

则

$$\lambda_x=\frac{l_{0x}}{i_x}=\frac{840}{16.07}=52.3$$

$$\lambda_{0x}=\sqrt{\lambda_x^2+\lambda_1^2}=\sqrt{52.3^2+24^2}=57.5$$

查表得 $\varphi_x=0.82$,则
$$N=\varphi_x Af=0.82\times 8000\times 215=1410.4(\mathrm{kN})>1000\ \mathrm{kN}$$

故该柱虚轴的稳定承载力满足要求。

【例3-12】 验算图 3-23 所示轴心受压柱的强度、整体稳定性和局部稳定性。已知轴向荷载设计值 $N=1500$ kN,钢材为 Q235B 钢,$f=215$ N/mm^2,截面关于 x 轴为 b 类截面,关于 y 轴为 c 类截面,截面无任何削弱。

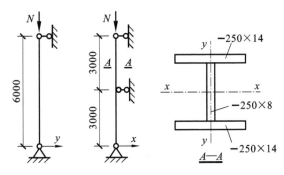

图 3-23 例 3-12 图

【解】 截面的几何特性值为:
$$A=25\times 0.8+2\times 25\times 1.4=90(\mathrm{cm}^2)$$
$$I_x=0.8\times 25^3/12+2\times 25\times 1.4\times(12.5+0.7)^2=13238.5(\mathrm{cm}^4)$$
$$I_y=25\times 0.8^3/12+2\times 1.4\times 25^3/12=3646.9(\mathrm{cm}^4)$$
$$i_x=\sqrt{\frac{I_x}{A}}=\sqrt{\frac{13238.5}{90}}=12.13(\mathrm{cm})$$
$$i_y=\sqrt{\frac{I_y}{A}}=\sqrt{\frac{3646.9}{90}}=6.37(\mathrm{cm})$$
$$\lambda_x=\frac{l_{0x}}{i_x}=\frac{600}{12.13}=49.46$$

故截面关于 x 轴属于 b 类截面,查表得 $\varphi_x=0.859$。
$$\lambda_y=\frac{l_{0y}}{i_y}=\frac{300}{6.37}=47.10$$

故截面关于 y 轴属于 c 类截面,查表得 $\varphi_y=0.793$。
$$\frac{N}{\varphi_y A}=\frac{1500\times 10^3}{0.793\times 9000}=210.2(\mathrm{N/mm}^2)<f=215\ \mathrm{N/mm}^2$$

故该轴心受压柱的整体稳定性满足要求。又因截面无削弱,故其强度自然满足要求。
$$\frac{h_0}{t_w}=\frac{250}{8}=31.25<(25+0.5\lambda)\sqrt{\frac{235}{f_y}}=25+0.5\times 49.46=49.73$$

$$\frac{b_1}{t}=\frac{(250-8)/2}{14}=8.64<(10+0.1\lambda)\sqrt{\frac{235}{f_y}}=10+0.1\times49.46=14.95$$

故该轴心受压柱的局部稳定性也能满足要求。

【例 3-13】　受轴心压力作用的某焊接组合工字形截面柱如图 3-24 所示。该柱最大长细比 $\lambda=80$,材质为 Q235B 钢,试验算此柱的局部稳定性。

【解】　翼缘板宽厚比:

$$\frac{b_1}{t}=\frac{147}{8}=18.375>(10+0.1\lambda)\sqrt{\frac{235}{f_y}}=10+8=18$$

所以翼缘板局部稳定性不能满足要求。

腹板高厚比:

$$\frac{h_0}{t_w}=\frac{300}{6}=50<(25+0.5\lambda)\sqrt{\frac{235}{f_y}}=25+40=65$$

所以腹板的局部稳定性满足要求。

【例 3-14】　一轴心受压平台柱采用焊接工字形截面,截面尺寸如图 3-25 所示。柱两端铰接,柱高 6 m,承受的轴心压力设计值为 5000 kN,翼缘为焰切边,钢材为 Q235 钢。试验算该柱是否满足要求。

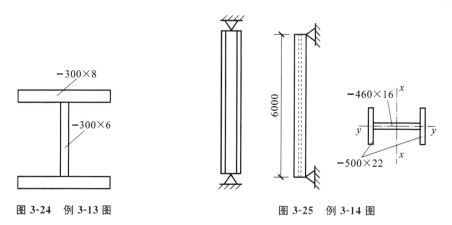

图 3-24　例 3-13 图　　　　　图 3-25　例 3-14 图

【解】　计算截面特性值:

$$l_{0x}=l_{0y}=6\text{ m},\quad f=205\text{ N/mm}^2$$

$$A=2\times50\times2.2+46\times1.6=293.6(\text{cm}^2)$$

$$I_x=2\times50\times2.2\times24.1^2+1.6\times46^3/12=140756(\text{cm}^4)$$

$$I_y=2\times2.2\times50^3/12=45833(\text{cm}^4)$$

$$i_x=\sqrt{\frac{I_x}{A}}=\sqrt{\frac{140756}{293.6}}=21.9(\text{cm}),\quad i_y=\sqrt{\frac{I_y}{A}}=\sqrt{\frac{45833}{293.6}}=12.5(\text{cm})$$

$$\lambda_x=\frac{l_{0x}}{i_x}=\frac{600}{21.9}=27.4<[\lambda]=150,\quad \lambda_y=\frac{l_{0y}}{i_y}=\frac{600}{12.5}=48<[\lambda]=150$$

截面关于 x 轴和 y 轴都为 b 类截面,故:

$$\varphi=\varphi_y=0.865$$

$$\sigma=\frac{N}{\varphi A}=\frac{5000\times10^3}{0.865\times293.6\times10^2}=196.9(\text{N/mm}^2)<f=205\text{ N/mm}^2$$

翼缘板宽厚比为:

$$\frac{b_1}{t}=\frac{250-8}{22}=11<(10+0.1\lambda)\sqrt{\frac{235}{f_y}}=10+0.1\times48=14.8$$

腹板高厚比为：

$$\frac{h_0}{t_w}=\frac{460}{16}=28.8<(25+0.5\lambda)\sqrt{\frac{235}{f_y}}=25+0.5\times48=49$$

故柱的整体稳定性、刚度和局部稳定性都满足要求。

【**例 3-15**】 设计如图 3-26 所示的平板式柱脚。已知其轴心压力设计值 $N=1700$ kN，柱脚钢材为 Q235 钢，焊条为 E43 型，基础混凝土采用 C15，其抗压强度设计值 $f_c=7.2$ N/mm²。

【**解**】 （1）底板计算

需要的底板净截面面积为：

$$A_n=\frac{N}{f_c}=236111.1 \text{ mm}^2$$

采用宽为 450 mm，长为 600 mm 的底板，如图 3-27(a) 所示，其毛面积为 $450\times600=270000(\text{mm}^2)$，减去锚栓孔截面面积后的净截面面积 A'_n 大于所需的底板净面积，故基础对底板的压应力为：

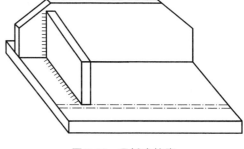

图 3-26 平板式柱脚

$$\sigma=\frac{N}{A'_n}=\frac{1700\times10^3}{270000-4000}=6.4(\text{N/mm}^2)$$

底板的区格有三种，现分别计算其单位宽度的弯矩。

① 区格①为四边支承板：

$$\frac{b_1}{a_1}=\frac{278}{200}=1.39,\quad \alpha=0.0744$$

$$M_1=\alpha\sigma a_1^2=0.0744\times6.4\times200^2=19050(\text{N}\cdot\text{mm})$$

② 区格②为三边支承板：

$$\frac{b_1}{a_1}=\frac{100}{278}=0.36,\quad \beta=0.0356$$

$$M_2=\beta\sigma a_1^2=0.0356\times6.4\times278^2=17610(\text{N}\cdot\text{mm})$$

③ 区格③为悬臂部分：

$$M_3=\frac{1}{2}\sigma c^2=\frac{1}{2}\times6.4\times76^2=18480(\text{N}\cdot\text{mm})$$

这三种区格的弯矩值相差不大，不必调整底板的平面尺寸和隔板位置。最大弯矩为：

$$M_{max}=19050 \text{ N}\cdot\text{mm}$$

$$t\geq\sqrt{\frac{6M_{max}}{f}}=\sqrt{\frac{6\times19050}{205}}=23.62(\text{mm})$$

取 $t=24$ mm。

（2）隔板计算

将隔板视为两端支于靴梁上的简支梁，其线荷载为：

$$q_1=200\times6.4=1280(\text{N/mm})$$

隔板与底板的连接焊缝（仅考虑外侧一条焊缝）为正面角焊缝，故 $\beta_f=1.22$。取 $h_f=10$ mm，则焊缝强度为：

$$\sigma_f=\frac{1280}{1.22\times0.7\times10}=150(\text{N/mm}^2)<f_f^w=160 \text{ N/mm}^2$$

隔板与靴梁的连接焊缝（外侧一条焊缝）为侧面角焊缝，所受隔板的支座反力为：

$$R=\frac{1}{2}\times1280\times278\approx178000(\text{N})$$

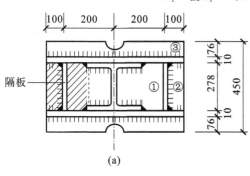

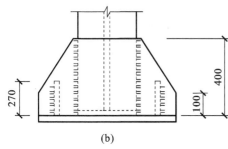

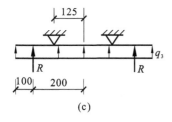

图 3-27 平板式柱脚计算示意图

设 $h_f = 8$ mm,则焊缝长度(即隔板高度)为:

$$l_w = \frac{R}{0.7 h_f f_f^w} = \frac{178000}{0.7 \times 8 \times 160} = 199 \text{(mm)}$$

取隔板高度为 270 mm,设隔板厚度 $t = 8$ mm $> b/50 = 278/50 = 5.6$(mm),则隔板的抗剪、抗弯强度为:

$$V_{max} = R = 178000 \text{ N}$$

$$\tau = 1.5 \frac{V_{max}}{ht} = 1.5 \times \frac{178000}{270 \times 8} = 124 \text{(N/mm}^2) < f_v = 125 \text{ N/mm}^2$$

$$M_{max} = \frac{1}{8} \times 1280 \times 278^2 = 12.37 \times 10^6 \text{(N·mm)}$$

$$\sigma = \frac{M_{max}}{W} = \frac{6 \times 12.37 \times 10^6}{8 \times 270^2} = 127 \text{(N/mm}^2) < f = 215 \text{ N/mm}^2$$

(3) 靴梁计算

靴梁[图 3-27(b)]与柱身的连接焊缝(4 条)按承压脚处柱的压力 $N = 1700$ kN 计算。此焊缝为侧面角焊缝,设 $h_f = 10$ mm,则其长度为:

$$l_w = \frac{N}{4 \times 0.7 h_f f_f^w} = \frac{1700 \times 10^3}{4 \times 0.7 \times 10 \times 160} = 379 \text{(mm)}$$

取靴梁高度为 400 mm。

靴梁作为支承柱力的悬臂梁,设厚度 $t = 10$ mm,其抗剪和抗弯强度为:

$$V_{max} = 178000 + 86 \times 6.4 \times 175 = 274300 \text{(N)}$$

$$\tau = 1.5 \frac{V_{max}}{ht} = 15 \times \frac{274300}{400 \times 10} = 103 \text{(N/mm}^2) < f_v = 125 \text{ N/mm}^2$$

$$M_{max} = 178000 \times 75 + \frac{1}{2} \times 86 \times 6.4 \times 175^2 = 21.78 \times 10^6 \text{(N·mm)}$$

$$\sigma = \frac{M_{max}}{W} = \frac{6 \times 21.78 \times 10^6}{10 \times 400^2} = 81.7 \text{(N/mm}^2) < f = 215 \text{ N/mm}^2$$

靴梁与底板的连接焊缝及隔板与底板的连接焊缝传递全部柱的压力,设焊缝的焊脚尺寸均为 $h_f = 10$ mm,则所需的焊缝总计算长度应为:

$$\sum l_w = \frac{N}{1.22 \times 0.7 h_f f_f^w} = \frac{1700 \times 10^3}{1.22 \times 0.7 \times 10 \times 160} = 1244 \text{(mm)}$$

显然焊缝的实际计算总长度已超过此值,故柱脚与基础的连接构造采用两个直径为 20 mm 的锚栓。

【例 3-16】 某工作平台柱高 2.6 m,按两端铰接的轴心受压柱考虑。如果柱采用Ⅰ16,试计算求解以下问题:

① 钢材用 Q235AF 钢时,承载力设计值为多少?

② 钢材改用 Q345 钢时,承载力设计值能否提高?

③ 如果轴心压力设计值为 330 kN,Ⅰ16 柱能否满足要求?如不满足要求,在构造上采取什么措施能使其满足要求(按 Q235AF 钢计算)?

【解】 (1) 采用 Q235AF 钢时的承载力设计值计算

根据已知条件,该柱无截面削弱,则其承载力设计值应由整体稳定性决定,且其为两端铰接,故其计算长度等于其几何长度,若无侧向支撑,则 $l_{0x} = l_{0y} = 2.6$ m。但工字钢两方向的回转半径相差较大,即 $i_y \ll i_x$,因此其整体稳定承载力将由弱轴(y 轴)方向的承载力决定。

Ⅰ16 的几何特性值为:

$$i_x = 6.58 \text{ cm}, \quad i_y = 1.89 \text{ cm}, \quad A = 26.1 \text{ cm}^2$$

$$l_{0x} = l_{0y} = l = 260 \text{ cm}, \quad \lambda_x = \frac{l_{0x}}{i_x} = \frac{260}{6.58} = 39.5, \quad \lambda_y = \frac{l_{0y}}{i_y} = \frac{260}{1.89} = 137.6$$

工字钢截面关于 x 轴属于 a 类截面,查得 $\varphi_x=0.942$;工字钢截面关于 y 轴属于 b 类截面,查得 $\varphi_y=0.355$。

$$\varphi=\varphi_y=0.355$$

故承载力设计值为:

$$N=\varphi_y Af=0.355\times26.1\times10^2\times215=199200(\text{N})=199.2\ \text{kN}$$

(2)改用 Q345 钢时的承载力设计值计算

按弱轴进行比较。根据 $\lambda_y=137.6$ 查得 $\varphi_y=0.257$,故

$$N=\varphi_y Af=0.257\times26.1\times10^2\times315=211300(\text{N})=211.3\ \text{kN}$$

比较计算结果可知,柱改用 Q345 钢时其承载力设计值稍有提高,但提高幅度不大。这是因为该柱的承载力由对弱轴(y 轴)方向的整体稳定性控制,且长细比较大,属细长柱,其工作大致处于弹性范围,故钢材强度对柱的承载力影响不大。

(3)轴心压力设计值为 330 kN 时的承载力计算

当柱绕强轴 $x—x$ 轴失稳时:

$$N=\varphi_x Af=0.942\times26.1\times10^2\times215=528600(\text{N})=528.6\ \text{kN}>330\ \text{kN}$$

故工 16 柱的承载力满足要求。

当柱绕弱轴 $y—y$ 轴失稳时:

$$N=\varphi_y Af=0.355\times26.1\times10^2\times215=199208(\text{N})=199.208\ \text{kN}<330\ \text{kN}$$

故工 16 柱的承载力不满足要求。

采取在柱中间沿 x 轴方向加一支撑的措施,此时其对 $y—y$ 轴的计算长度可减少一半。

$$l_{0y}=\frac{260}{2}=130(\text{cm}),\quad \lambda_y=\frac{l_{0y}}{i_y}=\frac{130}{1.89}=69$$

查表得 $\varphi_y=0.757$,则

$$N=\varphi_y Af=0.757\times26.1\times10^2\times215=424790(\text{N})=424.8\ \text{kN}>330\ \text{kN}$$

故采取措施后工 16 柱的承载力满足要求。

【例 3-17】 两端铰接的焊接工字形截面轴心受压柱柱高 10 m,材料为 Q235AF 钢,采用如图 3-28 所示的两种截面尺寸,翼缘板经火焰切割以后又经刨边,计算柱能承受的压力并验算截面的局部稳定性是否满足设计要求。

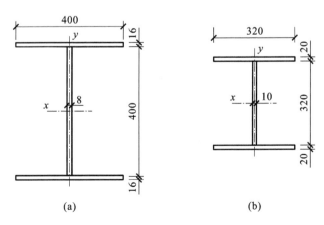

(a)　　　　　　　　　　　(b)

图 3-28　例 3-17 图

【解】 根据已知条件,两种截面均为工字形,且计算长度、钢材型号和加工方法均相同,仅截面尺寸不同。截面无削弱,故需由整体稳定性计算柱所能承受的压力。图 3-28(a)所示截面所用钢板较宽较薄,图 3-28(b)所示截面所用钢板则较窄较厚,故从直观上分析,若前者的局部稳定性满足要求,则其能承受的压力将比后者的高。

（1）两端铰接柱的计算长度和 Q235 钢的抗压强度

计算长度：

$$l_{0x}=l_{0y}=l=10 \text{ m}$$

Q235 钢的抗压强度：

当 $t \leqslant 16$ mm 时

$$f=215 \text{ N/mm}^2$$

当 t 为 $16 \sim 40$ mm 时

$$f=205 \text{ N/mm}^2$$

（2）计算图 3-28(a)所示截面能承受的压力和局部稳定性

$$A=2 \times 40 \times 1.6+40 \times 0.8=160(\text{cm}^2)$$

$$I_x=\frac{0.8 \times 40^3}{12}+2 \times 40 \times 1.6 \times 20.8^2=59640(\text{cm}^4), \quad I_y=2 \times \frac{1.6 \times 40^3}{12}=17070(\text{cm}^4)$$

$$i_x=\sqrt{\frac{I_x}{A}}=\sqrt{\frac{59640}{160}}=19.3(\text{cm}), \quad i_y=\sqrt{\frac{I_y}{A}}=\sqrt{\frac{17070}{160}}=10.3(\text{cm})$$

$$\lambda_x=\frac{l_{0x}}{i_x}=\frac{1000}{19.3}=51<[\lambda]=150$$

故该截面在 x 方向上的刚度满足要求。

$$\lambda_y=\frac{l_{0y}}{i_y}=\frac{1000}{10.3}=97.1<[\lambda]=150$$

故该截面在 y 方向上的刚度满足要求。

由最大长细比查得 $\varphi_y=0.574$，则：

$$N_a=\varphi_y A f=0.574 \times 160 \times 10^2 \times 215=1974600(\text{N})=1974.6 \text{ kN}$$

该截面的局部稳定性验算如下。

翼缘板：

$$\frac{b_1}{t}=\frac{196}{16}=12.3<(10+0.1\lambda)\sqrt{\frac{235}{f_y}}=(10+0.1 \times 97.1) \times \sqrt{\frac{235}{235}}=19.7$$

故翼缘板的局部稳定性满足要求。

腹板：

$$\frac{h_0}{t_w}=\frac{400}{8}=50<(25+0.5\lambda)\sqrt{\frac{235}{f_y}}=(25+0.5 \times 97.1) \times \sqrt{\frac{235}{235}}=73.6$$

故腹板的局部稳定性满足要求。

注意：上面两式中 λ 应取两方向长细比中的较大值，$\lambda_y > \lambda_x$，故取 $\lambda=\lambda_y$。

（3）计算图 3-28(b)所示截面能承受的压力和局部稳定性

$$A=32 \times 2 \times 2+32 \times 1=160(\text{cm}^2)$$

$$I_x=\frac{1 \times 32^3}{12}+2 \times 32 \times 2 \times 17^2=39700(\text{cm}^4), \quad I_y=2 \times \frac{2 \times 32^3}{12}=10920(\text{cm}^4)$$

$$i_x=\sqrt{\frac{I_x}{A}}=\sqrt{\frac{39700}{160}}=15.8(\text{cm}), \quad i_y=\sqrt{\frac{I_y}{A}}=\sqrt{\frac{10920}{160}}=8.26(\text{cm})$$

$$\lambda_x=\frac{l_{0x}}{i_x}=\frac{1000}{15.8}=63.3<[\lambda]=150$$

故该截面在 x 方向上的刚度满足要求。

$$\lambda_y=\frac{l_{0y}}{i_y}=\frac{1000}{8.26}=121.1<[\lambda]=150$$

故该截面在 y 方向上的刚度满足要求。

由最大长细比查得 $\varphi_y=0.431$；腹板厚度虽然小于 16 mm，但轴心受压柱截面均匀受力，故应按截面的

不利部位,即按翼缘厚度 $t=20$ mm 取 $f=205$ N/mm^2,故

$$N_b = \varphi_y Af = 0.431 \times 160 \times 10^2 \times 205 = 1413700(\text{N}) = 1413.7 \text{ kN}$$

该截面的局部稳定性验算如下。

翼缘板:

$$\frac{b_1}{t} = \frac{155}{20} = 7.8 < (10+0.1\lambda)\sqrt{\frac{235}{f_y}} = (10+0.1\times100)\sqrt{\frac{235}{235}} = 20$$

故翼缘板的局部稳定性满足要求。

腹板:

$$\frac{h_0}{t_w} = \frac{320}{10} = 32 < (25+0.5\lambda)\sqrt{\frac{235}{f_y}} = (25+0.5\times100)\sqrt{\frac{235}{235}} = 75$$

故腹板的局部稳定性满足要求。

由计算结果可见,虽然 $A_a = A_b$,即两截面面积相等,但图 3-28(a)所示截面的承载能力为图 3-28(b)所示截面承载能力的 1.397 倍。因此,设计工字形截面柱时,在满足局部稳定性的条件下,截面宜尽量开展。

【例 3-18】 某轴心受压柱承受的轴心压力 $N=2800$ kN,材料为 Q235 钢,截面无削弱,$l_{0x}=2l_{0y}=4$ m,选用两个槽钢组成的格构式缀条柱(图 3-29),焊条用 E43 型,采用手工电弧焊。试设计该轴心受压格构式缀条柱。

【解】 根据实轴选用槽钢截面,此时以 x 轴为实轴,并以此确定两个槽钢的间距 b 和进行缀条的设计。

(1) 由实轴 x—x 选择槽钢型号

选 2[40a,对 x 轴:

$$A = 2 \times 75 = 150(\text{cm}^2), \quad i_x = 15.3 \text{ cm}, \quad \lambda_x = \frac{l_{0x}}{i_x} = \frac{400}{15.3} = 26.1$$

查表得 $\varphi_x = 0.950$,则:

$$\frac{N}{\varphi_x A} = \frac{2800 \times 10^3}{0.950 \times 15000} = 196.5(\text{N/mm}^2) < f = 215 \text{ N/mm}^2$$

(2) 对虚轴 y—y 确定两分肢间的距离

假定缀条取∟45×4,查得 $A_1 = 3.49$ cm^2,$i_{min} = 0.89$ cm,则:

$$\lambda_y = \sqrt{\lambda_x^2 - 27\frac{A}{A_1}} = \sqrt{26.1^2 - 27 \times \frac{75}{3.49}} = 9.8, \quad i_y = \frac{l_{0y}}{\lambda_y} = \frac{200}{9.8} = 20.4(\text{cm})$$

由 i_y 与 b 的近似关系,得:

$$b = \frac{i_y}{0.44} = \frac{20.4}{0.44} = 46.4(\text{cm})$$

取 $b=46$ cm。

$$I_y = 2 \times (592 + 75 \times 20.06^2) = 61544(\text{cm}^4)$$

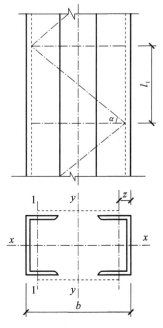

图 3-29　例 3-18 图

$$i_y = \sqrt{\frac{I_y}{A}} = \sqrt{\frac{61544}{150}} = 20.25(\text{cm})$$

$$\lambda_y = \frac{200}{20.25} = 9.9$$

$$\lambda_{0y} = \sqrt{\lambda_y^2 + 27\frac{A}{A_1}} = \sqrt{9.9^2 + 27 \times \frac{75}{3.49}} = 26 < [\lambda] = 150$$

查表得 $\varphi_y = 0.950$,则

$$\frac{N}{\varphi_y A} = \frac{2800 \times 10^3}{0.950 \times 15000} = 196.5(\text{N/mm}^2) < f = 215 \text{ N/mm}^2$$

故其对虚轴的整体稳定性满足要求。

（3）分肢稳定性验算

当缀条倾斜角度 $\alpha = 45°$ 时，分肢计算长度为：

$$l_1 = b - 2Z_0 = 46 - 2 \times 2.94 = 40.12 \text{(cm)}$$

$$i_1 = 2.81 \text{ cm}, \quad \lambda_1 = \frac{l_1}{i_1} = \frac{40.12}{2.81} = 14.3 < 0.7\lambda_{max} = 0.7 \times 50 = 35$$

故分肢稳定性满足要求。

（4）缀条及其与柱肢连接的角焊缝计算

$$V = \frac{Af}{85}\sqrt{\frac{f_y}{235}} = \frac{15000 \times 215}{85} = 3.79 \times 10^4 \text{(N)} = 37.9 \text{ kN}$$

每一斜缀条所受轴力为：

$$N_d = \frac{V/2}{\cos\alpha} = \frac{V}{2}\sqrt{2} = \frac{37.9}{2} \times \sqrt{2} = 26.79 \text{(kN)}$$

斜缀条的长度为：

$$l = \frac{l_1}{\cos45°} = \sqrt{2} \times 40.12 = 56.7 \text{(cm)}$$

缀条用单角钢，其变形属斜向屈曲，故其计算长度为其几何长度的 90%，即：

$$l_0 = 0.9l_1 = 0.9 \times 56.7 = 51 \text{(cm)}$$

$$\lambda = \frac{l_0}{i_{min}} = \frac{51}{0.89} = 57, \quad \varphi = 0.823$$

单面连接单角钢的稳定折减系数为：

$$\gamma = 0.6 + 0.0015\lambda = 0.6 + 0.0015 \times 57 = 0.686$$

则

$$\frac{N_d}{\gamma\varphi A} = \frac{26790}{0.686 \times 0.823 \times 349} = 136 \text{(N/mm}^2\text{)} < f = 215 \text{ N/mm}^2$$

设焊脚尺寸 $h_f = 4$ mm，缀条与柱身连接的角焊缝设计如下。

肢背焊缝长度：

$$l_1 = \frac{K_1 N_d}{0.7h_f \cdot 0.85f_f^w} + 10 = \frac{0.7 \times 26790}{0.7 \times 4 \times 0.85 \times 160} + 10 = 59 \text{(mm)}$$

取 $l_1 = 60$ mm。

$l_{w1} = 50$ mm $> 8h_f = 8 \times 4 = 32 \text{(mm)}$ 且 $l_{w1} < 60h_f = 240$ mm。

肢尖焊缝长度：

$$l_2 = \frac{K_2 N_d}{0.7h_f \cdot 0.85f_f^w} + 10 = \frac{0.3 \times 26790}{0.7 \times 4 \times 0.85 \times 160} + 10 = 31 \text{(mm)}$$

取 $l_2 = 50$ mm。

$l_{w2} = 40$ mm $> 8h_f = 8 \times 4 = 32 \text{(mm)}$ 且 $l_{w2} < 60h_f = 240$ mm。

【例 3-19】 验算图 3-30 所示焊接工字形截面轴心受压构件是否稳定。钢材为 Q235 钢，翼缘为火焰切割边，沿两个主轴平面的支撑条件及截面尺寸如图 3-30 所示。已知构件承受的轴心压力 $N = 1700$ kN。

【解】 杆件的截面特性值为：

$$l_{0x} = 1200 \text{ cm}, \quad l_{0y} = 400 \text{ cm}$$

$$A = 2 \times 1.2 \times 25 + 0.8 \times 50 = 100 \text{(cm}^2\text{)}$$

$$I_x = \frac{0.8 \times 50^3}{12} + 1.2 \times 25 \times 25.6^2 \times 2 = 47655 \text{(cm}^4\text{)}$$

$$I_y = \frac{2 \times 1.2 \times 25^3}{12} = 3125 \text{(cm}^4\text{)}$$

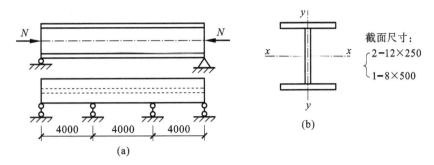

图 3-30　例 3-19 图

$$i_x = \sqrt{\frac{I_x}{A}} = \sqrt{\frac{47655}{100}} = 21.83 \, (\text{cm})$$

$$i_y = \sqrt{\frac{I_y}{A}} = \sqrt{\frac{3125}{100}} = 5.59 \, (\text{cm})$$

$$\lambda_x = \frac{l_{0x}}{i_x} = \frac{1200}{21.83} = 54.97$$

$$\lambda_y = \frac{l_{0y}}{i_y} = \frac{400}{5.59} = 71.56$$

截面关于强轴 x 轴和弱轴 y 轴均为 b 类截面,查表得 $\varphi_{\min} = \varphi_y = 0.742$,则:

$$\frac{N}{\varphi_y A} = \frac{1500 \times 10^3}{0.742 \times 10000} = 202.16 (\text{N/mm}^2) < f = 215 \, \text{N/mm}^2$$

故该构件满足整体稳定性要求。

【例 3-20】 验算图 3-31 所示焊接工字形截面轴心受压构件是否稳定。钢材为 Q235 钢,翼缘为火焰切割边,沿两个主轴平面的支撑条件及截面尺寸如图 3-31 所示。已知构件承受的轴心压力 $N = 1500 \, \text{kN}$。

【解】 由支承条件可知:

$$l_{0x} = 12 \, \text{m}, \quad l_{0y} = 4 \, \text{m}$$

$$I_x = \frac{1}{12} \times 8 \times 500^3 + \frac{1}{12} \times 250 \times 12^3 + 2 \times 250 \times 12 \times \left(\frac{500 + 12}{2}\right)^2$$

$$= 476.6 \times 10^6 \, (\text{mm}^4)$$

$$I_y = \frac{500}{12} \times 8^3 + 2 \times \frac{1}{12} \times 12 \times 250^3 = 31.3 \times 10^6 \, (\text{mm}^4)$$

$$A = 2 \times 250 \times 12 + 500 \times 8 = 10000 \, (\text{mm}^2)$$

$$i_x = \sqrt{\frac{I_x}{A}} = \sqrt{\frac{476.6 \times 10^6}{10000}} = 21.8 \, (\text{cm})$$

$$i_y = \sqrt{\frac{I_y}{A}} = \sqrt{\frac{31.3 \times 10^6}{10000}} = 5.6 \, (\text{cm})$$

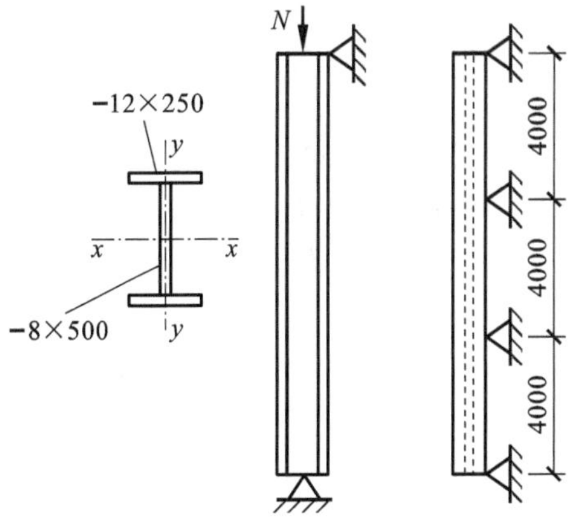

图 3-31　例 3-20 图

$$\lambda_x = \frac{l_{0x}}{i_x} = \frac{1200}{21.8} = 55, \quad \lambda_y = \frac{l_{0y}}{i_y} = \frac{400}{5.6} = 71.4$$

对于翼缘板为火焰切割边的焊接工字钢,其截面关于两个主轴均为 b 类截面,故按 λ_y 查表得 $\varphi = 0.747$,则:

$$\frac{N}{\varphi A} = \frac{1500 \times 10^3}{0.747 \times 10000} = 200.8 (\text{MPa}) < f = 215 \, \text{MPa}$$

故其整体稳定性满足要求。

【例 3-21】 图 3-32 所示为一轴心受压缀条柱,两端铰接,柱高 7 m,其承受的轴心压力设计值 $N = 1300 \, \text{kN}$,钢材为 Q235 钢。已知截面采用 2[28a,单个槽钢的几何截面特性值为:$A = 40 \, \text{cm}^2$,$i_y = 10.9 \, \text{cm}$,

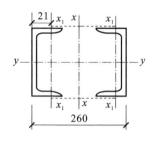

图 3-32 例 3-21 图

$i_x = 2.33$ cm，$I_{x1} = 218$ cm^4，$y_0 = 2.1$ cm。缀条采用∟45×5，每个角钢的截面面积 $A_1 = 4.29$ cm^2。试验算该柱的整体稳定性是否满足要求。

【解】 柱两端铰接，因此柱绕 x、y 轴的计算长度为：

$$l_{0x} = l_{0y} = 7 \text{ m}$$

$$I_x = 2\left[I_{x1} + A\left(\frac{b}{2} - y_0\right)^2\right] = 2 \times \left[218 + 40 \times \left(\frac{26}{2} - 2.1\right)^2\right] = 9940.8(\text{cm}^4)$$

$$i_x = \sqrt{\frac{I_x}{A}} = \sqrt{\frac{9940.8}{2 \times 40}} = 11.1(\text{cm})$$

$$\lambda_x = \frac{l_{0x}}{i_x} = \frac{700}{11.1} = 63.1, \quad \lambda_y = \frac{l_{0y}}{i_y} = \frac{700}{10.9} = 64.2$$

$$\lambda_{0x} = \sqrt{\lambda_x^2 + 27\frac{A}{A_{1x}}} = \sqrt{63.1^2 + 27 \times \frac{2 \times 40}{2 \times 4.29}} = 65.1$$

格构式柱截面关于两轴均为 b 类截面，按长细比较大者验算其整体稳定性即可。

由 $\lambda_{0x} = 65.1$ 及 b 类截面，查表得 $\varphi = 0.779$，则：

$$\frac{N}{\varphi A} = \frac{1300 \times 10^3}{0.779 \times 2 \times 40 \times 10^2} = 208.6(\text{MPa}) < f = 215 \text{ MPa}$$

所以该轴心受压格构式柱的整体稳定性满足要求。

【例 3-22】 验算图 3-33 所示焊接缀板柱的整体稳定性和单肢稳定性。已知柱高 6 m，两端铰接，$l_{0x} = l_{0y}$，轴心压力设计值（包括自重）为 1600 kN，钢材为 Q235B 钢，$f = 215$ N/mm^2。单肢截面特性值为：$A_1 = 45.62$ cm^2，$i_{y1} = 10.60$ cm，$I_{x1} = 242.1$ cm^4，$l_{01} = 63$ cm，重心 $Z_0 = 2.02$ cm。

【解】 （1）柱截面绕实轴 y—y 的整体稳定性验算

$i_y = 10.6$ cm，　$l_{0x} = l_{0y} = 600$ cm，　$A = 4562 \times 2 = 9124(\text{mm}^2)$

$$\lambda = \frac{l_{0y}}{i_y} = \frac{600}{10.6} = 56.6$$

按 b 类截面查表得 $\varphi_y = 0.825$，则：

$$\frac{N}{\varphi_y A} = \frac{1600 \times 10^3}{0.825 \times 9124} = 212.56(\text{N/mm}^2) < f = 215 \text{ N/mm}^2$$

故柱截面绕实轴 y—y 整体稳定。

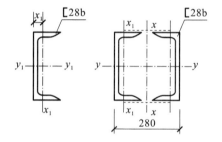

图 3-33 例 3-22 图

（2）柱截面绕虚轴 x—x 的整体稳定性验算

$$I_x = 2 \times [242.1 + 45.62 \times (14 - 2.02)^2] = 13579(\text{cm}^4)$$

$$i_x = \sqrt{\frac{I_x}{A}} = \sqrt{\frac{13579}{91.24}} = 12.2(\text{cm}), \quad \lambda_x = \frac{l_{0x}}{i_x} = \frac{600}{12.2} = 49.2$$

$$\lambda_1 = \frac{l_{01}}{i_{x1}} = \frac{63}{2.3} = 27.4, \quad \lambda_{0x} = \sqrt{\lambda_x^2 + \lambda_1^2} = \sqrt{49.2^2 + 27.4^2} = 56.3$$

按 b 类截面查表得 $\varphi_y = 0.826$，则

$$\frac{N}{\varphi_y A} = \frac{1600 \times 10^3}{0.826 \times 9124} = 212.30(\text{N/mm}^2) < f = 215 \text{ N/mm}^2$$

故柱截面绕虚轴 x—x 整体稳定。

（3）单肢稳定性验算

$$\lambda_1 = 27.4 < 0.5\lambda_{\max} = 0.5 \times 56.6 = 28.3$$

所以柱单肢失稳不先于柱整体失稳。

【例 3-23】 某轴心受压构件如图 3-34 所示，计算长度 $l_{0x} = 6$ m，$l_{0y} = 3$ m，采用焊接组合工字形截面。翼缘板为剪切边，钢材为 Q345 钢，$f = 310$ N/mm^2，截面无削弱，$A = 84$ cm^2，$I_x = 18201.6$ cm^4，$I_y = 3125$ cm^4。求该柱的轴心受压承载力，并验算该柱的刚度和翼缘板局部稳定性（$[\lambda] = 150$）。

【解】 （1）该柱的刚度及其承载力验算

$$i_x=\sqrt{\frac{I_x}{A}}=14.7(\text{cm}),\quad \lambda_x=\frac{l_{0x}}{i_x}=40.8<[\lambda]=150$$

$$i_y=\sqrt{\frac{I_y}{A}}=6.1(\text{cm})$$

$$\lambda_y=\frac{300}{6.1}=49.2<[\lambda]=150$$

故该柱的刚度满足要求。

$\lambda_y>\lambda_x$，按 c 类截面查得 $\varphi_y=0.780$，则

$$N_u=\varphi_y Af=0.780\times84\times10^2\times310=2031120(\text{N})=2031.1\ \text{kN}$$

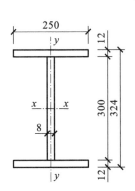

图 3-34　例 3-23 图

（2）该柱的局部稳定性验算

$$\frac{b_1}{t}=\frac{121}{12}=10.08<(10+0.1\lambda)\sqrt{\frac{235}{345}}=12.38$$

$$\frac{h_0}{t_w}=\frac{300}{8}=37.5<(25+0.5\lambda)\sqrt{\frac{235}{345}}=40.9$$

故该柱满足局部稳定性要求。

3.3 复 习 题 >>>

第 3 章参考答案

一、填空题

1. 轴心受压构件的承载能力极限状态有_____和_____两方面。

2. 格构式轴心受压构件等稳定性的条件为_____。

3. 轴心受压构件的屈曲形式有_____、_____、_____。

4. 双轴对称工字形截面轴心受压构件失稳时的屈曲形式是_____屈曲。

5. 对于单轴对称截面轴心受压构件，当构件绕对称轴失稳时，发生_____屈曲。

6. 轴心受压构件的缺陷有_____、_____、_____。

7. 对于格构式缀板柱，单肢不失稳的条件是_____，且不大于_____。

8. 格构式缀条柱的缀条按_____构件计算。

9. 对于格构式缀条柱，单肢不失稳的条件是_____。

10. 按《钢结构设计规范》（GB 50017—2003），就一般情况而言，为做到轴心受压构件对两主轴等稳定，应使_____。

11. 轴心受压柱柱脚中的锚栓直径应_____确定。

12. 在轴心压力一定的前提下，轴心受压柱脚底板的面积是由_____决定的。

13. 对于工字形轴心受压构件，翼缘板局部稳定的保证条件是根据_____导出的。

14. 轴心受压构件腹板局部稳定的保证条件是_____。

二、选择题

1. 提高轴心受压构件的钢号，能显著提高构件的（　　）。

A. 静力强度　　　　　B. 整体稳定性　　　　C. 局部稳定性　　　　D. 刚度

2. 普通轴心受压构件的承载力常取决于（　　）。

A. 扭转屈曲　　　　　B. 强度　　　　　　　C. 弯曲屈曲　　　　　D. 弯扭屈曲

3. 对于截面无削弱的热轧型钢实腹式轴心受压柱,设计时应验算（　　）。

A. 整体稳定性、局部稳定性　　　　　　　B. 强度、整体稳定性、长细比

C. 整体稳定性、长细比　　　　　　　　　D. 强度、局部稳定性、长细比

4. 在下列因素中,对轴心受压杆整体稳定承载力影响不大的是（　　）。

A. 荷载偏心距的大小　　　　　　　　　　B. 截面残余应力的分布

C. 构件初始弯曲的大小　　　　　　　　　D. 螺孔的局部削弱

5. 《钢结构设计规范》（GB 50017—2003）中,轴心受压钢构件整体稳定的柱子曲线（φ-λ 曲线）有多条,根本原因是考虑了（　　）。

A. 材料非弹性　　　　B. 构件的初弯曲　　　　C. 残余应力的影响　　　　D. 材料非均匀

6. 初偏心对压杆的影响与初弯曲相比,有（　　）。

A. 两者均使压杆的承载力提高

B. 两者均使压杆的承载力降低

C. 前者使压杆的承载力提高,后者使压杆的承载力降低

D. 前者使压杆的承载力降低,后者使压杆的承载力提高

7. 等稳定指的是（　　）。

A. $\lambda_x = \lambda_y$　　　　　　B. $i_x = i_y$　　　　　　C. $l_{0x} = l_{0y}$　　　　　　D. $\varphi_x = \varphi_y$

8. 格构式轴心受压柱等稳定的条件是（　　）。

A. 实轴的计算长度等于虚轴的计算长度　　　B. 实轴的计算长度等于虚轴计算长度的 2 倍

C. 实轴的长细比等于虚轴的长细比　　　　　D. 实轴的长细比等于虚轴的换算长细比

9. 为了（　　）,确定轴心受压实腹式构件的截面形式时,应使其两个主轴方向的长细比尽可能接近。

A. 便于与其他构件连接　　　　　　　　　B. 使构造简单,制造方便

C. 获得更好的经济效果　　　　　　　　　D. 便于运输、安装和减少节点类型

10. 某轴心受压钢构件绕 x 轴和 y 轴的柱子曲线为同一条柱子曲线,则两轴等稳定的条件是（　　）。

A. $\lambda_x = \lambda_y$　　　　B. $l_x = l_y$　　　　C. $i_x = i_y$　　　　D. $I_x = I_y$

11. 对长细比很大的轴心受压构件,提高其整体稳定性最有效的措施是（　　）。

A. 增加支座约束　　　B. 提高钢材强度　　　C. 加大回转半径　　　D. 减小荷载

12. 有侧移的单层钢框架采用等截面柱,柱与基础固接,与横梁铰接,框架平面内柱的计算长度系数是（　　）。

A. 0.5　　　　　　　B. 1.0　　　　　　　C. 1.5　　　　　　　D. 2.0

13. 若缀板柱实轴长细比为 60,虚轴换算长细比为 98,则单肢关于平行于虚轴的弱轴长细比最大不应超过（　　）。

A. 30　　　　　　　B. 35　　　　　　　C. 49　　　　　　　D. 50

14. 对于翼缘为轧制边的焊接工字形截面轴心受压构件,其截面属（　　）。

A. a 类

B. b 类

C. c 类　　　　　　　　　　　　　　　D. 绕 x 轴屈曲属 b 类,绕 y 轴屈曲属 c 类

15. 格构式构件应该用在当用实腹式构件时（　　）。

A. 强度有余但刚度不足的情况　　　　　　B. 强度不足但刚度有余的情况

C. 强度、刚度都不足的情况　　　　　　　D. 强度、刚度都有余的情况

16. 型钢构件不需要进行（　　）。

A. 强度验算　　　B. 整体稳定性验算　　　C. 局部稳定性验算　　　D. 刚度验算

17. 工字形、H 形截面轴心受压构件翼缘的局部稳定性验算公式 $\dfrac{b_1}{t} \leqslant (10+0.1\lambda)\sqrt{\dfrac{235}{f_y}}$ 中,λ 为（　　）。

A. 绕 x 轴的长细比 λ_x　　　　　　　B. 绕 y 轴的长细比 λ_y

C. $\lambda = \min\{\lambda_x, \lambda_y\}$　　　　　　　D. $\lambda = \max\{\lambda_x, \lambda_y\}$

18. 一 Q235 钢工字形轴心受压构件两端铰支,计算所得 $\lambda_x=65,\lambda_y=118$,翼缘的局部稳定性验算公式 $\frac{b_1}{t}\leqslant(10+0.1\lambda)\sqrt{235/f_y}$ 中,右端项的计算值为( )。

    A. 21.8   B. 20   C. 16.5   D. 13

19. 为保证轴心受压钢柱腹板的局部稳定性,应使其高厚比不大于某一限值,此限值( )。

    A. 与钢材的强度和柱的长细比均有关   B. 与钢材的强度有关,而与柱的长细比无关

    C. 与钢材的强度无关,而与柱的长细比有关   D. 与钢材的强度和柱的长细比均无关

20. 对格构式轴心受压柱绕虚轴的整体稳定性进行计算时,用换算长细比 λ_{0x} 代替 λ_x,这是考虑( )。

    A. 格构柱剪切变形的影响   B. 格构柱弯曲变形的影响

    C. 缀件剪切变形的影响   D. 缀件弯曲变形的影响

21. 为保证格构式构件的单肢稳定承载力,应( )。

    A. 控制肢间距   B. 控制截面的换算长细比

    C. 控制单肢的长细比   D. 控制构件的计算长度

22. 格构式柱中,缀材的主要作用是( )。

    A. 保证单肢的稳定   B. 承担杆件虚轴弯曲时产生的剪力

    C. 连接肢件   D. 保证构件虚轴方向的稳定

23. 格构式柱设置横隔板的目的是( )。

    A. 保证柱截面的几何形状不变   B. 提高柱的抗扭刚度

    C. 传递必要的剪力   D. 上述三项都是

24. 对于由两槽钢组成的格构式轴心受压缀条柱,为提高其虚轴方向的稳定承载力,应( )。

    A. 加大槽钢的强度   B. 加大槽钢间距

    C. 减小缀条的截面面积   D. 增大缀条与分肢的夹角

25. 轴心受压柱腹板局部稳定的保证条件是 h_f/t_w 不大于某一限值,此限值( )。

    A. 与钢材强度和柱的长细比无关   B. 与钢材强度有关,而与柱的长细比无关

    C. 与钢材强度无关,而与柱的长细比有关   D. 与钢材强度和柱的长细比均有关

26. 宽大截面轴心受压钢构件腹板局部稳定的处理方法中,当构件的强度、整体稳定性、刚度绰绰有余时,应( )。

    A. 增加腹板厚度以满足宽厚比的要求   B. 设置纵向加劲肋

    C. 任凭腹板局部失稳   D. 设置纵向加劲肋、横向加劲肋和短加劲肋

27. 强度计算时,不考虑截面部分塑性发展的构件是( )。

    A. 轴心受力构件   B. 受弯构件   C. 拉弯构件   D. 压弯构件

28. 下列对轴心受压柱柱脚锚栓的传力分析中,正确的是( )。

    A. 只传递拉力   B. 只传递剪力

    C. 同时传递剪力和拉力   D. 不传递力,只起固定作用

29. 轴心受压柱柱脚底板厚度按底板( )。

    A. 抗弯工作确定   B. 抗压工作确定   C. 抗剪工作确定   D. 弯、压同时工作确定

30. 轴心受压柱柱脚底板的尺寸除了与柱的轴向压力有关之外,还与( )有关。

    A. 柱脚底板钢材的抗压强度   B. 基础混凝土的抗压强度

    C. 柱脚底板钢材的弹性模量   D. 基础混凝土的弹性模量

三、简答题

1. 简述构件截面是如何分类的。型钢截面及组合截面应优先选用哪一种?为什么?

2. 现行《钢结构设计规范》(GB 50017—2003)中,进行轴心压杆整体稳定设计时如何考虑影响因素的影响?

3. 格构式轴心受压柱应满足哪些要求才能保证单肢不先于整体失稳?

4. 格构式柱绕虚轴的稳定设计为什么要采用换算长细比?

知识归纳

（1）轴心受力构件的截面形式有热轧型钢、冷弯薄壁型钢、型钢和钢板连接而成的组合截面（包括实腹式组合截面和格构式组合截面）。选择轴心受力构件的截面形式时要进行综合考虑,原则是在满足构件的强度、刚度和稳定性的前提下使用钢量最省,或者在固定的用钢量下取得构件的最大安全度。

（2）轴心受力构件的计算内容一般包括强度、刚度和稳定性,稳定性又分为构件整体稳定性和截面局部稳定性。

（3）轴心受拉和轴心受压构件的强度计算要考虑毛截面和净截面计算。

（4）轴心受力构件的稳定性计算是通过计算轴心受压构件的稳定系数进行简化计算的。对于局部稳定,轧制型钢可不作验算,焊接组合截面构件一般采用限制板件宽（高）厚比的办法来保证。

（5）影响轴心受压构件整体稳定性的主要因素是截面残余应力、构件的初弯曲、荷载作用点的初偏心以及构件的端部约束条件等。

（6）实腹式轴心受压构件的设计分两大步骤:第一步是初步选择型钢型号或者截面尺寸;第二步是进行构件验算。

（7）格构式轴心受压杆件与实腹式轴心受压构件各截面的计算原理相同,所不同的是:虚轴方向肢件之间的距离应由实轴和虚轴等稳定条件来决定。

4

受弯构件

课前导读

▽ 内容提要

本章介绍了受弯构件强度计算的四方面内容，重点讲解了受弯构件发生整体失稳的原因，简要推导了稳定性计算的主要公式，介绍了板件局部稳定性，并通过相关典型例题对重点内容进行了举例说明。其是压弯构件学习的基础。

▽ 能力要求

通过本章的学习，学生应掌握受弯构件抗弯强度、抗剪强度、局部承压强度和刚度计算的全部内容，理解受弯构件发生整体失稳的原因，掌握整体稳定性和局部稳定性验算的内容。

▽ 数字资源

钢材的强度
设计值

截面塑性
发展系数

受弯构件的
挠度容许值

工字形截面简支梁
等效临界弯矩系数
和轧制普通工字钢
简支梁的稳定系数

型钢表

4.1 学习要点 >>>

4.1.1 梁的截面形式

一般将梁称为受弯构件。梁在横向荷载作用下,通常会发生单向受弯或双向受弯,如屋面檩条、吊车梁为双向受弯构件,其内力主要是弯矩或弯矩+剪力。钢构件梁的截面形式主要有实腹式、空腹式、格构式(桁架)、异种钢焊接组合梁、钢-混凝土组合梁等。图 4-1~图 4-6 所示为不同截面形式的梁。

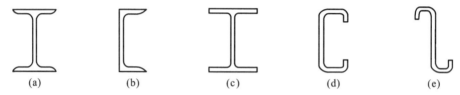

图 4-1　实腹式型钢梁

(a) 热轧工字钢;(b) 热轧槽钢;(c)热轧 H 型钢;(d)冷弯 C 型钢;(e) 冷弯 Z 型钢

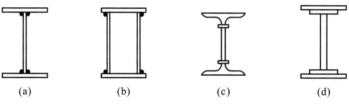

图 4-2　实腹式焊接组合梁

(a) 工字形焊接组合梁;(b) 箱形焊接组合梁;(c) T 型钢-钢板焊接组合梁;(d) 双层翼缘板焊接组合梁

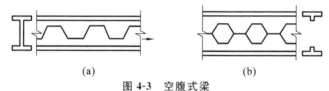

图 4-3　空腹式梁

(a) 腹板按齿形切开;(b) 腹板错位焊接

图 4-4　桁架式钢梁

(a) 屋盖梁;(b) 桥梁

图 4-5　异种钢焊接组合梁　　　　图 4-6　钢-混凝土组合梁

4.1.2 梁的强度和刚度

(1) 梁的抗弯强度

① 梁受弯时截面上正应力的发展。

梁受弯(图4-7)时截面上的应力要经历弹性阶段(遵循边缘屈服准则)、弹塑性阶段(遵循有限塑性发展准则)、塑性阶段(遵循全截面塑性准则)和应变硬化阶段四个发展阶段,如图4-8所示。工程上常研究应力发展的弹性阶段和弹塑性阶段,当梁变形过大时需研究应力发展的塑性阶段和应变硬化阶段。其应力-应变曲线和弯矩-转角曲线如图4-9所示。

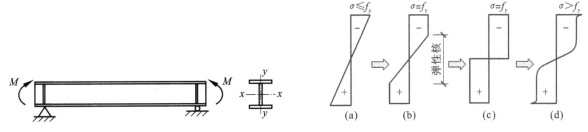

图 4-7　梁受弯示意图

图 4-8　梁受弯时截面上应力的发展阶段
(a) 弹性阶段($\sigma \leqslant f_y$);(b) 弹塑性阶段($\sigma = f_y$);
(c) 塑性阶段($\sigma = f_y$);(d) 应变硬化阶段($\sigma > f_y$)

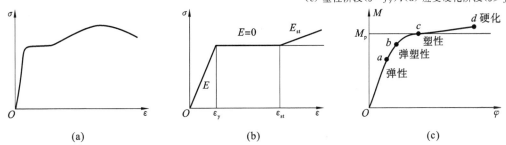

图 4-9　应力-应变曲线和弯矩-转角曲线
(a) 实际应力-应变曲线;(b) 理想应力-应变曲线;(c) 弯矩-转角曲线

② 梁抗弯强度的计算。

a. 边缘屈服准则。

$$M_x \leqslant M_{ex} \tag{4-1}$$

弹性计算公式:

$$\sigma = \frac{M_x}{W_{nx}} \leqslant f_d \tag{4-2}$$

式中　W_{nx}——净截面弹性抵抗矩。

b. 全截面屈服准则。

$$M_x \leqslant M_{px} \tag{4-3}$$

塑性计算公式:

$$\sigma = \frac{M_x}{W_{pnx}} \leqslant f_d \tag{4-4}$$

式中　W_{pnx}——净截面塑性抵抗矩。

截面形状系数:

$$F_{px} = \frac{M_{px}}{M_{ex}} = \frac{W_{px}}{W_x} \tag{4-5}$$

c. 截面有限塑性准则。

$$M_x \leqslant \gamma_x M_{ex} \tag{4-6}$$

弹塑性计算公式:

$$\frac{M_x}{\gamma_x W_{nx}} \leqslant f_d \tag{4-7}$$

截面有限塑性发展系数 γ_x:

$$1 \leqslant \gamma_x \leqslant F_{px} \tag{4-8}$$

双向受弯构件的弹塑性计算公式：

$$\sigma = \frac{M_x}{\lambda_x W_{nx}} + \frac{M_y}{\lambda_y W_{ny}} \leqslant f_d \tag{4-9}$$

（2）梁的抗剪强度

① 梁截面的剪应力分布。

一般梁截面的剪应力分布如图 4-10 所示，板块组成的薄壁构件截面的剪应力分布如图 4-11 所示。初等材料力学假定剪应力沿梁截面宽度均匀分布且作用方向与横向荷载方向平行，剪切流理论则认为剪应力沿板件厚度方向均匀分布且作用方向与各构件长度方向平行。

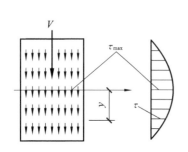

图 4-10　一般梁截面的剪应力分布

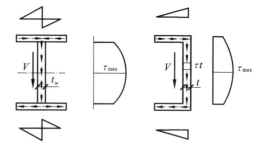

图 4-11　板块组成的薄壁构件截面的剪应力分布

② 梁截面的剪应力计算。

剪应力的计算公式为：

$$\tau = \frac{V_y S_x}{I_x t} \tag{4-10}$$

式中　V_y——计算截面的剪力设计值；

I_x——梁的毛截面惯性矩；

S_x——计算剪应力处以上（或以左/右）毛截面对中和轴的面积矩；

t——计算剪应力处截面的宽度或板件的厚度。

近似计算公式为：

$$\tau = \frac{V_y}{A_w} \tag{4-11}$$

式中　A_w——腹板的毛截面面积。

抗剪强度验算公式为：

$$\tau_{max} \leqslant f_{vd} \tag{4-12}$$

式中　f_{vd}——计算截面处的抗剪强度设计值。

（3）梁的局部承压强度

① 梁局部压应力的作用位置。

梁的局部压应力由固定或移动集中荷载 F 引起，作用在梁腹板与翼缘板交界处，如图 4-12 所示。

② 梁的局部承压强度验算。

$$\sigma_c = \frac{\psi F}{t_w l_z} \tag{4-13}$$

式中　F——集中荷载，动力荷载应考虑动力系数。

ψ——集中荷载增大系数，对重级工作制吊车轮压，$\psi=1.35$；对其他荷载，$\psi=1.0$。

l_z——集中荷载在腹板计算高度边缘上的假定分布长度，其计算方法如下：对于跨中集中荷载，$l_z = a+5h_y+2h_R$，h_R 为轨道的高度，计算处无轨道时，$h_R=0$；对于梁端支反力，$l_z = a+2.5h_y$，其中 a 为集中荷载沿梁跨度方向的支承长度，对吊车轮压可取为 50 mm，h_y 为自梁承载的边缘到腹板计算高度边缘的距离。

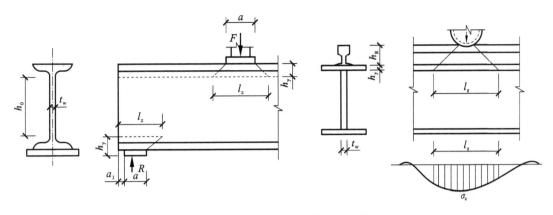

图 4-12 梁局部压应力的作用位置

（4）提高梁局部承压强度的措施

当梁局部承压强度不满足要求时,对于固定荷载,需设置腹板支承加劲肋,如图 4-13 所示;对于移动荷载,需增加腹板厚度。

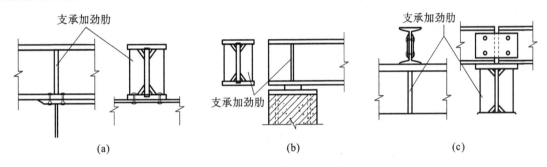

图 4-13 梁设置支承加劲肋

（5）复合应力状态与折算应力验算

复合应力状态是指截面上某一点同时出现两个及两个以上应力分量的应力状态。对于工字形梁,腹板边缘处于不利的应力状态。

折算应力:

$$\sigma_{ZS} = \sqrt{\sigma_x^2 + \sigma_y^2 - \sigma_x\sigma_y + 3\tau_{xy}^2} \leqslant f_y \tag{4-14}$$

式(4-14)为判断在复合应力作用下截面是否屈服的第四强度理论公式。

《钢结构设计规范》(GB 50017—2003)验算公式:

$$\sigma_{ZS} = \sqrt{\sigma^2 + \sigma_c^2 - \sigma\sigma_c + 3\tau^2} \leqslant \beta_1 f_d \tag{4-15}$$

式中　σ——弯曲应力;

　　　σ_c——局部压应力;

　　　τ——剪应力;

　　　β_1——计算折算应力时的强度设计值增大系数,当 σ 与 σ_c 异号时,$\beta_1 = 1.2$;当 σ 与 σ_c 同号或 $\sigma_c = 0$ 时,$\beta_1 = 1.1$。

（6）梁的刚度验算

进行梁刚度验算的目的是控制其挠度,使其满足正常使用要求。

① 均布荷载作用下,梁的最大挠度为:

$$\upsilon = \frac{5qL^4}{384EI} \tag{4-16}$$

② 跨中单个集中荷载作用下,梁的挠度为:

$$\upsilon = \frac{FL^3}{48EI} \tag{4-17}$$

计算中荷载采用标准值,截面采用毛截面。

③ 跨中多个集中荷载作用下,梁的挠度为:

$$v = \begin{cases} \dfrac{(5n^4 - 4n^2 - 1)FL^3}{384n^3 EI} & (n \text{ 为奇数}) \\ \dfrac{(5n^2 - 4n^2 - 1)FL^3}{384n EI} & (n \text{ 为偶数}) \end{cases} \tag{4-18}$$

不同荷载作用下梁的挠度如图 4-14 所示。

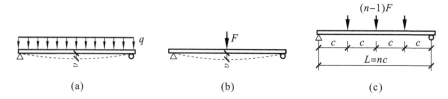

图 4-14　不同荷载作用下梁的挠度

(a) 均布荷载;(b) 跨中单个集中荷载;(c) 跨中多个集中荷载

刚度要求:$v \leqslant [v]$。规范容许挠度$[v] = L/1200$(吊车梁)$\sim L/150$(平台梁)。

注意:梁的刚度用荷载作用下的挠度大小来衡量,柱的刚度用长细比来衡量。

4.1.3　梁的整体失稳

(1) 梁整体失稳的概念

① 当 M_x 较小时,梁仅在弯矩作用平面(yOz 平面)内或绕强轴(x 轴)发生弯曲变形。

② 当 M_x 逐渐增加,达到某一数值时,梁将突然发生侧向弯曲(绕弱轴 y 轴)和扭转(绕 z 轴)变形,并丧失继续承载的能力。这种现象称为梁丧失整体稳定或发生弯扭屈曲,如图 4-15 所示。

③ 梁丧失整体稳定时的弯矩或荷载称为临界弯矩或荷载。

(2) 梁整体失稳时临界弯矩的计算

两端简支(位移和扭转受到约束,但可转动)的双轴对称工字形梁梁长为 λ,在纯弯矩 M_x 作用下,其受力如图 4-16 所示。

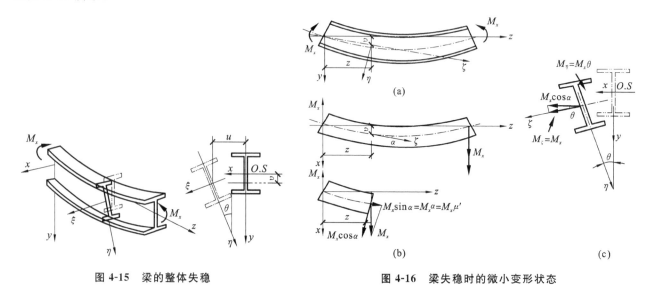

图 4-15　梁的整体失稳

图 4-16　梁失稳时的微小变形状态

临界状态时的平衡方程为:

绕 x 轴

$$EI_x v'' + M_x = 0 \tag{4-19}$$

绕 y 轴

$$EI_y u'' + M_x \theta = 0 \qquad (4\text{-}20)$$

绕 z 轴

$$EI_w \theta''' - GI_t \theta' + M_x u' = 0 \qquad (4\text{-}21)$$

式(4-19)为弯矩作用平面内的弯曲变形平衡方程,式(4-20)、式(4-21)为弯矩作用平面外的弯矩耦合变形平衡方程。

临界弯矩为:

$$M_{crx} = \frac{\pi^2 EI_y}{\lambda^2} \sqrt{\frac{I_w}{I_y}\left(1 + \frac{GI_t \lambda^2}{\pi^2 EI_w}\right)} \qquad (4\text{-}22)$$

式中的 $\dfrac{\pi^2 EI_y}{\lambda^2}$ 为轴压构件整体失稳的因子。

(3)影响梁整体稳定性的因素

① 截面刚度的影响。

侧向抗弯刚度 EI_y、抗扭刚度 GI_t、抗翘曲刚度 EI_w 越大,则临界弯矩 M_{crx} 越大。

② 侧向支撑距离的影响。

侧向支撑距离 λ_1 越小,则 M_{crx} 越大,即侧向支撑越靠近受压翼缘,效果越好,如图4-17所示。

③ 荷载类型的影响。

一般荷载的临界弯矩为:

$$M_{crx} = \beta_1 M_x \qquad (4\text{-}23)$$

M_{crx} 为纯弯作用下的临界弯矩。

a. 纯弯作用下,$\beta_1 = 1.0$,临界弯矩较低,如图4-18(a)所示。

b. 均布荷载作用下,$\beta_1 = 1.13$,临界弯矩中等,如图4-18(b)所示。

c. 集中荷载作用下,$\beta_1 = 1.35$,临界弯矩较高,如图4-18(c)所示。

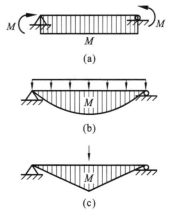

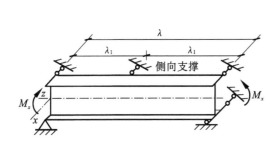

图4-17 侧向支撑距离对梁整体稳定的影响　　　　图4-18 荷载类型对梁整体稳定的影响

④ 荷载作用位置的影响。

荷载作用在上翼缘时,不利于梁的整体稳定,如图4-19(a)所示。

荷载作用在下翼缘时,有利于梁的整体稳定,如图4-19(b)所示。

⑤ 受压翼缘的影响。

侧向抗弯刚度大,则 M_{crx} 也大,如图4-20(a)所示。

侧向抗弯刚度小,则 M_{crx} 也小,如图4-20(b)所示。

⑥ 支座位移约束程度的影响。

支座位移约束程度越大,M_{crx} 越大。

(4)梁整体稳定性验算

整体稳定性验算公式:

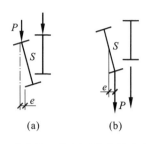

图 4-19　荷载作用位置对梁整体稳定的影响

图 4-20　受压翼缘对梁整体稳定的影响

$$M_x \leqslant \frac{M_{crx}}{\gamma_R} \qquad (4\text{-}24)$$

式中　M_x——外弯矩；

　　　M_{crx}——临界弯矩；

　　　γ_R——抗力分项系数。

$$\frac{M_x}{W_x} \leqslant \frac{M_{crx}}{W_x \gamma_R} = \frac{\sigma_{crx}}{f_y} \frac{f_y}{\gamma_R} = \varphi f_d \qquad (4\text{-}25)$$

式中　W_x——绕 x 轴受压侧毛截面抵抗矩；

　　　φ——梁的整体稳定系数，有专门的计算方法；

　　　f_d——钢材抗拉、抗压强度设计值。

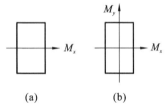

图 4-21　梁整体稳定验算示意图

(a) 单向受弯构件；(b) 双向受弯构件

对单向受弯构件[图 4-21(a)]：

$$\frac{M_x}{\varphi_b W_x} \leqslant f_d \qquad (4\text{-}26)$$

对双向受弯构件[图 4-21(b)]：

$$\frac{M_x}{\varphi_b W_x} + \frac{M_y}{\gamma_y W_y} \leqslant f_d \qquad (4\text{-}27)$$

符合以下条件之一，梁的整体稳定性可保证，可不必进行计算：

① 有铺板（各种混凝土板、钢板）密铺在梁的受压翼缘上，并与其牢固连接，即在梁侧向设置支承点（图 4-22）能阻止受压翼缘的侧向位移时。

② 工字形截面简支梁受压翼缘[图 4-23(a)]的自由长度 l_1 与其宽度 b_1 之比不超过表 4-1 中所规定的数值时。

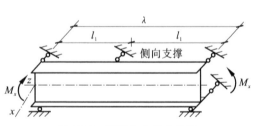

图 4-22　有侧向支撑点的梁

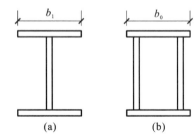

图 4-23　工字形和箱形截面梁

(a) 工字形梁；(b) 箱形梁

表 4-1　　　　　　　　　简支梁不需验算整体稳定性的最大 l_1/b_1（或 l_1/b_0）值

项次	跨中无侧向支撑点的梁		跨中有侧向支撑点的梁
	荷载作用在上翼缘	荷载作用在下翼缘	不论荷载作用于何处
l_1/b_1（工字形截面）	$13\sqrt{\dfrac{235}{f_y}}$	$20\sqrt{\dfrac{235}{f_y}}$	$16\sqrt{\dfrac{235}{f_y}}$
l_1/b_0（箱形截面）	$95\sqrt{\dfrac{235}{f_y}}$		

③ 箱形截面简支梁受压翼缘[图 4-23(b)]的截面尺寸满足 $h/b_0 \leqslant 6$ 且 l_1/b_0 不超过表 4-1 中所规定的数值时。

不符合以上条件的梁,必须经精确计算来判断其是否满足整体稳定性要求。

4.1.4 梁的局部失稳

(1) 梁局部失稳的概念

梁的局部失稳是指梁翼缘、腹板等板件丧失稳定。

梁的局部失稳如图 4-24 所示。

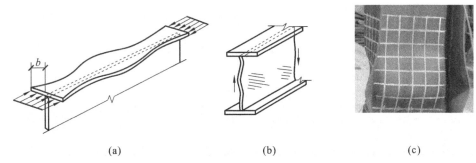

(a)　　　　　　　　　　(b)　　　　　　　　　　(c)

图 4-24　梁的局部失稳

(a) 翼缘失稳;(b) 腹板失稳;(c) 梁局部失稳实例

梁局部失稳的原因为板件太薄、太宽大。

板件屈曲失稳的临界应力通用表达式为:

$$\sigma_{cr} = \chi \psi_t k \frac{\pi^2 E}{12(1-\mu^2)} \left(\frac{t}{b}\right)^2$$

式中　χ——板组系数;

ψ_t——弹塑性系数;

k——稳定系数。

(2) 梁翼缘的局部稳定性验算

翼缘处应力的特点为正应力接近均匀分布,剪应力很小。

采用强度控制准则:

$$\sigma_{cr} \geqslant K f_y$$

取 $K = 0.95$,则:

$$\sigma_{cr} = \frac{k \pi^2 E}{12(1-\mu^2)} \left(\frac{t}{b}\right)^2 \geqslant 0.95 f_y$$

对工字梁($\chi = 1, \psi_t = 1$):

$$\frac{b}{t} \leqslant \sqrt{\frac{k \pi^2 E}{12(1-\mu^2) \times 0.95 f_y}} = 18.8 \sqrt{\frac{235}{f_y}}$$

考虑残余应力、初始挠曲等不利影响,则梁的宽厚比计算如下。

当塑性发展系数 $\gamma_x \geqslant 1.0$ 时,工字梁的宽厚比为:

$$\frac{b}{t} \leqslant 13 \sqrt{\frac{235}{f_y}}$$

当塑性发展系数 $\gamma_x = 1.0$ 时,工字梁的宽厚比为:

$$\frac{b}{t} \leqslant 15 \sqrt{\frac{235}{f_y}}$$

三边简支、一边自由工字形梁外伸翼缘受力如图 4-25(a)所示,$k = 0.42$。梁的宽厚比满足以上两式时,可保证翼缘不失稳。

箱形梁的宽厚比为:

$$\frac{b}{t} \leqslant 40\sqrt{\frac{235}{f_y}}$$

四边简支箱形梁翼缘受力如图 4-25(b)所示,$k=4.0$。

(3)梁腹板的局部稳定性验算

① 腹板受纯弯。

翼缘对腹板有嵌固作用,四边简支梁腹板受力如图 4-26 所示。

采用强度控制准则:

$$\sigma_{cr} \geqslant K f_y$$

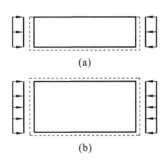

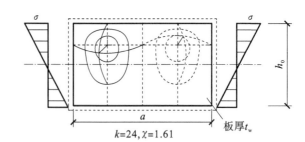

图 4-25 翼缘受均布荷载示意图　　图 4-26 四边简支梁腹板受纯弯示意图

取 $K=1.0$,$\psi_t=1$,则

$$\sigma_{cr} = \chi k \frac{\pi^2 E}{12(1-\mu^2)} \cdot \frac{t_w^2}{h_0^2} \geqslant 1.0 f_y$$

$$\sigma_{cr} = 715\left(\frac{100 t_w}{h_0}\right)^2 \geqslant f_y$$

控制高厚比为:

$$\frac{h_0}{t_w} \leqslant 174\sqrt{\frac{235}{f_y}}$$

当腹板的高厚比满足上式时,可保证腹板在受纯弯时不失稳。

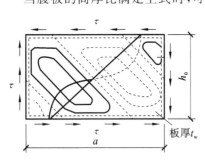

图 4-27 腹板受纯剪示意图

② 腹板受纯剪。

腹板受纯剪示意图如图 4-27 所示。

$$k = 5.34 + 4\left(\frac{h_0}{a}\right)^2, \quad \chi = 1.24$$

当 $a = 2h_0$ 时,$k=6.34$。

采用强度控制准则:

$$\tau_{cr} \geqslant K \frac{f_y}{\sqrt{3}}$$

取 $K=1.0$,$\psi_t=1$,则

$$\tau_{cr} = \chi k \frac{\pi^2 E}{12(1-\mu^2)} \cdot \frac{t_w^2}{h_0^2} \geqslant 0.577 f_y$$

控制高厚比为:

$$\frac{h_0}{t_w} \leqslant 104\sqrt{\frac{235}{f_y}}$$

当腹板的高厚比满足上式时,可保证腹板在受纯剪时不失稳。

③ 腹板受横向压应力。

腹板受横向压应力如图 4-28 所示。

$$\sigma_{c,cr} = C_1\left(100\frac{t_w}{h_0}\right)^2$$

式中,C_1 为与 a/h_0 有关的系数。当 $a = 2h_0$ 时,$C_1 = 166$。

采用强度控制准则：

$$\sigma_{c,cr} \geqslant K f_y$$

取 $K=1.0$，则：

$$\sigma_{c,cr} = C_1 \left(100 \frac{t_w}{h_0}\right)^2 \geqslant 1.0 f_y$$

控制高厚比为：

$$\frac{h_0}{t_w} \leqslant 84 \sqrt{\frac{235}{f_y}}$$

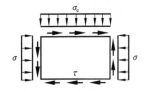

图 4-28 腹板受横向压应力示意图

当腹板的高厚比满足上式时，可保证腹板在受横向压应力时不失稳。

④ 腹板在多种应力下的稳定临界条件。

腹板受多种应力时如图 4-29、图 4-30 所示。对于图 4-29，板的稳定临界条件相关公式为：

$$\left(\frac{\sigma}{\sigma_{cr}}\right)^2 + \left(\frac{\tau}{\tau_{cr}}\right)^2 + \frac{\sigma_c}{\sigma_{c,cr}} \leqslant 1$$

式中 σ_{cr}——纯压应力 σ 作用下的临界应力；

$\sigma_{c,cr}$——纯弯曲应力 σ_c 作用下的临界应力；

τ_{cr}——纯剪应力 τ 作用下的临界应力。

对于图 4-30，板的稳定临界条件相关公式为：

$$\frac{\sigma}{\sigma_{cr}} + \left(\frac{\tau}{\tau_{cr}}\right)^2 + \left(\frac{\sigma_c}{\sigma_{c,cr}}\right)^2 \leqslant 1$$

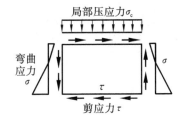

图 4-29 腹板受多种应力作用示意图（一）

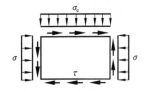

图 4-30 腹板受多种应力作用示意图（二）

⑤ 提高梁腹板局部稳定的措施。

a. 加大腹板厚度。该措施简单有效，但不经济。

b. 设置加劲肋。该措施有效又经济。设置横向加劲肋对防止 τ、σ_c 引起梁腹板失稳最有效，设置纵向加劲肋对防止 σ 引起梁腹板失稳最有效，设置短加劲肋对防止 σ_c 引起梁腹板失稳最有效。梁腹板加劲肋的设置如图 4-31 所示。

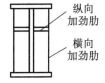

图 4-31 梁腹板加劲肋设置示意图

⑥ 布置梁腹板加劲肋的准则。

a. 当 $\frac{h_0}{t_w} \leqslant 80 \sqrt{\frac{235}{f_y}}$ 时，若有局部压应力，即 $\sigma_c \neq 0$，则按构造布置横向加劲肋，且 $0.5h_0 \leqslant a \leqslant 2h_0$；若无局部压应力，即 $\sigma = 0$，则可不布置加劲肋。

b. 当 $80 \sqrt{\frac{235}{f_y}} < \frac{h_0}{t_w} < 170 \sqrt{\frac{235}{f_y}}$ 时，应布置横向加劲肋。

c. 当 $\frac{h_0}{t_w} \geqslant 170 \sqrt{\frac{235}{f_y}}$ 时，应布置横向、纵向加劲肋，有轮压时应布置短加劲肋。

d. 在任何情况下，h_0/t_w 都不应大于 250，以防止过分宽薄的腹板在焊接制作时容易产生翘曲变形。

（4）梁腹板屈曲后强度的利用

① 梁腹板利用屈曲后强度的特点。

a. 梁的板件发生局部失稳并不意味着板件破坏，其仍有一定的屈曲后承载力。

b. 腹板利用屈曲后强度可使板件的高厚比达到 250，而不需设置纵向加劲肋。

c. 腹板利用屈曲后强度比采用加劲肋防止局部失稳更具经济价值。

② 梁腹板屈曲后强度的计算模型。

梁腹板受弯时，其承载力极限状态为梁受压翼缘的最外纤维应力达到 f_y，腹板的有效受力截面如图 4-32(a)所示，腹板受压屈曲后局部退出工作，如图 4-32(b)所示。

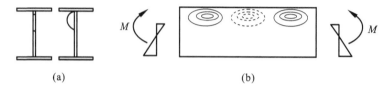

图 4-32 弯曲应力 σ 的分布

梁腹板受剪时，其承载力极限状态为桁架出现塑性铰，形成机构，如图 4-33 所示。

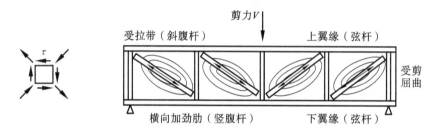

图 4-33 腹板受剪屈曲后形成桁架机制

③ 不适宜利用板件屈曲后强度的场合。

a. 对于承受反复疲劳荷载作用的结构，其局部失稳后更容易造成疲劳破坏。

b. 对于利用塑性设计的结构，其局部失稳后不能使塑性充分发展。

4.1.5 钢梁的设计

钢梁的设计包括型钢梁的设计与组合梁的设计。型钢梁的剪应力和局部稳定一般不需验算。相关设计框图如图 4-34 所示。

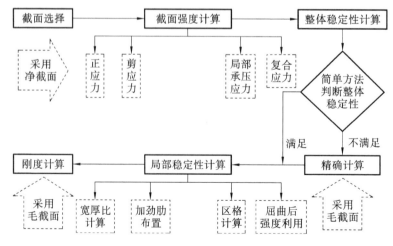

图 4-34 钢梁设计框图

4.2 典型例题 >>>

【例 4-1】 一简支梁的跨度 $l=9\text{ m}$,中间无侧向支撑,如图 4-35 所示。其采用焊接双轴对称工字形截面,梁上翼缘受满跨均布荷载 q 和跨中集中荷载 F 作用,设计值(包括自重)$q=20\text{ kN/m}$,$F=200\text{ kN}$,集中荷载沿梁跨度方向的支撑长度 $a=50\text{ mm}$,钢材为 Q345 钢。验算此梁的强度是否满足要求。

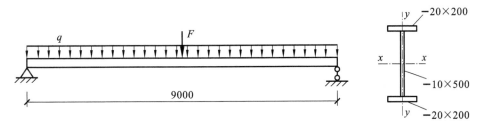

图 4-35 例 4-1 图

【解】 (1) 内力计算

跨中最大弯矩为:

$$M_x=\frac{1}{8}ql^2+\frac{1}{4}Fl=\frac{1}{8}\times20\times9^2+\frac{1}{4}\times200\times9=652.5\ (\text{kN}\cdot\text{m})$$

支座处的最大剪力为:

$$V=\frac{1}{2}ql+\frac{1}{2}F=\frac{1}{2}\times20\times9+\frac{1}{2}\times200=190(\text{kN})$$

(2) 几何特性值计算

$$I_x=2bt\left(\frac{h}{2}-\frac{t}{2}\right)^2+\frac{1}{12}h_0^3t_w=2\times20\times2\times\left(\frac{54}{2}-\frac{2}{2}\right)^2+\frac{1}{12}\times50^3\times1=6.45\times10^4\ (\text{cm}^4)$$

$$W_{nx}=\frac{2.0I_x}{h}=\frac{6.45\times10^4}{27}=2389(\text{cm}^3)$$

$$S=bt\left(\frac{h}{2}-\frac{t}{2}\right)+h_0t_w\frac{h_0}{4}=20\times2\times26+25\times1\times12.5=1352.5(\text{cm}^3)$$

(3) 应力分析

跨中最大弯曲正应力为:

$$\sigma=\frac{M}{\gamma_xW_{nx}}=\frac{652.5\times10^6}{1.05\times2389\times10^3}=260.1(\text{N/mm}^2)<f=295\text{ N/mm}^2$$

翼缘厚 20 mm,故强度设计值分组为第二组。

支座处的最大剪应力为:

$$\tau=\frac{VS}{I_xt_w}=\frac{190\times10^3\times1352.5\times10^3}{6.45\times10^8\times10}=39.8(\text{N/mm}^2)<180\text{ N/mm}^2$$

腹板厚 10 mm,故强度设计值分组为第一组。

分布长度为:

$$l_z=a+5h_y=50+5\times20=150(\text{mm})$$

局部压应力为:

$$\sigma_c=\frac{\psi F}{l_zt_w}=\frac{1.0\times200\times10^3}{150\times10}=133.3(\text{N/mm}^2)<f=310\text{ N/mm}^2$$

腹板厚 10 mm,故强度设计值分组为第一组。

跨中处计算高度边缘的折算应力为:

$$\sigma_1 = \frac{h_0 \sigma_x}{h} = \frac{500}{540} \times 260.1 \times 1.05 = 252.9 (\text{N/mm}^2)$$

跨中处剪力为：

$$V = \frac{F}{2} = 100 \text{ kN}, \quad S_1 = bt\left(\frac{h}{2} - \frac{t}{2}\right) = 1040 \text{ cm}^3$$

则

$$\tau_1 = \frac{VS_1}{I_x t_w} = \frac{100 \times 10^3 \times 1040 \times 10^3}{6.45 \times 10^8 \times 10} = 16.1 (\text{N/mm}^2)$$

$$\sigma_{ZS} = \sqrt{\sigma_1^2 - \sigma_c \sigma_1 + \sigma_c^2 + 3\tau_1^2} = \sqrt{252.9^2 - 252.9 \times 133.3 + 133.3^2 + 3 \times 16.1^2}$$
$$= 220.9 (\text{N/mm}^2) < \beta_1 f = 1.1 \times 310 = 341 (\text{N/mm}^2)$$

故梁满足强度要求。

【**例 4-2**】 焊接工字形截面简支梁的截面如图 4-36 所示，钢材为 Q235B 钢，跨中设置一道侧向支撑，梁承受均布荷载的设计值（包括自重）$q = 60$ kN/m。验算此梁的抗弯、抗剪强度和整体稳定性是否满足设计要求。若其整体稳定性不满足要求，则通过计算说明在不改变梁截面尺寸的情况下采取什么措施可提高梁的整体稳定性。

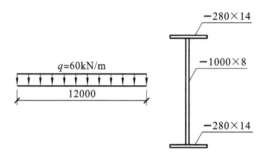

图 4-36 例 4-2 图

【**解**】
$$\varphi_b = \beta_b \frac{4320}{\lambda_y^2} \cdot \frac{Ah}{W_x} \left[\sqrt{1 + \left(\frac{\lambda_y t_1}{4.4h}\right)^2} + \eta_b \right] \frac{325}{f_y}, \quad \varphi_b' = 1.07 - \frac{0.282}{\varphi_b}$$
$$\beta_b = 1.15, \quad \eta_b = 0, \quad \gamma_x = 1.05, \quad \gamma_y = 1.20$$
$$M = \frac{1}{8} q l^2 = \frac{1}{8} \times 60 \times 12^2 = 1080 (\text{kN} \cdot \text{m})$$
$$V = \frac{1}{2} q l = 360 \text{ kN}$$
$$I_x = \frac{1}{12} \times 1000^3 \times 8 + 2 \times 280 \times 14 \times 507^2 = 2.68 \times 10^9 (\text{mm}^4)$$
$$W_x = \frac{I_x}{514} = 5.22 \times 10^6 \text{ mm}^3$$
$$S = 280 \times 14 \times 507 + 500 \times 8 \times 250 = 2.99 \times 10^6 (\text{mm}^3)$$

抗弯强度为：
$$\frac{M}{\gamma_x W_x} = \frac{1080 \times 10^6}{1.05 \times 5.22 \times 10^6} = 197.0 (\text{MPa}) < f = 215 \text{ MPa}$$

抗剪强度为：
$$\tau = \frac{VS}{I t_w} = \frac{360 \times 10^3 \times 2.99 \times 10^6}{2.68 \times 10^9 \times 8} = 50.2 (\text{MPa}) < f_v = 125 \text{ MPa}$$
$$I_y = 2 \times \frac{1}{12} \times 14 \times 280^3 = 5.12 \times 10^7 (\text{mm}^4)$$
$$A = 2 \times 280 \times 14 + 1000 \times 8 = 15840 (\text{mm}^2)$$
$$i_y = \sqrt{\frac{I_y}{A}} = 56.7 \text{ mm}$$

$$\lambda_y = \frac{l/2}{i_y} = 105.8$$

代入 φ_b 公式中,得:

$$\varphi_b = 1.45 > 0.6, \quad \varphi'_b = 1.07 - \frac{0.282}{\varphi_b} = 0.876$$

$$\frac{M}{\varphi'_b W_x} = 236.2 \text{ MPa} > f = 215 \text{ MPa}$$

故该梁的整体稳定性不满足要求。

在不改变梁截面的情况下,可通过增加侧向支撑的方法提高梁的整体稳定性,分别在 1/3 跨处设置侧向支撑后,有:

$$\lambda_y = \frac{4000}{i_y} = 70.5$$

$$\varphi_b = 3.19 > 0.60, \quad \varphi'_b = 0.982$$

$$\frac{M}{\varphi'_b W_x} = 210.7 \text{ MPa} < f = 215 \text{ MPa}$$

故增加侧向支撑后该梁的整体稳定性满足要求。

【例 4-3】 某工字钢工作平台简支梁如图 4-37 所示,简支梁跨度 $l=6$ m,跨度中间无侧向支承,规格为 I28a,$I_x = 7110$ cm^4,$W_x = 508$ cm^3,$\frac{I_x}{S_x} = 24.6$ cm,腹板 $t_w = 8.5$ mm。上翼缘所受满跨均布荷载:一种为永久荷载,其设计值 $q_G = 0.51$ kN/m;一种为可变荷载,设计值 $q_Q = 8.4$ kN/m。钢材为 Q235 钢,平台梁的整体稳定性可以得到保证。试验算梁的强度和刚度是否满足要求。

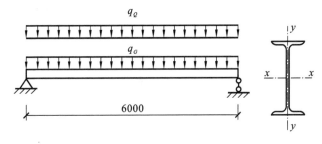

图 4-37 例 4-3 图

【解】 (1)内力设计值计算

跨中最大弯矩为:

$$M_x = \frac{1}{8}(q_G + q_Q)l^2 = \frac{1}{8} \times (0.51 + 8.4) \times 6^2 = 40.1 (\text{kN} \cdot \text{m})$$

支座处最大剪力为:

$$V = \frac{1}{2}(q_G + q_Q)l = \frac{1}{2} \times (0.51 + 8.4) \times 6 = 26.73 (\text{kN})$$

(2)强度验算

跨中最大弯曲正应力为:

$$\sigma = \frac{M_x}{\gamma_x W_{nx}} = \frac{40.1 \times 10^6}{1.05 \times 508 \times 10^3} = 75.2 (\text{N/mm}^2) < f = 215 \text{ N/mm}^2$$

支座处的最大剪应力为:

$$\tau = \frac{V S_x}{I_x t_w} = \frac{26.73 \times 10^3}{24.6 \times 10 \times 8.5} = 12.8 (\text{N/mm}^2) < f_v = 125 \text{ N/mm}^2$$

(3)刚度验算

全部荷载标准值为:

$$q_k = \frac{q_G}{\gamma_G} + \frac{q_Q}{\gamma_Q} = \frac{0.51}{1.2} + \frac{8.4}{1.4} = 6.425 (\text{kN/m})$$

可变荷载标准值为：

$$q_{Qk} = \frac{q_G}{\gamma_G} = \frac{8.4}{1.4} = 6 (\text{kN/m})$$

全部荷载标准值作用下的挠度为：

$$v_{\max} = \frac{5q_k l^4}{384EI_x} = \frac{5 \times 6.425 \times 6^4 \times 10^{12}}{384 \times 2.06 \times 10^5 \times 7110 \times 10^4} = 7.4(\text{mm}) < [v_T] = \frac{l}{400} = \frac{6000}{400} = 15(\text{mm})$$

可变荷载标准值作用下的挠度为：

$$v_{\max} = \frac{5q_{Qk} l^4}{384EI_x} = \frac{5 \times 6 \times 6^4 \times 10^{12}}{384 \times 2.06 \times 10^5 \times 7110 \times 10^4} = 6.9(\text{mm}) < [v_Q] = \frac{l}{500} = \frac{6000}{500} = 12(\text{mm})$$

故梁满足刚度和强度要求。

注意：

① 要清楚荷载标准值与荷载设计值间的关系，荷载标准值乘以荷载分项系数后得到荷载设计值。

② 进行梁的强度和整体稳定性验算时，公式里的荷载项采用荷载标准值。

③ 强度验算的关键是确定某个（或数个）截面最危险点处的应力是否达到了钢材的强度设计值，因此首先要找到危险截面。

④ 强度用到的截面几何特性参数均针对净截面。

⑤ 由例 4-3 中 $\tau = \frac{VS_x}{I_x t_w} = 12.8 \text{ N/mm}^2 < f_v = 125 \text{ N/mm}^2$ 可知，热轧型钢梁的抗剪强度很容易满足要求。

⑥ 若控制钢梁设计的是刚度，则由 $v_{\max} = \frac{5q_k l^4}{384EI_x}$ 可知，对于同样的梁截面，挠度与钢材钢号无关。因此，选择低钢号的钢材更经济。

【例 4-4】 图 4-4 所示楼盖梁的跨度为 4.8 m，采用焊接工字形截面，承受的均布荷载为恒荷载（包括自重）8 kN/m 和活荷载 q_k 之和。如果楼板可保证梁的侧向稳定性，钢材为 Q235BF，$f = 215 \text{ N/mm}^2$，$f_v = 125 \text{ N/mm}^2$，试计算活荷载 q_k 的最大值。已知容许挠度 $[v] = l/250$，$I_x = 9.511 \times 10^7 \text{ mm}^4$，$W_x = 6.3 \times 10^5 \text{ mm}^3$，$S_x = 3.488 \times 10^5 \text{ mm}^3$，$\gamma_x = 1.05$，$v = 5q_k l^4/(384EI_x)$。

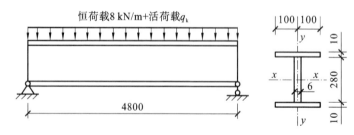

图 4-38 例 4-4 图

【解】 （1）按抗弯强度计算

最大弯矩为：

$$M_x = (1.2 \times 8 + 1.4q_k) \times \frac{4.8^2}{8} = 2.88 \times (9.6 + 1.4q_k)$$

$$\sigma = \frac{M_x}{\gamma_x W_x} = \frac{2.88 \times (9.6 + 1.4q_k) \times 10^6}{1.05 \times 6.3 \times 10^5} \leqslant 215 \text{ N/mm}^2$$

故

$$q_{k,\max} = 28.4 \text{ kN/m}$$

（2）验算抗剪强度

剪力为：

$$V=(1.2\times 8+1.4\times 28.4)\times \frac{4.8}{2}=118.5(\text{kN})$$

$$\tau=\frac{VS_x}{I_x t_w}=\frac{118500\times 348800}{9.511\times 10^7\times 6}=72.4(\text{N/mm}^2)<f_v=125\ \text{N/mm}^2$$

故抗剪强度满足要求。

（3）验算挠度

荷载标准值为：

$$q=8+28.4=36.4(\text{kN/m})$$

则挠度为：

$$v=\frac{5\times 36.4\times 4800^4}{384\times 206000\times 9.511\times 10^7}=12.8(\text{mm})<[v]=\frac{4800}{250}=19.2(\text{mm})$$

故挠度满足要求。

梁的整体稳定性无须计算，故其所受活荷载的最大值为 28.4 kN/m。

【例 4-5】　图 4-39 所示为某焊接工字形等截面简支楼盖梁，截面无削弱，在跨度中点和两端支座处都设有侧向支承，同时在跨度中点截面和两端支座截面处设置有支承加劲肋，材料为 Q345 钢。跨中上翼缘作用有集中荷载 $F=400\ \text{kN}$（设计值），$F_k=310\ \text{kN}$（标准值），试对此梁进行强度、刚度及整体稳定性验算（应考虑构件自重）。

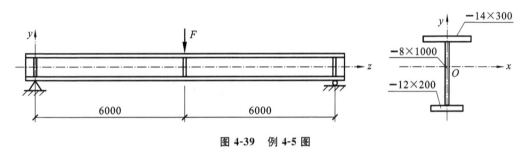

图 4-39　例 4-5 图

【解】　（1）截面的几何特性值计算

$$A=14\times 300+8\times 1000+12\times 200=14600(\text{mm}^2)$$

计算截面的形心位置，设截面形心到受压翼缘边缘的距离为 y_1，则：

$$y_1=\frac{14\times 300\times 7+8\times 1000\times 514+12\times 200\times 1020}{14600}=451(\text{mm})$$

$$y_2=1026-451=575(\text{mm})$$

$$I_x=\frac{1}{12}\times 8\times 1000^3+8\times 1000\times (514-451)^2+14\times 300\times (451-7)^2+12\times 200\times (575-6)^2$$

$$=2.30342\times 10^9(\text{mm}^4)$$

$$I_y=\frac{1}{12}\times 14\times 300^3+\frac{1}{12}\times 1000\times 8^3+\frac{1}{12}\times 12\times 200^3=3.9543\times 10^7(\text{mm}^4)$$

$$i_y=\sqrt{\frac{I_y}{A}}=\sqrt{\frac{3.9543\times 10^7}{14600}}=52.0(\text{mm})$$

按受压纤维确定的截面模量为：

$$W_{1x}=\frac{2.30342\times 10^9}{451}=5.1074\times 10^6(\text{mm}^3)$$

按受拉纤维确定的截面模量为：

$$W_{2x}=\frac{2.30342\times 10^9}{575}=4.0059\times 10^6(\text{mm}^3)$$

受压翼缘板对 x 轴的面积矩为：

$$S_{1x} = 14 \times 300 \times (451-7) = 1864800 (\text{mm}^3)$$

受拉翼缘板对 x 轴的面积矩为：

$$S_{2x} = 12 \times 200 \times (575-6) = 1365600 (\text{mm}^3)$$

x 轴以上截面对 x 轴的面积矩为：

$$S_x = S_{1x} + \frac{8 \times (451-14) \times (451-14)}{2} = 1864800 + 763876 = 2628676 (\text{mm}^3)$$

（2）梁的内力计算

梁自重标准值为：

$$g_k = 1.2 \times 9.8 \rho A = 1.2 \times 9.8 \times 7850 \times 14600 \times 10^{-6} = 1347.8 (\text{N/m})$$

式中，1.2 为考虑腹板加劲肋等附加构造用钢材使梁自重增大的系数，9.8 为重力加速度。

梁自重设计值为：

$$g = \gamma_G g_k = 1.2 \times 1347.8 = 1617.4 (\text{N/m}) \approx 1.62 \text{ kN/m}$$

梁弯矩设计值为：

$$M_{max} = \frac{1}{8} \times 1.62 \times 12^2 + \frac{1}{4} \times 400 \times 12 = 29.16 + 1200 = 1229.16 (\text{kN} \cdot \text{m})$$

支座截面处的剪力设计值为：

$$V_{max} = \frac{1}{2} \times 1.62 \times 12 + \frac{1}{2} \times 400 = 209.72 (\text{kN})$$

跨中截面处的剪力设计值为：

$$V = \frac{1}{2} \times 400 = 200 (\text{kN})$$

（3）强度验算

支座截面处受到的剪力最大，但此截面所受弯矩为 0，故对此截面只需验算抗剪强度，即：

$$\tau_{max} = \frac{V_{max} S_x}{I_x t_w} = \frac{209.72 \times 10^3 \times 2628676}{2.30342 \times 10^9 \times 8} = 29.9 (\text{N/mm}^2) < f_v = 180 \text{ N/mm}^2$$

跨中截面处既作用有较大的剪力，又作用有弯矩，另外在此截面上作用有集中荷载。对此截面的验算应包括截面边缘的正应力验算，截面中和轴位置处的剪应力验算，以及腹板与上、下翼缘相交位置的折算应力验算。

截面边缘的正应力验算：

$$\frac{M_{max}}{\gamma_x W_{nx}} = \frac{1229.16 \times 10^6}{1.05 \times 4.0059 \times 10^6} = 292.2 (\text{N/mm}^2) < f = 310 \text{ N/mm}^2$$

跨中截面中和轴位置处的剪应力必然小于支座截面中和轴位置处的剪应力，而支座截面处的抗剪强度满足要求，则跨中截面处的抗剪强度必然满足要求。

由于在跨中截面及支座截面处设置有支承加劲肋，因而可以不必验算腹板的局部承压强度。

腹板与上翼缘相交位置处的折算应力验算：

$$\sigma_1 = \frac{1229.16 \times 10^6 \times (451-14)}{2.30342 \times 10^9} = 233.2 (\text{N/mm}^2)$$

$$\tau_1 = \frac{200 \times 10^3 \times 1864800}{2.30342 \times 10^9 \times 8} = 20.2 (\text{N/mm}^2)$$

$\sigma_c = 0$，故：

$$\sqrt{\sigma_1^2 + \sigma_c^2 - \sigma_1 \sigma_c + 3\tau_1^2} = \sqrt{233.2^2 + 3 \times 20.2^2} = 235.8 (\text{N/mm}^2) < f = 310 \text{ N/mm}^2$$

腹板与下翼缘相交位置处的折算应力验算：

$$\sigma_2 = \frac{1229.16 \times 10^6 \times (575-12)}{2.30342 \times 10^9} = 300.4 (\text{N/mm}^2)$$

$$\tau_2 = \frac{200 \times 10^3 \times 1365600}{2.30342 \times 10^9 \times 8} = 14.8 (\text{N/mm}^2)$$

$$\sqrt{\sigma_2^2+3\tau_2^2}=\sqrt{300.4^2+3\times14.8^2}=301.5(\text{N/mm}^2)<f=310\ \text{N/mm}^2$$

故梁的强度满足要求。

（4）刚度验算

跨中最大挠度为：

$$v_T=\frac{F_k l^3}{48EI_x}+\frac{5g_k l^4}{384EI_x}=\frac{310\times10^3\times12000^3}{48\times2.06\times10^5\times2.30342\times10^9}+\frac{5\times1.3478\times12000^4}{384\times2.06\times10^5\times2.30342\times10^9}$$

$$=24.3(\text{mm})<[v_T]=\frac{l}{400}=30(\text{mm})$$

故梁的刚度满足要求。

（5）整体稳定性验算

集中荷载产生的弯矩占总弯矩的百分比为：

$$\frac{1200}{1229.16}\times100\%=97.6\%$$

故按跨度中点作用一个集中荷载查取等效弯矩系数为：

$$\beta_b=1.75,\qquad \lambda_y=\frac{l_1}{i_y}=\frac{6000}{52.0}=115.4$$

对单轴对称截面，有：

$$I_1=\frac{1}{12}\times14\times300^3=3.15\times10^7(\text{mm}^4)$$

$$I_2=\frac{1}{12}\times12\times200^3=8.0\times10^6(\text{mm}^4)$$

则

$$\alpha_b=\frac{I_1}{I_1+I_2}=\frac{3.15\times10^7}{3.15\times10^7+8.0\times10^6}=0.7975$$

梁截面属于受压翼缘加强的单轴对称工字形截面，则不对称影响系数为：

$$\eta_b=0.8(2\alpha_b-1)=0.8\times(2\times0.7975-1)=0.475$$

Q345 钢的屈服强度 $f_y=345\ \text{N/mm}^2$，则梁的整体稳定系数为：

$$\varphi_b=\beta_b\frac{4320}{\lambda_y^2}\cdot\frac{Ah}{W_x}\left[\sqrt{1+\left(\frac{\lambda_y t_1}{4.4h}\right)^2}+\eta_b\right]\frac{235}{f_y}$$

$$=1.75\times\frac{4320}{115.4^2}\times\frac{14600\times1026}{5.1074\times10^6}\times\left[\sqrt{1+\left(\frac{115.4\times14}{4.4\times1026}\right)^2}+0.475\right]\times\frac{235}{345}$$

$$=1.743>0.6$$

对梁的整体稳定系数进行非弹性修正，得

$$\varphi_b'=1.07-\frac{0.282}{\varphi_b}=1.07-\frac{0.282}{1.743}=0.908$$

$$\frac{M_{max}}{\varphi_b' W_x}=\frac{1229.16\times10^6}{0.908\times5.1074\times10^6}=265.0(\text{N/mm}^2)<f=310\ \text{N/mm}^2$$

故梁的整体稳定性满足要求。

【例 4-6】 图 4-40 所示工字形焊接组合截面简支梁上密铺刚性板用以阻止弯曲平面外变形。梁上均布荷载（包括梁自重）$q=4\ \text{kN/m}$，跨中已有一集中荷载 $F_0=90\ \text{kN}$，现需在距右端 4 m 处设一集中荷载 F_1。问：根据边缘屈服准则，F_1 最大可达多少？设各集中荷载的作用位置距梁顶面 120 mm，分布长度为 120 mm。钢材的设计强度取为 300 N/mm^2。另外，在所有的已知荷载和未知荷载中，都已包含有关荷载的分项系数。

【解】 （1）计算截面几何特性值

$$A=250\times12\times2+800\times8=12400(\text{mm}^2)$$

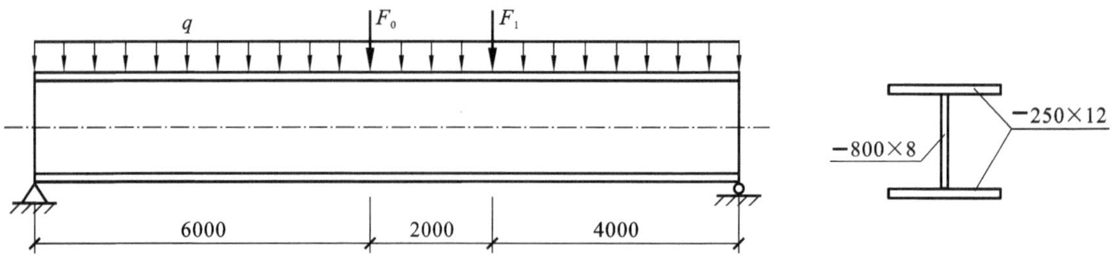

图 4-40　例 4-6 图

$$I_x = \frac{1}{12} \times 250 \times 824^3 - \frac{1}{12} \times (250-8) \times 800^3 = 1.33 \times 10^9 \ (\text{mm}^4)$$

$$W_x = \frac{I_x}{h/2} = 3.229 \times 10^6 \ \text{mm}^3$$

$$S_m = 250 \times 12 \times 406 + 400 \times 8 \times 200 = 1858000 \ (\text{mm}^3)$$

$$S_1 = 250 \times 12 \times 406 = 1218000 \ (\text{mm}^3)$$

（2）计算 F_0、F_1 两集中力对应截面的弯矩

$$M_0 = \frac{1}{8} \times 4 \times 12^2 + \frac{1}{4} \times 90 \times 12 + \frac{F_1}{3} \times 6 = 342 + 2F_1$$

$$M_1 = 24 \times 8 - 4 \times 8 \times \frac{8}{2} + \frac{1}{4} \times 90 \times 12 \times \frac{2}{3} + \frac{F_1}{3} \times 8 = 244 + \frac{8}{3} F_1$$

令 $M_1 > M_0$，则当 $F_1 > 147$ kN 时，弯矩最大值出现在作用截面上。

（3）计算梁截面能承受的最大弯矩

$$M = W_x f = 3.229 \times 10^6 \times 300 = 968.7 \ (\text{kN} \cdot \text{m})$$

令 $M = M_0$，得 $F_1 = 313.35$ kN；令 $M = M_1$，得 $F_1 = 271.76$ kN。故可假定在 F_1 作用截面处达到最大弯矩。

（4）验算 F_1 作用截面上的应力

① 弯曲正应力。

$$\sigma_{\max} = \frac{M_x}{W_x} = \frac{\left(244 + \frac{8}{3} F_1\right) \times 10^6}{3.229 \times 10^6} \leqslant 300 \ \text{N/mm}^2 \tag{①}$$

② 剪应力。

F_1 作用截面处的剪力为：

$$V_1 = \left(\frac{1}{2} \times 4 \times 12 - 4 \times 4\right) + \frac{1}{2} \times 90 + \frac{2}{3} F_1 = 53 + \frac{2}{3} F_1$$

故

$$\tau_{\max} = \frac{V_1 S_m}{I_x t} = \frac{\left(53 + \frac{2}{3} F_1\right) \times 10^3 \times 1858000}{1.33 \times 10^9 \times 8} \leqslant \frac{300}{\sqrt{3}} \ \text{N/mm}^2 \tag{②}$$

③ 局部承压应力。

在右侧支座处：

$$\sigma_c = \frac{\left(24 + 45 + \frac{2}{3} F_1\right) \times 10^3}{8 \times (120 + 5 \times 12 + 2 \times 120)} \leqslant 300 \ \text{N/mm}^2 \tag{③}$$

F_1 集中力作用处：

$$\sigma_c = \frac{F_1 \times 10^3}{8 \times (120 + 5 \times 12 + 2 \times 120)} \leqslant 300 \ \text{N/mm}^2 \tag{④}$$

④ 折算应力。

F_1 作用截面右侧处存在很大的弯矩、剪力和局部承压应力，故须计算腹板与翼缘交界处的分项应力（弯曲正应力、剪应力、局部压应力）与折算应力。

正应力：

$$\sigma_1 = \frac{M_x}{W_x} \times \frac{400}{412}$$

剪应力：

$$\tau_1 = \frac{V_1 S_1}{I_x t} = \frac{\left(53 + \frac{2}{3} F_1\right) \times 10^3 \times 1218000}{1.33 \times 10^9 \times 8}$$

局部承压应力：

$$\sigma_c = \frac{F_1 \times 10^3}{8 \times (120 + 5 \times 12 + 2 \times 120)}$$

折算应力：

$$\sigma_{ZS} = \sqrt{\sigma_1^2 + \sigma_c^2 - \sigma_1 \sigma_c + 3\tau_1^2} \leqslant 300 \qquad ⑤$$

联立式①～式⑤，解得：

$$F_1 \leqslant 271.76 \text{ kN}$$

故可知 $F_{1max} = 271.76$ kN，并且在 F_1 作用截面处的弯矩达到最大值。

【**例 4-7**】 一双轴对称工字形截面构件(图 4-41)一端固定，一端外挑 4.0 m，沿构件长度方向无侧向支撑，悬挑端部下挂一重载 F。若不计构件自重，求 F 的最大值。钢材的强度设计值取为 215 N/mm²。

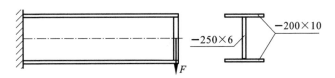

图 4-41 例 4-7 图

【**解**】 (1) 计算截面几何特性值

$$A = 200 \times 10 \times 2 + 250 \times 6 = 5500 (\text{mm}^2)$$

$$I_x = \frac{1}{12} \times 200 \times 270^3 - \frac{1}{12} \times (200-6) \times 250^3 = 7.54 \times 10^7 (\text{mm}^4)$$

$$I_y = 2 \times \frac{1}{12} \times 10 \times 200^3 + \frac{1}{12} \times 250 \times 6^3 = 1.33 \times 10^7 (\text{mm}^4)$$

$$i_x = \sqrt{\frac{I_x}{A}} = 117.09 \text{ mm}, \quad i_y = \sqrt{\frac{I_y}{A}} = 49.24 \text{ mm}$$

(2) 计算弯曲整体稳定系数

按《钢结构设计规范》(GB 50017—2003)计算梁的整体稳定系数，即：

$$\xi = \frac{l_1 t_1}{b_1 h} = \frac{4000 \times 10}{200 \times 270} = 0.74$$

由于荷载作用在形心处，β_b 按上、下翼缘的平均值取值，有：

$$\beta_b = \frac{1}{2} \times (0.21 + 0.67 \times 0.74 + 2.94 - 0.65 \times 0.74) = 1.58$$

$$\lambda_y = \frac{4000}{49.24} = 81.2$$

截面为双轴对称截面，$\eta_b = 0$，则：

$$\varphi_b = \beta_b \frac{4320}{\lambda_y^2} \cdot \frac{Ah}{W_x} \left[\sqrt{1 + \left(\frac{\lambda_y t_1}{4.4h}\right)^2} + \eta_b \right] \cdot \frac{235}{f_y}$$

$$= 1.58 \times \frac{4320}{81.2^2} \times \frac{5500 \times 270 \times \frac{270}{2}}{7.54 \times 10^7} \times \left[\sqrt{1 + \left(\frac{81.2 \times 10}{4.4 \times 270}\right)^2} + 0 \right] \times \frac{235}{235} = 3.333 > 1.0$$

$$\varphi_b'=1.07-\frac{0.282}{3.333}=0.985$$

（3）计算 F 的最大值

由 $\dfrac{M\dfrac{h}{2}}{\varphi_b I_x}-\dfrac{4000F\dfrac{h}{2}}{\varphi_b' I_x}\leqslant f$，解得 $F=30.02\ \text{kN}$。

4.3 复 习 题 >>>

第 4 章参考答案

一、选择题

1. 在组合梁的腹板中，剪应力引起的局部失稳布置（   ）最有效，弯曲应力引起的局部失稳布置（   ）最有效。

A. 支撑加劲肋　　　　B. 纵向加劲肋　　　　C. 短加劲肋　　　　D. 横向加劲肋

2. 梁的支撑加劲肋一般设置在（   ）。

A. 剪应力最大的区段　　B. 有起重机轮压的部位　　C. 有固定荷载的部位　　D. 弯曲应力大的区段

3. 为了保证梁的局部稳定，常采用加劲措施，这是为了（   ）。

A. 增大截面面积　　　　B. 改变应力分布状态　　　　C. 改变板件的宽厚比　　　　D. 增加梁的惯性矩

4. 工字形钢梁截面上腹板区段的剪应力分布图为图 4-42 中的（   ）。

A. 分图（a）　　　　B. 分图（b）　　　　C. 分图（c）　　　　D. 分图（d）

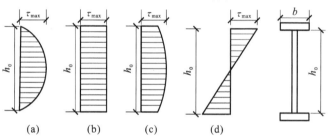

图 4-42　选择题 4 图

5. 当 $\sigma_{\max}$ 相等而其他条件相同的情况下，图 4-43 所示梁的腹板局部稳定临界应力最低的为（   ）。

A. 分图（a）　　　　B. 分图（b）　　　　C. 分图（c）　　　　D. 分图（d）

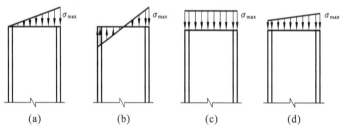

图 4-43　选择题 5 图

6. 一双轴对称工字形截面梁的截面形状如图 4-44 所示，在弯矩 M 和剪力 V 的共同作用下，折算应力最大的点为（   ）。

A. ①　　　　　　　　B. ②　　　　　　　　C. ③　　　　　　　　D. ④

7. 如图 4-45 所示，承受固定荷载 F 的焊接梁中，截面 1—1 处需要验算折算应力，其验算部位为（   ）。

A. ①　　　　　　　　B. ②　　　　　　　　C. ③　　　　　　　　D. ④

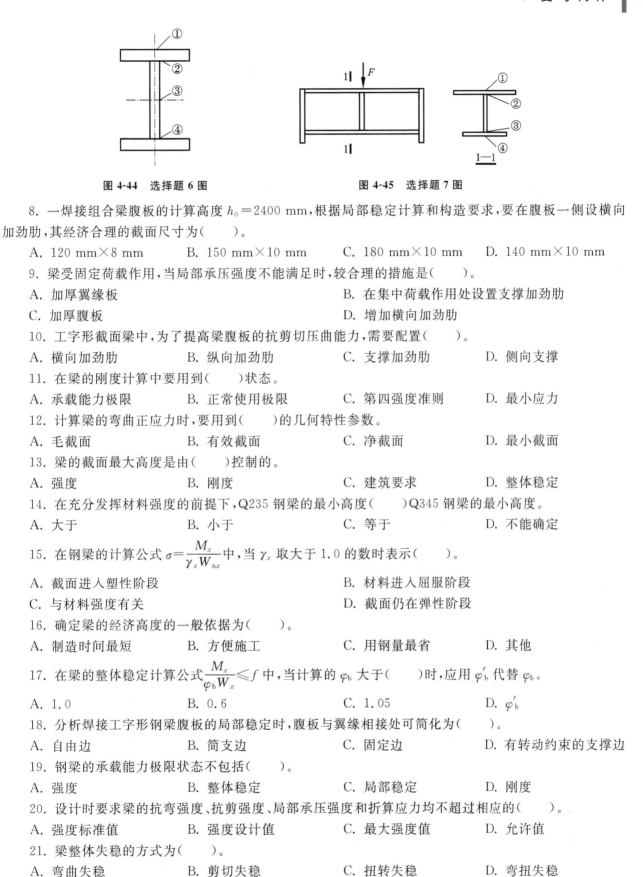

图 4-44　选择题 6 图　　　　　　　　　图 4-45　选择题 7 图

8. 一焊接组合梁腹板的计算高度 $h_0 = 2400$ mm,根据局部稳定计算和构造要求,要在腹板一侧设横向加劲肋,其经济合理的截面尺寸为(　　　)。

A. 120 mm×8 mm　　　B. 150 mm×10 mm　　　C. 180 mm×10 mm　　　D. 140 mm×10 mm

9. 梁受固定荷载作用,当局部承压强度不能满足时,较合理的措施是(　　　)。

A. 加厚翼缘板　　　　　　　　　　　　　B. 在集中荷载作用处设置支撑加劲肋

C. 加厚腹板　　　　　　　　　　　　　　D. 增加横向加劲肋

10. 工字形截面梁中,为了提高梁腹板的抗剪切压曲能力,需要配置(　　　)。

A. 横向加劲肋　　　B. 纵向加劲肋　　　C. 支撑加劲肋　　　D. 侧向支撑

11. 在梁的刚度计算中要用到(　　　)状态。

A. 承载能力极限　　　B. 正常使用极限　　　C. 第四强度准则　　　D. 最小应力

12. 计算梁的弯曲正应力时,要用到(　　　)的几何特性参数。

A. 毛截面　　　B. 有效截面　　　C. 净截面　　　D. 最小截面

13. 梁的截面最大高度是由(　　　)控制的。

A. 强度　　　B. 刚度　　　C. 建筑要求　　　D. 整体稳定

14. 在充分发挥材料强度的前提下,Q235 钢梁的最小高度(　　　)Q345 钢梁的最小高度。

A. 大于　　　B. 小于　　　C. 等于　　　D. 不能确定

15. 在钢梁的计算公式 $\sigma = \dfrac{M_x}{\gamma_x W_{nx}}$ 中,当 γ_x 取大于 1.0 的数时表示(　　　)。

A. 截面进入塑性阶段　　　　　　　　　　B. 材料进入屈服阶段

C. 与材料强度有关　　　　　　　　　　　D. 截面仍在弹性阶段

16. 确定梁的经济高度的一般依据为(　　　)。

A. 制造时间最短　　　B. 方便施工　　　C. 用钢量最省　　　D. 其他

17. 在梁的整体稳定计算公式 $\dfrac{M_x}{\varphi_b W_x} \leqslant f$ 中,当计算的 φ_b 大于(　　　)时,应用 φ'_b 代替 φ_b。

A. 1.0　　　B. 0.6　　　C. 1.05　　　D. φ'_b

18. 分析焊接工字形钢梁腹板的局部稳定时,腹板与翼缘相接处可简化为(　　　)。

A. 自由边　　　B. 简支边　　　C. 固定边　　　D. 有转动约束的支撑边

19. 钢梁的承载能力极限状态不包括(　　　)。

A. 强度　　　B. 整体稳定　　　C. 局部稳定　　　D. 刚度

20. 设计时要求梁的抗弯强度、抗剪强度、局部承压强度和折算应力均不超过相应的(　　　)。

A. 强度标准值　　　B. 强度设计值　　　C. 最大强度值　　　D. 允许值

21. 梁整体失稳的方式为(　　　)。

A. 弯曲失稳　　　B. 剪切失稳　　　C. 扭转失稳　　　D. 弯扭失稳

22. 当组合梁用公式 $\sqrt{\sigma^2 + 3\tau^2} \leqslant \beta_1 f$ 验算折算应力时,式中 σ、τ 应为(　　　)。

A. 验算点处的正应力和剪应力　　　　　　B. 梁最大弯矩截面中的最大正应力、最大剪应力

C. 梁最大剪力截面中的最大正应力、最大剪应力　　　D. 梁中最大正应力、最大剪应力

23. 在纯剪切作用下,梁腹板的纯剪切屈曲不先于屈曲破坏的条件是( )。

A. $\dfrac{h_0}{t_w} \leqslant 180 \sqrt{\dfrac{235}{f_y}}$ B. $\dfrac{h_0}{t_w} \leqslant 170 \sqrt{\dfrac{235}{f_y}}$ C. $\dfrac{h_0}{t_w} > 170 \sqrt{\dfrac{235}{f_y}}$ D. 不能确定

24. 两端简支梁的跨中作用一集中荷载,对荷载作用于上翼缘和作用于下翼缘两种情况,( )整体稳定承载能力大。

A. 前者   B. 后者   C. 两者相同   D. 不能确定

25. 受均匀荷载作用的工字形截面悬臂梁,为了提高其整体稳定承载力,需要在梁的侧向加设支撑,此支撑应加在梁的( )。

A. 上翼缘处   B. 下翼缘处   C. 中和轴处   D. 距上翼缘 $\dfrac{h_0}{5} \sim \dfrac{h_0}{4}$ 的腹板处

26. 对于组合梁的腹板,当 $\dfrac{h_0}{t_w} = 100 \sqrt{\dfrac{235}{f_y}}$ 时,按要求应( )。

A. 设置横向加劲肋   B. 设置纵向加劲肋

C. 应同时配置横向、纵向加劲肋   D. 增加腹板厚度

27. 为保证箱形截面梁翼缘的局部稳定,受压翼缘宽厚比 $\dfrac{b}{t}$ 应不大于( )。

A. $13 \sqrt{\dfrac{235}{f_y}}$ B. $40 \sqrt{\dfrac{235}{f_y}}$ C. $15 \sqrt{\dfrac{235}{f_y}}$ D. $(10+0.1\lambda) \sqrt{\dfrac{235}{f_y}}$

28. 一简支箱形截面梁的跨度为 60 m,梁宽 1 m,梁高 3.6 m,钢材为 Q345 钢,在垂直荷载作用下梁的整体稳定系数 φ_b 为( )。

A. 0.85   B. 0.96   C. 0.74   D. 1.0

29. 在对直接承受动力荷载的梁进行强度计算时,γ_x、γ_y 应取( )。

A. 重级工作制起重机梁的强度计算应取 $\gamma_x = \gamma_y = 1.05$

B. 重级工作制起重机梁的强度计算应取 $\gamma_x = \gamma_y = 1.0$

C. 轻、中级工作制起重机梁的强度计算应取 $\gamma_x = \gamma_y = 1.05$

D. 轻、中级工作制起重机梁的强度计算应取 $\gamma_x = \gamma_y = 0.95$

30. 按轴心压杆计算支撑加劲肋在腹板平面外的稳定时,此压杆的截面包括加劲肋及每侧( )范围内的腹板面积。

A. $13t_w \sqrt{\dfrac{235}{f_y}}$ B. $9t_w \sqrt{\dfrac{235}{f_y}}$ C. $15t_w \sqrt{\dfrac{235}{f_y}}$ D. $(10+0.1\lambda)t_w \sqrt{\dfrac{235}{f_y}}$

31. 图 4-46 所示的四边简支薄板在各种应力分布情况下的临界应力关系是( )。

A. $\sigma_{01} > \sigma_{02} > \sigma_{03}$ B. $\sigma_{01} < \sigma_{02} < \sigma_{03}$ C. $\sigma_{01} > \sigma_{03} > \sigma_{02}$ D. $\sigma_{03} > \sigma_{01} > \sigma_{02}$

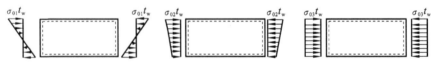

图 4-46 选择题 31 图

32. 一受均布荷载作用的单层翼缘板焊接组合截面简支梁的跨度为 l,当要改变截面时,宜改变一次且只改变翼缘板的宽度,其最经济的改变截面的位置为( )。

A. 距支座 $\dfrac{l}{8}$ 处   B. 距支座 $\dfrac{l}{6}$ 处   C. 距支座 $\dfrac{l}{4}$ 处   D. 距支座 $\dfrac{l}{3}$ 处

33. 对于图 4-47 所示的四边简支薄板,当 $a=b$ 时,纯剪作用下板的屈曲形式是( )。

A. 分图(a)   B. 分图(b)   C. 分图(c)   D. 分图(d)

34. ( )对提高工字形截面的整体稳定性作用最小。

A. 增加腹板厚度   B. 约束梁端扭转   C. 设置平面外支撑   D. 加宽梁翼缘

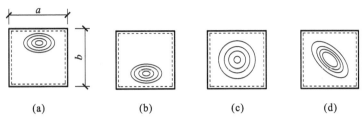

图 4-47 选择题 33 图

35. 梁腹板屈曲后强度产生的原因是( )。

A. 在腹板中产生薄膜张力场,从而使发生微小屈曲的板件能继续承受增加的荷载

B. 在腹板中产生压力场,使腹板处于三向受力状态,提高了腹板钢材的折算强度

C. 通过人为措施改变腹板局部屈曲模式,变剪切屈曲为弯曲屈曲

D. 通过人为增加腹板的厚度和减小横向加劲肋间距,从而使局部屈曲不会发生

36. 当荷载作用在简支工字形截面梁上翼缘时,为了保证整体稳定,宜在( )处设置侧向支撑。

A. 梁腹板上靠近梁下翼缘板 $\left(\frac{1}{5}\sim\frac{1}{4}\right)h_0$ 处(h_0 为腹板高)

B. 梁腹板高度的 $\frac{1}{2}$ 处

C. 上翼缘

D. 梁腹板上靠近梁上翼缘板 $\left(\frac{1}{5}\sim\frac{1}{4}\right)h_0$ 处(h_0 为腹板高)

37. 一跨度为 6 m 的简支梁自重不计,在梁跨中底部作用一集中荷载,设计值为 75 kN,梁采用 I 32a,$W_x = 692.0$ cm³,钢材为 Q235B 钢,则梁的整体稳定应力为( )。

A. 151.9 N/mm²　　　　B. 194.5 N/mm²　　　　C. 201.7 N/mm²　　　　D. 213.9 N/mm²

38. 图 4-48 所示的各简支梁,除截面放置和荷载作用位置不同外,其他条件均相同,则整体稳定性( )。

A. 分图(a)最好,分图(d)最差　　　　　　　B. 分图(a)最差,分图(d)最好

C. 分图(b)最差,分图(c)最好　　　　　　　D. 分图(b)最好,分图(c)最差

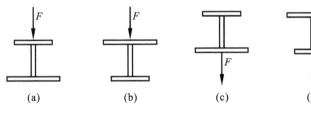

图 4-48 选择题 38 图

39. ( )的腹板计算高度可取腹板的实际高度。

A. 热轧型钢梁　　　　B. 冷弯薄壁型钢梁　　　　C. 铆接组合梁　　　　D. 焊接组合梁

40. 在计算折算应力时,τ 的计算公式 $\tau = \dfrac{VS_1}{I_x t_w}$ 中,S_1 为( )。

A. 梁中和轴以上截面对梁中和轴的面积矩

B. 梁上翼缘(或下翼缘)截面对中和轴的面积矩

C. 梁上、下翼缘截面对中和轴的面积矩之和

D. 梁上翼缘(或下翼缘)截面对腹板边缘线的面积矩

41. 简支组合梁中,跨中已有横向加劲肋,但腹板在弯矩作用下局部稳定性不足,此时须采用的加劲肋构造是( )。

A. 在腹板上部设置纵向加劲肋　　　　　　　B. 增加横向加劲肋

C. 在腹板下部设置纵向加劲肋　　　　　　　D. 加厚腹板

42. 对于承受均布荷载的热轧 H 型钢,应计算(　　)。

A. 抗弯强度,腹板折算应力,整体稳定性,局部稳定性

B. 抗弯强度,抗剪强度,整体稳定性,局部稳定性

C. 抗弯强度,腹板折算应力,整体稳定性,挠度

D. 抗弯强度,腹板上边缘局部承压强度,整体稳定性

43. 在钢结构中,工字形截面梁翼缘板局部稳定计算公式 $\frac{b_1}{t} \leqslant 15\sqrt{\frac{235}{f_y}}$ 中, b_1 为(　　)。

A. 受压翼缘板的外伸宽度　　　　　　　　　B. 受压翼缘板的全部宽度

C. 受压翼缘板全部宽度的 $\frac{1}{3}$ 　　　　　　D. 受压翼缘板的有效宽度

44. 整体稳定性不足的组合梁,当不设置侧向支撑时,宜(　　)。

A. 加大梁的高度　　　　　　　　　　　　　B. 加大梁的截面面积

C. 加大受压翼缘板的宽度　　　　　　　　　D. 加大腹板宽度

45. 最大弯矩和其他条件均相同的简支梁,当受(　　)时整体稳定性最差。

A. 均匀弯矩作用　　　　　　　　　　　　　B. 满跨均布荷载作用

C. 跨中集中荷载作用　　　　　　　　　　　D. 满跨均布荷载作用和跨中集中荷载作用

46. 钢腹板局部稳定采用(　　)准则。

A. 腹板局部临界应力不小于屈服强度

B. 腹板局部临界应力不小于构件整体屈曲应力

C. 腹板实际应力不超过腹板屈曲应力

D. 腹板实际应力不超过腹板的屈曲强度

47. 四边简支薄板在纯剪切作用下板的屈曲形式是图 4-49 中的(　　)。

A. 分图(a)　　　　　B. 分图(b)　　　　　C. 分图(c)　　　　　D. 分图(d)

(a)　　　　　　　　　(b)　　　　　　　　　(c)　　　　　　　　　(d)

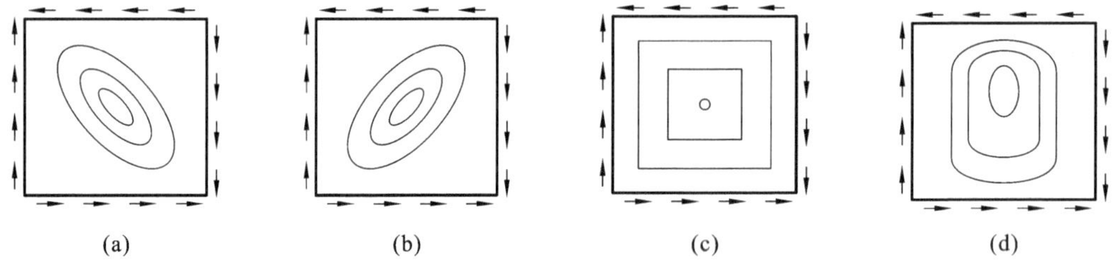

图 4-49　选择题 47 图

48. 在计算梁的整体稳定性时,当判别式 $\frac{l_1}{b_1}$ 小于规范所给定数据时,可认为其整体稳定性不必验算,则 φ_b 可取(　　)。

A. 1.0　　　　　　　　B. 0.6　　　　　　　　C. 1.05　　　　　　　　D. φ_b'

49. 在简支工字形截面梁中,当 $\frac{h_0}{t_w} \geqslant 170\sqrt{\frac{235}{f_y}}$ 时,为了提高梁腹板的局部承载力,应(　　)。

A. 设置横向加劲肋　　　　　　　　　　　　B. 设置纵向加劲肋

C. 应同时配置横向、纵向加劲肋　　　　　　D. 增加腹板厚度

50. 在计算工字形截面梁的抗弯强度时,若不考虑部分塑性发展,则梁的翼缘板外伸宽度比不大于(　　)。

A. $13\sqrt{\frac{235}{f_y}}$ 　　　B. $15\sqrt{\frac{235}{f_y}}$ 　　　C. $(10+0.1\lambda)\sqrt{\frac{235}{f_y}}$ 　　　D. $9\sqrt{\frac{235}{f_y}}$

51. 图 4-50 所示钢梁因整体稳定性要求需在跨中设侧向支撑点,其位置以(　　)为最佳方案。

A. 分图(a)　　　　　B. 分图(b)　　　　　C. 分图(c)　　　　　D. 分图(d)

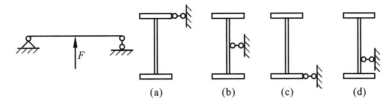

图 4-50　选择题 51 图

52. 同一简支梁上作用四种不同的荷载时所出现的弯矩如图 4-51 所示（M 值相等），则最先出现整体失稳的是（　　）。

A. 分图（a）　　　　　　B. 分图（b）　　　　　　C. 分图（c）　　　　　　D. 分图（d）

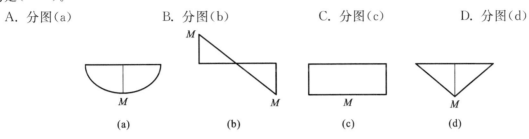

图 4-51　选择题 52 图

53. 对于简支梁，可不必验算梁的整体稳定性的是（　　）。

A. 有钢筋混凝土板密铺在梁的受压翼缘上，并与其牢固连接，能阻止受压翼缘的侧向位移时

B. 有钢筋混凝土板密铺在梁的受拉翼缘上，并与其牢固连接，能阻止受拉翼缘的侧向位移时

C. 除了梁端设置侧向支撑点外，在跨中有一个侧向支撑点时

D. 除了梁端设置侧向支撑点外，在跨间有两个以上侧向支撑点时

54. 某焊接工字钢梁的腹板高厚比 $\dfrac{h_0}{t_w}=180\sqrt{\dfrac{235}{f_y}}$ 时，为保证腹板的局部稳定性，应（　　）。

A. 设置横向加劲肋　　　　　　　　　　　　B. 设置纵向加劲肋

C. 应同时配置横向、纵向加劲肋　　　　　　D. 应同时配置纵向加劲肋和短加劲肋

55. 图 4-52 所示槽钢檩条（跨中设一道拉条）的强度按公式 $\dfrac{M_x}{\gamma_x W_{nx}}+\dfrac{M_y}{\gamma_y W_{ny}}\leqslant f$ 计算时，计算的位置是（　　）。

A. a 点　　　　　　　B. b 点　　　　　　　C. c 点　　　　　　　D. d 点

56. 图 4-53 所示的各种情况除了荷载作用形式不同之外，其他各种条件均相同，（　　）所示弯矩分布模式对工字形截面梁的整体稳定性更为不利。

A. 分图（a）　　　　　　B. 分图（b）　　　　　　C. 分图（c）　　　　　　D. 分图（d）

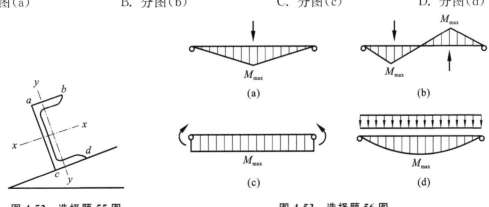

图 4-52　选择题 55 图　　　　　　　图 4-53　选择题 56 图

二、简答题

1. 简述梁为什么在均匀弯矩作用下更容易失稳。

2. 为什么在计算梁的整体稳定性时,当计算的稳定系数 $\varphi_b > 0.6$ 时,要用 φ_b' 代替 φ_b?

3. 当抗剪强度验算不满足时,可采取哪些措施?

4. 简述影响梁整体稳定性的因素和提高梁整体稳定性的措施。

5. 验算梁的折算应力时采用了材料力学的能量强度理论,但钢材强度设计值要乘以一个放大系数 β_1,简述其原因。

三、计算题

1. 图 4-54 所示简支梁(自重不计)所用钢材为 Q235 钢,不考虑塑性发展,均布荷载设计值为 36 kN/m²,荷载分项系数为 1.4,$f = 215$ N/mm²,跨度中央设置一侧向支撑。验算梁截面是否满足强度及刚度要求,并判断是否需要验算梁的整体稳定性。已知 $[v] = \dfrac{l}{250}$,$v = \dfrac{5ql^4}{384EI_x}$,$E = 2.06 \times 10^5$ N/mm²。

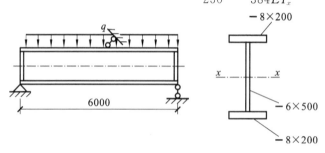

图 4-54　计算题 1 图

2. 一工字形截面简支梁跨中静力荷载产生的弯矩 $M = 750$ kN·m,剪力 $V = 480$ kN,均为设计值,截面形状如图 4-55 所示,材料为 Q235 钢,$f = 215$ N/mm²,试验算其截面强度是否满足要求。

3. 一焊接工字形截面简支梁的跨度 $l = 15$ m,无侧向支撑。跨度中央处上翼缘作用一集中静力荷载,标准值为 F_k,其中恒荷载占 70%($\gamma_Q = 1.4$),钢材为 Q235B 钢,截面如图 4-56 所示,求梁所承受的集中荷载标准值 F_k(梁自重不计)。设 F_k 由梁的整体稳定性和抗弯强度控制。

4. 一双轴对称工字形截面构件,如图 4-57 所示,两端简支,除两端外无侧向支撑,跨中作用一集中荷载 $F = 480$ kN,设钢材的屈服强度为 235 N/mm²(计算中不考虑各种分项系数)。如以保证构件的整体稳定为控制条件,则构件的最大长度 l 是多少?

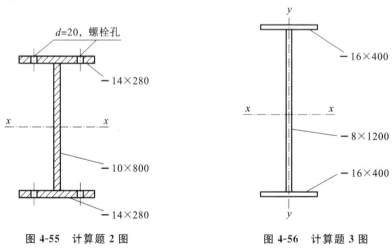

图 4-55　计算题 2 图　　　　　图 4-56　计算题 3 图

5. 一跨度为 4.5 m 的工作平台简支梁承受的均布荷载设计值为 28 kN/m(静荷载,不包括自重),采用普通轧制工字钢Ⅰ32a,钢材为 Q235 钢,验算强度、刚度和整体稳定是否满足要求。跨中无侧向支撑点。

6. 图 4-58 所示简支梁的中点及两端均设有侧向支撑,材料为 Q235 钢,设梁的自重为 1.1 kN/m,分项系数为 1.2,在集中荷载 $F = 110$ kN 作用下,分项系数为 1.4,问该梁能否保证其整体稳定性?

7. 某平台的梁格布置如图 4-59 所示。铺板为预制钢筋混凝土板,焊接于次梁上。平台永久荷载(包括铺板自重)为 6 kN/m²,分项系数为 1.2;可变荷载为 20 kN/m²,分项系数为 1.3。钢材为 Q235 钢,采用 E43

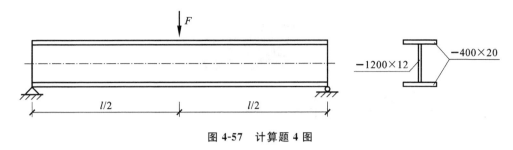

图 4-57　计算题 4 图

型焊条,采用手工电弧焊。

① 试选择次梁截面;

② 试选择主梁(焊接组合梁)截面,设计梁沿长度的改变,设计翼缘焊缝,设计加劲肋。

8. 一工字形截面梁绕强轴承受静力荷载,截面尺寸如图 4-60 所示,截面无削弱。当梁某一截面所受弯矩设计值 $M=400$ kN·m,剪力设计值 $V=580$ kN 时,试验算梁在该截面处的强度是否满足要求。已知钢材为 Q235B。

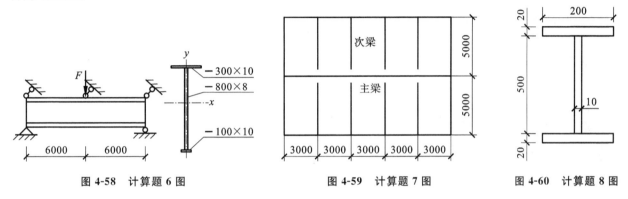

图 4-58　计算题 6 图　　　　图 4-59　计算题 7 图　　　图 4-60　计算题 8 图

知识归纳

(1) 梁的承载能力极限状态包括强度(含疲劳强度)和稳定两方面。强度指标有抗弯强度、抗剪强度、局部抗压强度、折算应力,稳定包括整体稳定和局部稳定。

(2) 截面塑性发展系数对截面的两主轴取值有所不同,见附录 2。

(3) 梁的截面按强度和刚度条件来选择,主要是在满足抗弯强度的条件下选出经济合理的截面尺寸。

(4) 梁丧失整体稳定的实质就是梁发生了弯扭失稳。要掌握影响梁整体稳定性的因素及增强梁整体稳定性的措施。不需验算整体稳定性的情况有:① 有铺板密铺于梁的受压翼缘上并与其相连,能阻止梁受压翼缘的侧移;② 工字形截面简支梁受压翼缘的自由长度与其宽度之比不超过规范规定的限值。

(5) 梁丧失局部稳定性:在截面面积一定的情况下,将腹板设计得高而薄,对梁强度、刚度有好处;如果把翼缘也做得宽而薄,则更能增加梁的整体稳定性,但较薄的腹板和翼缘可能在梁的强度承载力和整体稳定性都能得到保证的情况下,首先局部失稳,发生屈曲。

(6) 梁腹板加劲肋的形式:横向加劲肋、纵向加劲肋、短加劲肋。其应依据腹板的高厚比范围进行合理设置。

拉弯与压弯构件

课前导读

▽ **内容提要**

本章介绍了拉弯和压弯构件的强度，重点讲解了实腹式和格构式压弯构件平面内失稳和平面外失稳的计算，并通过相应典型例题对重点内容进行了举例说明。

▽ **能力要求**

通过本章的学习，学生应了解拉弯构件和压弯构件的应用，掌握拉弯构件的强度计算，掌握压弯构件平面内稳定性和平面外稳定性验算的全部内容。

▽ **数字资源**

钢材的强度
设计值

各种截面回转
半径的近似值

型钢表

5.1 学习要点 >>>

5.1.1 压(拉)弯构件的类型及截面形式

同时承受轴向力和弯矩的构件称为压弯(或拉弯)构件(图5-1、图5-2),其截面形式如图5-3所示。压(拉)弯构件的类型包括单向压(拉)弯构件和双向压(拉)弯构件。

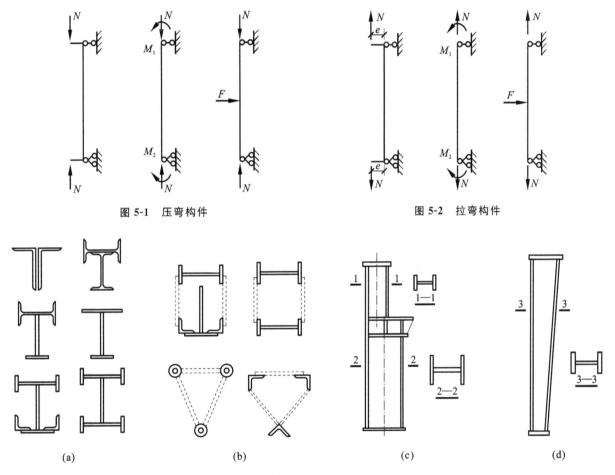

图 5-1 压弯构件   图 5-2 拉弯构件

图 5-3 压(拉)弯构件的截面形式

(a) 实腹式单轴对称截面;(b) 格构式截面;(c) 阶梯柱;(d) 变截面柱

弯矩是由轴向力的偏心作用、端弯矩作用和横向荷载作用产生的。

压弯构件截面的选取原则:弯矩小、轴压力大的构件可采用一般轴心受压构件的双轴对称截面;弯矩相对较大的构件可采用单轴对称截面,以使弯矩的受压侧截面面积更大;为了用料经济,可采用格构式柱、变截面柱。

拉弯构件没有稳定性问题,其强度及刚度问题与压弯构件基本一致。这里主要对压弯构件的学习要点进行解读。

5.1.2 压弯构件的破坏形式

① 强度破坏:钢材屈服、钢材断裂、连接破坏。

② 丧失稳定:构件弯矩作用平面内整体失稳,构件弯矩作用平面外整体失稳,板件失稳(丧失局部稳

定），格构式构件中的单肢失稳。

③ 刚度不足：构件偏柔，变形过大。

5.1.3 压弯构件的强度计算

构件在压弯作用下的应力分布如图 5-4 所示。其压、拉侧受力如图 5-5 所示。其强度计算准则如图5-6所示。

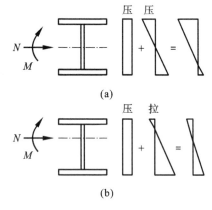

图 5-5 压弯构件压、拉侧受力

（a）受压侧屈服；（b）受拉侧屈服

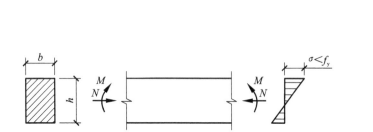

图 5-4 构件在压弯作用下的应力分布

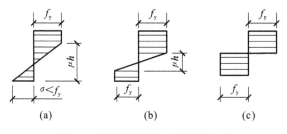

图 5-6 压弯构件的强度计算准则

（a）边缘屈服准则（弹性设计）；（b）部分截面塑性发展准则（弹塑性设计）；（c）全截面塑性发展准则（塑性设计）

单向压弯构件的强度计算式为：

$$\frac{N}{A_n} \pm \frac{M_x}{\gamma_x W_{nx}} \leqslant f_d$$

双向压弯构件的强度计算式为：

$$\frac{N}{A_n} \pm \frac{M_x}{\gamma_x W_{nx}} \pm \frac{M_y}{\gamma_y W_{ny}} \leqslant f_d$$

5.1.4 压弯构件的整体稳定

（1）弯矩作用平面内（平面外）失稳的概念

单向压弯构件失稳形式有弯矩作用平面内失稳和弯矩作用平面外失稳。如图 5-7 所示，yOz 平面为弯矩 M 作用的平面，在 yOz 平面内的失稳，称为弯矩作用平面内失稳；在 yOz 平面外的失稳，称为弯矩作用平面外失稳。

（2）压弯构件弯矩作用平面内整体失稳解析

① 整体失稳分析。

图 5-8 所示为一压弯构件，设 $M_x = Ne_y$，其可视为偏心受压构件，可列出其弹性弯曲平衡方程为：

$$EI_x v'' + Nv = -Ne_y$$

a. 稳定问题要采用二阶分析，即在荷载产生变形的基础上建立平衡方程。

b. 构件的侧向变形与轴力 N 产生附加弯矩的现象称为 $P\text{-}\delta$ 效应(二阶效应)。

c. 构件的总挠度较仅因弯矩产生的挠度增大的现象称为放大效应现象(图 5-9)。

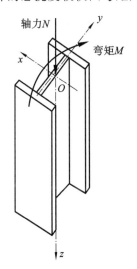

图 5-7　压弯构件的失稳

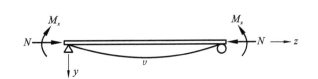

图 5-8　压弯构件失稳分析

构件的总挠度 $\upsilon_{\max}$ 与仅因弯矩产生的挠度 υ_{m} 呈非线性关系,即:

$$\upsilon_{\max}=\frac{\upsilon_{\mathrm{m}}}{1-N/N_{\mathrm{E}}}=\frac{\upsilon_{\mathrm{m}}}{1-\alpha}$$

式中,$\dfrac{1}{1-\alpha}$ 为挠度放大系数。

$$\alpha=\frac{N}{N_{\mathrm{E}}}$$

② 失稳过程。

随着压力 N 的增大,构件中点处的挠度呈非线性增加。如图 5-10 所示,$N\text{-}\upsilon$ 曲线达到 A 点时,截面边缘纤维开始屈服;此后构件开始塑性发展,挠度比弹性阶段增加得快,形成曲线 ABC。在上升段 AB,构件挠度随压力增大而增加,呈稳定平衡状态;B 点以后为维持平衡状态,须降低压力,形成下降段 BC,构件呈不稳定平衡状态。在弹塑性阶段,拉压合力的力臂变小,内弯矩增量逐渐不及非线性增长的外弯矩。压弯构件在弯矩作用平面内具有极值点失稳的现象。

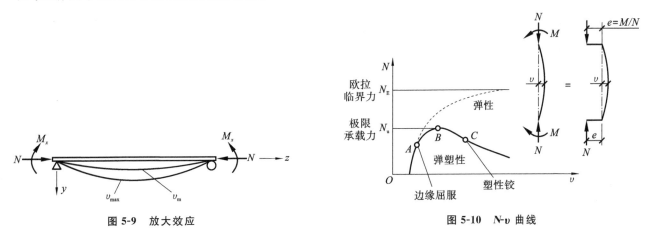

图 5-9　放大效应

图 5-10　$N\text{-}\upsilon$ 曲线

(3) 压弯构件弯矩作用平面内整体稳定性的计算方法

压弯构件弯矩作用平面内的整体稳定性采用极限承载力准则计算时,应切合实际,且计算难度大;采用屈服准则计算时,其简化方法方便实用,《钢结构设计规范》(GB 50017—2003)中即采用该计算方法。

压弯构件跨中的实际最大弯矩为:

$$M_{max} = M + N\upsilon_{max} = M + \frac{N\upsilon_m}{1-\alpha} = \frac{M}{1-\alpha}\left(1-\alpha+\frac{N\upsilon_m}{M}\right) = \frac{M}{1-\alpha}\left[1+\left(\frac{N_E\upsilon_m}{M}-1\right)\alpha\right] = \frac{\beta_m M}{1-\alpha} = \eta M$$

式中　β_m——等效弯矩系数，$\beta_m = 1 + \left(\dfrac{N_E\upsilon_m}{M}-1\right)\alpha$；

　　η——弯矩放大系数，$\eta = \dfrac{\beta_m}{1-\alpha}$，$\alpha = N/N_E$。

等效弯矩系数 β_m 的作用如图 5-11 所示。

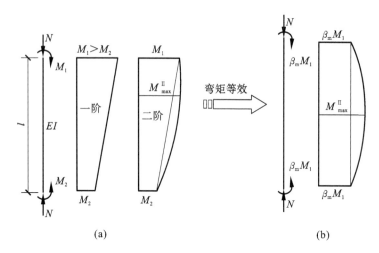

图 5-11　等效弯矩系数 $\boldsymbol{\beta}_{\mathbf{m}}$ 的作用

(a) 原构件；(b) 现构件

（4）压弯构件弯矩作用平面内稳定的边缘屈服准则

考虑初始缺陷的影响，假定各种初始缺陷等效成一种初弯曲 υ_0，如图 5-12 所示，则跨中最大弯矩为：

$$M_{max} = \frac{\beta_m M + N\upsilon_0}{1 - N/N_E}$$

跨中截面边缘屈服时：

$$\frac{N}{A} + \frac{\beta_m M + N\upsilon_0}{(1-N/N_E)W} = f_y$$

再经其他处理，并考虑抗力分项系数，可得：

$$\frac{N}{\varphi_x A} + \frac{\beta_{mx} M_x}{W_x\left(1-\dfrac{\varphi_x N}{N'_{Ex}}\right)} \leqslant f_d$$

弯矩作用平面内稳定问题的处理要点：

① 弯矩作用平面内失稳的表现为荷载变形曲线的极值现象，源于压力与平面内弯曲变形产生的二阶效应，弯矩作用平面内失稳不是截面的强度问题。

② 弯矩作用平面内稳定的边缘纤维屈服准则的处理方法是考虑了二阶效应之后的强度问题，但与杆件整体变形有关，不仅仅是截面问题。

（5）压弯构件弯矩作用平面内整体稳定计算公式

压弯构件弯矩作用平面内整体稳定计算如图 5-13 所示。

对于实腹式、弯矩绕实轴作用的格构式压弯构件：

$$\frac{N}{\varphi_x A} + \frac{\beta_{mx} M_x}{\gamma_x W_{x1}\left(1-\dfrac{0.8N}{N'_{Ex}}\right)} \leqslant f_d \tag{5-1}$$

对于单轴对称，弯矩又使较大翼缘受压的压弯构件，须补充计算式：

$$\left|\frac{N}{A} - \frac{\beta_{mx} M_x}{\gamma_x W_{x2}\left(1-\dfrac{1.25N}{N'_{Ex}}\right)}\right| \leqslant f_d \tag{5-2}$$

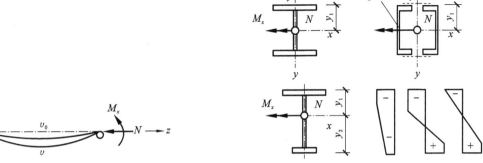

图 5-12　有初弯曲的压弯构件　　　　图 5-13　压弯构件平面内整体稳定计算

对于弯矩绕虚轴作用的格构式压弯构件(图 5-14):

$$\frac{N}{\varphi_x A}+\frac{\beta_{mx}M_x}{W_{x1}\left(1-\varphi_x\dfrac{N}{N'_{Ex}}\right)}\leqslant f_d \tag{5-3}$$

式中　N——构件计算段范围内的轴心压力;

　　　M_x——构件计算段范围内的最大弯矩;

　　　φ_x——弯矩作用平面内轴心受压构件的稳定系数;

　　　N'_{Ex}——欧拉临界力,$N'_{Ex}=\pi^2 EA/(1.1\lambda_x^2)$;

　　　W_{x1}——构件受压一侧的毛截面抵抗矩,$W_{x1}=I_x/y_1$;

　　　W_{x2}——构件较小翼缘一侧的毛截面抵抗矩,$W_{x2}=I_x/y_2$;

　　　β_{mx}——弯矩作用平面内的等效弯矩系数。

需注意的是,φ_x 和 N'_{Ex} 要按照换算长细比计算,即:

$$N'_{Ex}=\frac{\pi^2 EA}{1.1\lambda_{0x}^2},\quad W_{x1}=\frac{I_x}{y_0}$$

(6) 弯矩作用平面内等效弯矩系数 β_{mx} 的取值

其根据弯矩作用平面内构件的约束、荷载状况确定。

① 对于端部有侧移的框架柱、悬臂构件,如图 5-15 所示,$\beta_{mx}=1.0$。

② 对于端部无侧移的框架柱、两端有支撑的构件,如图 5-16 所示,β_m 取值如下。

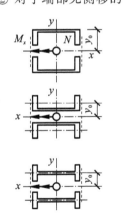

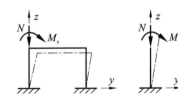

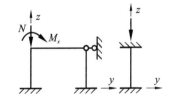

图 5-14　格构式压弯构件　　　图 5-15　端部有侧移的框架柱、　　　图 5-16　端部无侧移的框架柱、
　　　　的常用截面　　　　　　　　　　　悬臂构件　　　　　　　　　　　两端有支撑的构件

a. 无横向荷载,但有端弯矩 M_1、M_2 时,如图 5-17 所示。

$$\beta_{mx}=0.65\pm0.35\frac{M_2}{M_1},\quad |M_1|>|M_2|$$

b. 无端弯矩,但有横向荷载(均布或集中荷载)时,如图 5-18 所示,$\beta_{mx}=1.0$。

c. 同时有端弯矩和横向荷载时,如图 5-19 所示。

同时作用有端弯矩和横向荷载,构件无反弯点且同向曲率为"+"时,$\beta_{mx}=1.0$,如图 5-19(a)所示;构件有反弯点且反向曲率为"-"时,$\beta_{mx}=0.85$,如图 5-19(b)所示。

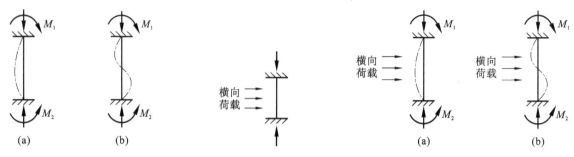

图 5-17　无横向荷载但有 端弯矩时

（a）无反弯点,同向曲率为"+";
（b）有反弯点,反向曲率为"-"

图 5-18　无端弯矩但有 横向荷载时

图 5-19　同时有端弯矩和横向荷载时

（7）压弯构件弯矩作用平面外的整体稳定

压弯构件弯矩作用平面外的整体稳定如图 5-20 所示。

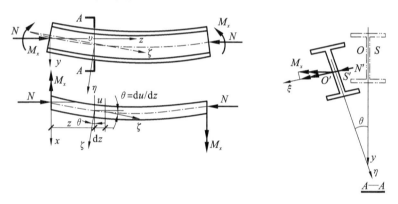

图 5-20　压弯构件弯矩作用平面外的整体稳定

弯矩作用平面外失稳的特征:
① 呈现弯扭变形;
② 与梁整体失稳类似,但在 M、N 共同作用下发生。
弯扭失稳弹性平衡方程为:

$$\begin{cases} EI_y u^{\text{IV}} + Nu'' + M_x\theta = 0 \\ EI_\omega \theta^{\text{IV}} - GI_t\theta'' + M_x u'' + (Nr_0^2 - \bar{R})\theta'' = 0 \end{cases}$$

式中,$r_0^2 = (I_x + I_y)/A$,$\bar{R}$ 为涉及残余应力的量。
方程的解为:

$$\left(1 - \frac{N}{N_{Ey}}\right)\left(1 - \frac{N}{N_\theta}\right) - \frac{M_x^2}{M_{crx}^2} = 0$$

式中　N_{Ey}——单独轴力作用时的弯曲临界力,$N_{Ey} = \pi^2 EI_y/l^2$;

N_θ——单独轴力作用时的扭转临界力,$N_\theta = (\pi^2 EI_\omega/l^2 + GI_t - \bar{R})/r_0^2$;

M_{crx}——单独弯矩作用时的临界弯矩,$M_{crx}^2 = (\pi^2 E/l^2)^2 I_y I_\omega \left(1 + \frac{GI_t + \bar{R}}{\pi^2 EI_\omega}l^2\right)$。

其 M-N 曲线如图 5-21 所示。

大多数工程构件的截面尺寸满足 $N_\theta/N_{Ey} > 1$,偏安全时取 $N_\theta/N_{Ey} = 1$,则将 $N/N_{Ey} + M_x/M_{crx} = 1$ 视为 压弯构件弯矩作用平面外稳定的下限值。

$$\begin{cases} N_{Ey} = \varphi_y A f_y \\ M_{cr} = \varphi_b W_{1x} f_y \end{cases}$$

将上式代入 $\dfrac{N}{N_{Ey}} + \dfrac{M_x}{M_{crx}} = 1$ 中,并引入初始缺陷等因素,即抗力分项系数 γ_R、等效弯矩系数 β_{tx}、箱形截面调整系数 η,得计算公式:

$$\frac{N}{\varphi_y A} + \eta \frac{\beta_{tx} M_x}{\varphi_b W_{1x}} \leqslant f_d$$

式中　φ_y——弯矩作用平面外轴心受压构件的稳定系数;

　　　φ_b——受弯构件的整体稳定系数;

　　　W_{1x}——构件受压一侧的毛截面抵抗矩;

　　　β_{tx}——弯矩作用平面外的等效弯矩系数;

　　　η——截面影响系数,闭口截面取 0.7,其他截面取 1.0。

上式对实腹式构件(图 5-22)和格构式构件均适用。

弯矩绕实轴作用时,如图 5-23(a)所示,弯矩作用平面外稳定系数 $\varphi_b = 1.0$,φ_y 按换算长细比计算;弯矩绕虚轴作用时,如图 5-23(b)所示,弯矩作用平面外稳定可不验算。

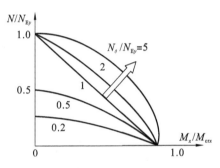

图 5-21　M-N 关系曲线

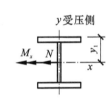

图 5-22　实腹式构件

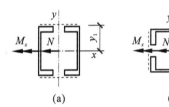

图 5-23　弯矩绕实轴和绕虚轴作用的情况

(8)平面外等效弯矩系数 β_{tx} 的取值

其根据弯矩作用平面外构件的约束、平面内的荷载状况确定。

① 对于弯矩作用平面外为悬臂构件时,如图 5-24 所示,$\beta_{tx} = 1.0$。

② 对于弯矩作用平面外有支承的构件,依据两相邻支承点内的荷载情况,其 β_{tx} 取值如下。

a. 无横向荷载,但有端弯矩 M_1、M_2 时,如图 5-25 所示。

$$\beta_{tx} = 0.65 \pm 0.35 \frac{M_2}{M_1}$$

当 $|M_1| > |M_2|$ 时,其仍为平面内弯矩。

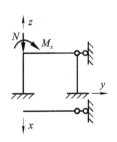

图 5-24　弯矩平面外悬臂

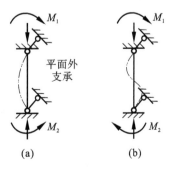

图 5-25　无横向荷载但有端弯矩时

(a) 无反弯点且同向曲率为"+";(b) 有反弯点且反向曲率为"-"

b. 无端弯矩但有横向荷载(均布或集中荷载)时,如图 5-26 所示,$\beta_{tx} = 1.0$。

c. 同时有端弯矩和横向荷载时。

同时作用有端弯矩和横向荷载,构件无反弯点且同向曲率为"十"时,$\beta_{tx}=1.0$,如图 5-27(a)所示;当构件有反弯点且反向曲率为"一"时,$\beta_{tx}=0.85$,如图 5-27(b)所示。

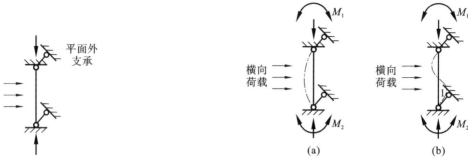

图 5-26 无端弯矩但有横向荷载作用时   图 5-27 同时有端弯矩和横向荷载作用时

5.1.5 格构式压弯构件单肢稳定

① 当弯矩绕实轴作用时,如图 5-28(a)所示,无单肢稳定性问题。

② 当弯矩绕虚轴作用时,如图 5-28(b)所示,须验算单肢稳定性。按轴心压杆稳定性计算,如图 5-29 所示。

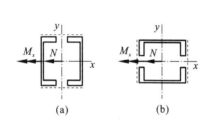

图 5-28 格构式压弯构件单肢稳定性计算

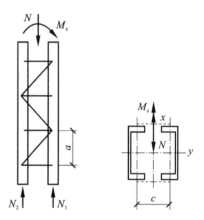

图 5-29 轴心压杆稳定性计算

单肢轴心压力:

$$N_1 = \frac{N}{2} + \frac{M_x}{2}$$

计算长度:弯矩作用平面内,取缀材节间距离 a;弯矩作用平面外,取侧向支撑点间距或构件长度。

5.1.6 实腹式压弯构件的局部稳定

(1)翼缘局部稳定

保证翼缘不失稳的宽厚比条件(同受弯构件)如下,如图 5-30 所示。

对于工字形截面:

$$\begin{cases} \dfrac{b}{t} \leqslant 13\sqrt{\dfrac{235}{f_y}} & (\text{塑性发展系数 } \gamma_x \geqslant 1.0) \\[3mm] \dfrac{b}{t} \leqslant 15\sqrt{\dfrac{235}{f_y}} & (\text{塑性发展系数 } \gamma_x = 1.0) \end{cases}$$

对于箱形截面:

$$\frac{b_0}{t} \leqslant 40\sqrt{\frac{235}{f_y}}$$

(2)腹板局部稳定

压弯构件腹板的应力分布如图 5-31 所示,压应力为"+",拉应力为"-"。

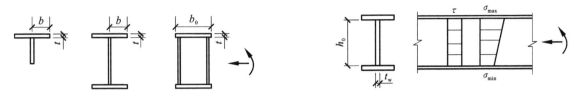

图 5-30 翼缘截面及其尺寸   图 5-31 压弯构件腹板应力分布

腹板的屈曲临界应力与剪应力、弯曲应力及其不均匀分布有关。

保证腹板不失稳的高厚比条件如下。

① 工字形截面腹板。

当 $0 \leqslant \alpha_0 \leqslant 1.6$ 时:

$$\frac{h_0}{t_w} \leqslant (16\alpha_0 + 0.5\lambda + 25)\sqrt{\frac{235}{f_y}}$$

当 $1.6 < \alpha_0 \leqslant 2$ 时:

$$\frac{h_0}{t_w} \leqslant (48\alpha_0 + 0.5\lambda - 26.2)\sqrt{\frac{235}{f_y}}$$

式中 λ——弯矩作用平面内的长细比,小于 30 时取 30,大于 100 时取 100。

由以上两式得:

$$\alpha_0 = \frac{\sigma_{max} - \sigma_{min}}{\sigma_{min}}$$

② 箱形截面腹板。

箱形截面腹板如图 5-32 所示。

当 $0 \leqslant \alpha_0 \leqslant 1.6$ 时:

$$\frac{h_0}{t_w} \leqslant \min\left\{0.8(16\alpha_0 + 0.5\lambda + 25)\sqrt{\frac{235}{f_y}}, 40\sqrt{\frac{235}{f_y}}\right\}$$

当 $1.6 < \alpha_0 \leqslant 2$ 时:

$$\frac{h_0}{t_w} \leqslant \min\left\{0.8(48\alpha_0 + 0.5\lambda + 26.2)\sqrt{\frac{235}{f_y}}, 40\sqrt{\frac{235}{f_y}}\right\}$$

③ T 形截面腹板。

T 形截面腹板如图 5-33 所示。

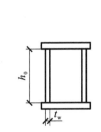

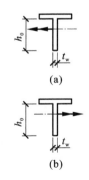

图 5-32 箱形截面腹板   图 5-33 T 形截面腹板

(a) 自由边受拉;(b) 自由边受压

对于热轧 T 形截面腹板:

$$\frac{h_0}{t_w} \leqslant (15 + 0.2\lambda)\sqrt{\frac{235}{f_y}}$$

对于焊接 T 形截面腹板:

$$\frac{h_0}{t_w} \leqslant (13 + 0.17\lambda)\sqrt{\frac{235}{f_y}}$$

当 $\alpha_0 \leqslant 1.0$ 时：

$$\frac{h_0}{t_w} \leqslant 15\sqrt{\frac{235}{f_y}}$$

当 $\alpha_0 > 1.0$ 时：

$$\frac{h_0}{t_w} \leqslant 18\sqrt{\frac{235}{f_y}}$$

（3）保证腹板局部稳定的其他措施

① 当腹板不能满足高厚比条件时，可设置纵向加劲肋，使其满足局部稳定（图 5-34）。

② 利用屈曲后强度，采用有效截面计算强度、稳定性（图 5-35）。但计算稳定系数时，仍采用全部截面。

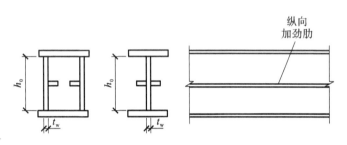

图 5-34 腹板设置纵向加劲肋

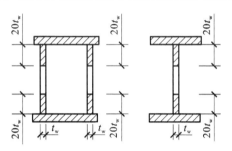

图 5-35 采用有效截面计算强度、稳定性

注：图中阴影部分为有效截面。

5.1.7 压弯构件的刚度

压弯构件的刚度控制同轴心受压构件，通过限制长细比来控制。

5.2 典型例题 >>>

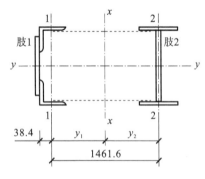

图 5-36 格构式压弯构件

【例 5-1】 验算图 5-36 所示格构式压弯构件的整体稳定性，钢材为 Q235B 钢。构件承受的弯矩和轴压力设计值分别为 $M_x = \pm 1550$ kN·m，$N = 1520$ kN；计算长度分别为 $l_{0x} = 20.0$ m，$l_{0y} = 12.0$ m；$\beta_{mx} = \beta_{tx} = 1.0$。其他条件如下。分肢 1：$A_1 = 14140$ mm²，$I_1 = 3.167 \times 10^7$ mm⁴，$i_1 = 46.1$ mm，$i_{y1} = 195.7$ mm。分肢 2：$A_2 = 14220$ mm²，$I_2 = 4.174 \times 10^7$ mm⁴，$i_2 = 54.2$ mm，$i_y = 223.4$ mm。

采用设有横缀条的单系缀条体系，其轴线与柱分肢轴线交于一点，夹角为 45°，缀条尺寸为 140 mm × 90 mm × 8 mm，$A = 1840$ mm²。其 λ 与 φ 的取值见表 5-1。

表 5-1 λ 与 φ 的取值

λ	10	20	30	40	50	60	70	80	90	100	110
φ	0.992	0.970	0.936	0.899	0.856	0.807	0.751	0.688	0.621	0.555	0.493

平面稳定性校核公式：

$$\frac{N}{\varphi_x A} + \frac{\beta_{mx}M_x}{\gamma_x W_{1x}\left(1 - 0.8\dfrac{N}{N'_{Ex}}\right)} \leqslant f, \quad \frac{N}{\varphi_y A} + \eta\frac{\beta_{tx}M_x}{\varphi_b W_{1x}} \leqslant f, \quad \frac{N}{\varphi_x A} + \frac{\beta_{mx}M_x}{W_{1x}\left(1 - \varphi_x\dfrac{N}{N'_{Ex}}\right)} \leqslant f, \quad N'_{Ex} = \frac{\pi^2 EA}{1.1\lambda_{0x}^2}$$

【解】
$$y_1=\frac{A_2(y_1+y_2)}{A_1+A_2}=\frac{14220\times1461.6}{14220+14140}=732.9\,(\text{mm})$$
$$y_2=1461.6-732.9=728.7\,(\text{mm})$$
$$A_0=14140+14220=28360\,(\text{mm}^2)$$

(1) 验算弯矩作用平面内的稳定性
$$I_x=I_1+I_2+A_1y_1^2+A_2y_2^2=1.522\times10^{10}\,(\text{mm}^4)$$
$$i_x=\sqrt{\frac{I_x}{A_0}}=732.6\text{ mm},\quad \lambda_x=\frac{l_{0x}}{i_x}=\frac{20000}{732.6}=27.3$$
$$\lambda_{0x}=\sqrt{\lambda_x^2+27\frac{A_0}{2A}}=30.9,\quad \varphi_x=0.933,\quad N'_{Ex}=\frac{\pi^2EA}{1.1\lambda_{0x}^2}=54843\text{ kN}$$

M 使分肢 1 受压，有：
$$W_{1x}=\frac{I_x}{y_1+38.4}=1.973\times10^7\text{ mm}^3$$

则
$$\frac{1520\times10^3}{0.933\times28360}+\frac{1.0\times1550\times10^6}{1.973\times10^7\times\left(1-0.933\times\frac{1520}{54843}\right)}=57.4+80.6$$
$$=138.0\,(\text{MPa})<f=215\text{ MPa}$$

M 使分肢 2 受压，有：
$$W_{2x}=\frac{I_x}{y_2}=2.089\times10^7\text{ mm}^3$$

则
$$\frac{1520\times10^3}{0.933\times28360}+\frac{1.0\times1550\times10^6}{2.089\times10^7\times0.974}=57.4+76.2=133.6\,(\text{MPa})<f=215\text{ MPa}$$

故弯矩作用平面内的稳定性满足要求。

(2) 验算弯矩作用平面外的稳定性

M 使分肢 1 受压，则：
$$N_1=\frac{y_2}{y_1+y_2}N+\frac{M}{a}=1818.3\text{ kN},\quad \lambda_1=\frac{1461.6}{46.1}=37.1,\quad \lambda_{y1}=\frac{12000}{195.7}=61.3$$

由 λ_{y1} 查得 $\varphi_1=0.801$，则：
$$\frac{N_1}{\varphi_1A_1}=\frac{1818.3\times10^3}{0.801\times14140}=160.5\,(\text{MPa})<f=215\text{ MPa}$$

M 使肢 2 受压，则：
$$N_2=\frac{y_1}{y_1+y_2}N+\frac{M}{a}=1822.7\text{ kN},\quad \lambda_2=\frac{1461.6}{54.2}=27.0,\quad \lambda_{y2}=\frac{12000}{223.4}=53.7$$

由 λ_{y2} 查得 $\varphi_2=0.838$，则：
$$\frac{N_2}{\varphi_2A_2}=\frac{1822.7\times10^3}{0.838\times14220}=153.0\,(\text{MPa})<f=215\text{ MPa}$$

故弯矩作用平面外的稳定性满足要求。

【例 5-2】 图 5-37 所示为一压弯构件，两端铰接，承受的轴心压力设计值 $N=2500$ kN，端弯矩设计值 $M_x=1000$ kN·m，构件在弯矩作用平面外跨中有一侧向支撑点。截面采用焊接工字形截面，钢材用 Q235 钢，试设计其截面尺寸。

【解】 (1) 内力设计值计算
$$N=2500\text{ kN},\quad M_{max}=M_x=1000\text{ kN·m}$$

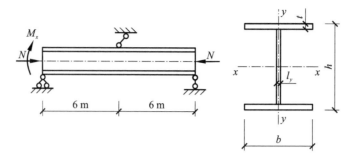

图 5-37 压弯构件

（2）截面选择

假设 $\lambda_x = 60$，由附表 6-2 查得 $\varphi_x = 0.807$，则：

$$i_x = \frac{12000}{60} = 200 \text{(mm)}$$

查截面回转半径近似值表，即附录 8，得 $\alpha_1 = 0.43$，$\alpha_2 = 0.24$，则：

$$h = \frac{i_x}{\alpha_1} = \frac{200}{0.43} = 465.1 \text{(mm)}$$

$$\frac{A}{W_{1x}} = \frac{y_1}{i_x^2} = \frac{h}{2i_x^2} = \frac{465.1}{2 \times 200^2} = 0.00581 \text{(mm}^{-1})$$

取 $\dfrac{\beta_{mx}}{\gamma_x(1-0.8N/N_{Ex})} = 1$，则：

$$A = \frac{N}{f}\left(\frac{1}{\varphi_x} + \frac{M_x}{N} \cdot \frac{A}{W_{1x}}\right) = \frac{2500 \times 10^3}{215} \times \left(\frac{1}{0.807} + \frac{1000 \times 10^6}{2500 \times 10^3} \times 0.00581\right)$$
$$= 41432 \text{(mm}^2)$$

$$W_{1x} = \frac{A}{0.00581} = \frac{41432}{0.00581} = 7131153 \text{(mm}^3)$$

近似取 $\beta_{tx}/\varphi_b = 1.0$，则：

$$\varphi_y = \frac{N}{A} \cdot \frac{1}{f - \beta_{tx}M_x/(\varphi_b W_{1x})} = \frac{2500 \times 10^3}{41432} \times \frac{1}{215 - 1000 \times 10^6/7131153} = 0.807$$

查附表 6-2，得 $\lambda_y = 60$，则：

$$i_y = \frac{l_{0y}}{\lambda_y} = \frac{6000}{60} = 100 \text{(mm)}$$

$$b = \frac{i_y}{\alpha_2} = \frac{100}{0.24} = 417 \text{(mm)}$$

根据上面计算所得 A、h、b 选择截面，翼缘板截面尺寸为 $2-550 \times 20$，腹板截面尺寸为 $650 \text{ mm} \times 12 \text{ mm}$。

（3）截面几何特性值计算

$$A = 2 \times 550 \times 20 + 650 \times 12 = 29800 \text{(mm}^2)$$

$$I_x = \frac{1}{12} \times (550 \times 690^3 - 538 \times 650^3) = 2.7443 \times 10^9 \text{(mm}^4)$$

$$I_y = \frac{1}{12} \times (2 \times 20 \times 550^3 + 650 \times 12^3) = 5.5468 \times 10^8 \text{(mm}^4)$$

$$i_x = \sqrt{\frac{I_x}{A}} = \sqrt{\frac{2.7443 \times 10^9}{29800}} = 303.5 \text{(mm)}$$

$$i_y = \sqrt{\frac{I_y}{A}} = \sqrt{\frac{5.5468 \times 10^8}{29800}} = 136.4 \text{(mm)}$$

$$W_x = \frac{I_x}{h/2} = \frac{2.7443 \times 10^9}{690/2} = 7.9545 \times 10^6 \text{(mm}^3)$$

$$\lambda_x = \frac{l_{0x}}{i_x} = \frac{12000}{303.5} = 39.5 < [\lambda] = 150$$

$$\lambda_y = \frac{l_{0y}}{i_y} = \frac{6000}{136.4} = 44.0 < [\lambda] = 150$$

查附表 6-2 得 $\varphi_x = 0.901$，$\varphi_y = 0.882$。

（4）强度验算

$$\frac{N}{A_n} + \frac{M_x}{\gamma_x W_{nx}} = \frac{2500 \times 10^3}{29800} + \frac{1000 \times 10^6}{1.05 \times 7.9545 \times 10^6}$$
$$= 203.6(\text{N/mm}^2) < 215(\text{N/mm}^2)$$

故强度满足要求。

（5）弯矩作用平面内的稳定性验算

$$N_{Ex} = \frac{\pi^2 E I_x}{l_{0x}^2} = \frac{\pi^2 \times 2.06 \times 10^5 \times 2.7443 \times 10^9}{12000^2} = 38747(\text{kN})$$

$$\frac{N}{N_{Ex}} = \frac{2500}{38747} = 0.065$$

$$\beta_{mx} = 1.0 - 0.2 \frac{N}{N_{Ex}} = 0.987$$

$$\frac{N}{\varphi_x A} + \frac{\beta_{mx} M_x}{\gamma_x W_x (1 - 0.8 N/N_{Ex})} = \frac{2500 \times 10^3}{0.901 \times 29800} + \frac{0.987 \times 1000 \times 10^6}{1.05 \times 7.9545 \times 10^6 \times (1 - 0.8 \times 0.065)}$$
$$= 217.8(\text{N/mm}^2) > 215 \text{ N/mm}^2$$

因两数值相差不大，可看作其弯矩作用平面内的稳定性满足要求。

（6）弯矩作用平面外的稳定性验算

$$\varphi_b = 1.07 - \frac{\lambda_y^2}{44000} = 1.07 - \frac{44^2}{44000} = 1.03 > 1.0$$

取 $\varphi_b = 1.0$，$\beta_{tx} = 1.0$，则：

$$\frac{N}{\varphi_y A} + \frac{\beta_{tx} M_x}{\varphi_b W_{1x}} = \frac{2500 \times 10^3}{0.882 \times 29800} + \frac{1000 \times 10^6}{7.9545 \times 10^6} = 220.8(\text{N/mm}^2) > 215 \text{ N/mm}^2$$

因两数据相差不大，可近似看作其弯矩作用平面外的稳定满足要求。

（7）局部稳定性验算

翼缘：

$$\frac{b}{t} = \frac{270}{20} = 13.5 < 15$$

故翼缘局部稳定性满足要求。

腹板：

$$\sigma_{max} = \frac{N}{A} + \frac{M}{W_x} \cdot \frac{h_0}{h} = \frac{2500 \times 10^3}{29800} + \frac{1000 \times 10^6}{7.9545 \times 10^6} \times \frac{650}{690} = 202.3(\text{N/mm}^2)$$

$$\sigma_{min} = \frac{N}{A} - \frac{M}{W_x} \cdot \frac{h_0}{h} = -34.5(\text{N/mm}^2)$$

$$\alpha_0 = \frac{\sigma_{max} - \sigma_{min}}{\sigma_{max}} = \frac{202.3 + 34.5}{202.3} = 1.17 < 1.6$$

$$(16\alpha_0 + 0.5\lambda + 25)\sqrt{\frac{235}{f_y}} = 16 \times 1.17 + 0.5 \times 39.5 + 25 = 63.47 > \frac{h_0}{t_w} = \frac{650}{12} = 54.2$$

故腹板的局部稳定性满足要求。

（8）刚度验算

$$\lambda_{max} = 44.0 < [\lambda] = 150$$

故刚度满足要求。

【例 5-3】 图 5-38 所示为一厂房柱的下柱截面,柱的计算长度为 $l_{0x}=25.6$ m,$l_{0y}=25.6$ m,缀条倾角 $\alpha=45°$,有横缀条。最不利内力组合设计值为:$N=3000$ kN,$M_x=\pm 2800$ kN·m。钢材为 16Mn,试验算此柱截面是否安全。

【解】 (1) 截面几何特性值计算

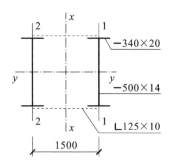

图 5-38 厂房柱的下柱截面

$$A_1=A_2=2\times 340\times 20+500\times 14=20600(\text{mm}^2)$$

$$I_{y1}=I_{y2}=\frac{1}{12}\times(340\times 540^3-326\times 500^3)=1.0656\times 10^9(\text{mm}^4)$$

$$I_{x1}=I_{x2}=\frac{1}{12}\times(2\times 20\times 340^3+500\times 14^3)=1.3113\times 10^8(\text{mm}^4)$$

$$i_{y1}=i_{y2}=\sqrt{\frac{I_{y1}}{A_1}}=\sqrt{\frac{1.0656\times 10^9}{20600}}=227.4(\text{mm})$$

$$i_{x1}=i_{x2}=\sqrt{\frac{I_{x1}}{A_1}}=\sqrt{\frac{1.3113\times 10^8}{20600}}=79.8(\text{mm})$$

柱截面面积为:

$$A=2A_1=2\times 20600=41200(\text{mm}^2)$$

惯性矩为:

$$I_x=2\times(1.3113\times 10^8+20600\times 750^2)=2.3437\times 10^{10}(\text{mm}^4)$$

缀条为∟125×10,$A_{1x}=24.4$ cm^2,$i_{\min}=2.48$ cm,则:

$$i_x=\sqrt{\frac{I_x}{A}}=\sqrt{\frac{2.3437\times 10^{10}}{41200}}=754.2(\text{mm})$$

$$W_{nx}=\frac{I_x}{h/2}=\frac{2.3437\times 10^{10}}{1500/2}=3.1249\times 10^7(\text{mm}^3)$$

(2) 强度验算

$$\frac{N}{A_n}+\frac{M_x}{\gamma_x W_{nx}}=\frac{3000\times 10^3}{20600}+\frac{2800\times 10^6}{1.0\times 3.1249\times 10^7}=235.2(\text{N/mm}^2)<315\text{ N/mm}^2$$

故强度满足要求。

(3) 整体稳定性验算

$$\lambda_x=\frac{l_{0x}}{i_x}=\frac{25.6\times 10^3}{754.2}=33.9(\text{mm})<150\text{ mm}$$

故其刚度满足要求。

$$\lambda_{0x}=\sqrt{\lambda_{1x}^2+\frac{27A}{A_{1x}}}=\sqrt{33.9^2+\frac{27\times 41200}{24.4\times 10^2}}=40.1$$

查附表 6-2,得 $\varphi_x=0.8986$,则:

$$N_{Ex}=\frac{\pi^2 EA}{\lambda_{0x}^2}=\frac{\pi^2\times 2.06\times 10^5\times 41200}{40.1^2}=52092.5(\text{kN})$$

由 $\beta_{mx}=1.0$,得:

$$\frac{N}{\varphi_x A}+\frac{\beta_{mx}M_x}{W_{1x}(1-\varphi_x N/N_{Ex})}=\frac{3000\times 10^3}{0.8986\times 41200}+\frac{2800\times 10^6}{3.1249\times 10^7\times(1-0.8986\times 3000/52092.5)}$$

$$=81.0+94.5=175.5(\text{N/mm}^2)<315\text{ N/mm}^2$$

故弯矩作用平面内的整体稳定性满足要求。

(4) 单肢稳定性计算

$$e=\frac{M_x}{N}=\frac{2800}{3000}=0.933(\text{m})$$

$$N_1=\frac{y_1+e}{c}N=\frac{750+0.933\times 10^3}{1500}\times 3000=3366.7(\text{kN})$$

$$N_2=N-N_1=3000-3366.7=-366.7(\text{kN})$$

由于 N_2 小于 0,故为拉力。

受压分肢在弯矩作用平面内的长细比为：

$$\lambda_{1x}=\frac{1500}{79.8}=18.8$$

受压分肢在弯矩作用平面外的长细比为：

$$\lambda_{1y}=\frac{16.8\times1000}{227.4}=73.9$$

查附表 6-2，得 $\varphi_{1x}=0.9398$，$\varphi_{1y}=0.7266$，则：

$$\frac{N_1}{\varphi_{\min}A}=\frac{3366.7\times10^3}{0.7266\times20600}=224.9(\text{N/mm}^2)<f=315\ \text{N/mm}^2$$

故单肢稳定性满足要求。

（5）缀条稳定性验算

缀条所受剪力为：

$$V=\frac{Af}{85}\sqrt{\frac{f_y}{235}}=\frac{41200\times315}{85}\times\sqrt{\frac{345}{235}}=184.996(\text{kN})$$

一个斜缀条受力为：

$$N_t=\frac{V_1}{2\cos\alpha}=\frac{184.996\times10^3}{2\times\cos45°}=130.8(\text{kN})$$

斜缀条的长细比为：

$$\lambda=\frac{1500}{\cos45°\times24.8}=85.5<150$$

查附表 6-2，得 $\varphi=0.6515$。单角钢连接的设计强度折减系数为：

$$\gamma_R=0.6+0.0015\lambda=0.6+0.0015\times85.5=0.728<1.0$$

则

$$\frac{N_t}{\varphi A\gamma_R}=\frac{130.8\times10^3}{0.6515\times24.4\times10^2\times0.728}=113.0(\text{N/mm}^2)<f=315\ \text{N/mm}^2$$

综上，该柱能满足要求。

【例 5-4】 试设计一单向压弯构件双肢缀板柱，柱的计算长度 $l_{0x}=12$ m，$l_{0y}=6$ m，内力设计值 $N=2000$ kN，$M_x=\pm1600$ kN·m，钢材为 Q235。

【解】 （1）截面选择

假设 $\lambda_y=60$，由附表 6-2 查得 $\varphi_y=0.807$，查附表 6-5 得 $\alpha_1=0.5$，$\alpha_2=0.4$，则：

$$b=\frac{i_y}{\alpha_2}=\frac{100}{0.40}=250(\text{mm})$$

$$\frac{A}{W_{1y}}=\frac{b}{2i_y^2}=\frac{250}{2\times100^2}=0.0125(\text{mm}^{-1})$$

取 $\dfrac{\beta_{mx}}{\gamma_y(1-0.8N/N_{Ey})}=1.0$，则：

$$A=\frac{N}{f}\left(\frac{1}{\varphi_y}+\frac{M_x}{N}\cdot\frac{A}{W_{1y}}\right)=\frac{2500\times10^3}{215}\times\left(\frac{1}{0.807}+\frac{1600\times10^6}{2000\times10^3}\times0.0125\right)=104550(\text{mm}^2)$$

根据 i_y、A 选用 2 工 50c 做主肢，由型钢表查得：

$$A=2\times139=278(\text{cm}^2),\quad i_y=19.0\ \text{cm},\quad I_1=1220\ \text{cm}^4,\quad i_1=2.96\ \text{cm}$$

两肢距离（对虚轴计算）为：

$$\lambda_y=\frac{l_{0y}}{i_y}=\frac{6000}{190}=31.6$$

选用 $\lambda_1=15$，小于 $0.5\lambda_y=0.5\times31.6=15.8$，且小于 40。按等稳定条件，得：

$$\lambda_{xr}=\sqrt{\lambda_y^2-\lambda_1^2}=\sqrt{31.6^2-15^2}=27.8$$

$$i_{xr} = \frac{l_{0x}}{\lambda_{xr}} = \frac{12000}{27.8} = 431 (\text{mm})$$

$$b_r = \frac{i_{xr}}{\alpha_1} = \frac{431}{0.50} = 862 (\text{mm})$$

取 $b_r = 900$ mm。

（2）截面稳定性验算

$$I_x = 2 \times \left[1220 + 139 \times \left(\frac{90}{2} \right)^2 \right] = 5.6539 \times 10^5 (\text{cm}^4)$$

$$i_x = \sqrt{\frac{I_x}{A}} = \sqrt{\frac{5.6539 \times 10^5}{278}} = 45.1 (\text{cm})$$

$$\lambda_x = \frac{l_{0x}}{i_x} = \frac{12000}{45.1} = 26.6$$

$$\lambda_{0x} = \sqrt{\lambda_x^2 + \lambda_1^2} = \sqrt{26.6^2 + 15^2} = 30.5$$

查表得 $\varphi_x = 0.934$，则：

$$N_{Ex} = \frac{\pi^2 EA}{\lambda_{0x}^2} = \frac{\pi^2 \times 2.06 \times 10^5 \times 278 \times 10^2}{30.5^2} = 60759 (\text{kN})$$

$$W_x = \frac{I_x}{y_1} = \frac{5.6539 \times 10^5}{90.0/2} = 12564.2 (\text{cm}^3)$$

$$\frac{N}{N_{Ex}} = \frac{2000}{60759} = 0.0329$$

$$\frac{N}{\varphi_x A} + \frac{\beta_{mx} M_x}{W_{1x}(1 - \varphi_x N/N_{Ex})} = \frac{2000 \times 10^3}{0.934 \times 278 \times 10^2} + \frac{1600 \times 10^6}{12564.2 \times 10^3 \times (1 - 0.934 \times 0.0329)}$$
$$= 208.4 (\text{N/mm}^2) < 215 \text{ N/mm}^2$$

按 $\lambda_1 = 15$ 布置缀板，即 $l_{01} = \lambda_1 i_1 = 15 \times 2.96 = 44.4$ (cm)，取 $l_{01} = 50$ cm。

① 缀板稳定性验算。

缀板宽：

$$d \geqslant \frac{2}{3} b_1 = \frac{2}{3} \times 90 = 60 (\text{cm})$$

缀板厚：

$$t \geqslant \frac{1}{40} b_1 = \frac{1}{40} \times 90 = 2.25 (\text{cm})$$

取 $t = 2.5$ cm。

缀板轴线间距离为：

$$l_1 = l_{01} + d = 50 + 60 = 110 (\text{cm})$$

$$2 \frac{I_b/b_1}{I_1/b_1} = 2 \times \frac{2.5 \times 60^3/(12 \times 90)}{1120/110} = 98.276$$

故缀板的稳定性满足要求。

② 连接焊缝稳定性验算。

$$V_1 = \frac{V}{2} = \frac{1}{2} \frac{Af}{85} \sqrt{\frac{f_y}{235}} = \frac{1}{2} \times \frac{278 \times 10^2 \times 215}{85} = 35159 (\text{N})$$

$$T_1 = \frac{V_1 l_1}{b_1} = \frac{35159 \times 110}{90} = 42972.1 (\text{N})$$

$$M = \frac{T_1 l_1}{2} = \frac{36788.9 \times 110}{2} = 2363465.5 (\text{N} \cdot \text{cm})$$

采用三面围焊时 $h_f = 8$ mm，计算时偏于安全只考虑竖焊缝受力，则：

$$A' = 0.7 \times 8 \times 60^2 = 33.6 (\text{cm}^2)$$

$$W_f = \frac{1}{6} \times 0.7 \times 0.8 \times 60^2 = 336(\text{cm}^3)$$

在剪力 T 和弯矩 M 的共同作用下，焊缝合应力为：

$$\sqrt{\left(\frac{\sigma_f}{\beta_f}\right)^2 + \tau_f^2} = \sqrt{\left(\frac{2023389 \times 10}{1.22 \times 33.6 \times 10^2}\right)^2 + \left(\frac{36788.9}{33.6 \times 10^2}\right)^2} = 50.6(\text{N/mm}^2) < f_f^w = 160 \text{ N/mm}^2$$

故连接焊缝的稳定性满足要求。

（3）分肢稳定性验算

分肢稳定性验算时，考虑由剪力作用引起的局部弯矩，在弯矩作用平面内按实腹式压弯构件计算其稳定性。

$$e = \frac{M_x}{N} = \frac{1600}{2000} = 0.8(\text{m})$$

$$N_1 = \frac{y_1 + e}{c}N = \frac{45 + 80}{90} \times 2000 = 2777.8(\text{kN})$$

$$N_2 = N - N_1 = 2000 - 2777.8 = -777.8(\text{kN})$$

由于 N_2 小于 0，故为拉力。

$$M_1 = 2\frac{V_1}{2}\frac{l_1}{2} = 2 \times \frac{30.1}{2} \times \frac{1.1}{2} = 16.555(\text{kN} \cdot \text{m})$$

① 分肢在弯矩作用平面内的稳定性验算。

分肢在弯矩作用平面内的长细比为：

$$\lambda_{1x} = \frac{50}{2.96} = 16.9$$

由 λ_{1x} 查表得 $\varphi_1 = 0.978$（b 类）。

$$N_{E1} = \frac{\pi^2 EA_1}{\lambda_1^2} = \frac{3.14^2 \times 206 \times 10^3 \times 139 \times 10^2}{16.9^2} \times 10^{-3} = 98948(\text{kN})$$

$$\gamma_1 = 1.20, \quad \beta_{m1} = 1.0$$

等效弯矩系数取有侧移时的等效弯矩系数，则：

$$\frac{N_1}{\varphi_1 A_1} + \frac{\beta_{m1} M_1}{\gamma_1 W_1\left(1 - 0.8\dfrac{N}{N_{E1}}\right)} = \frac{2777.8 \times 10^3}{0.978 \times 139 \times 10^2} + \frac{1.0 \times 16.555 \times 10^6}{1.2 \times 151 \times 10^3 \times \left(1 - 0.8 \times \dfrac{2777.8}{98948}\right)}$$

$$= 204 + 93.5 = 297.5(\text{kN/mm}^2) > 215 \text{ kN/mm}^2$$

所以分肢在弯矩作用平面内的稳定性不满足要求。

② 分肢在弯矩作用平面外的稳定性验算。

分肢在弯矩作用平面外的长细比为：

$$\lambda_{y1} = \frac{600}{19.0} = 31.6$$

查表求得 $\varphi_{1y} = 0.960$（a 类），等效弯矩系数 $\beta_{t1} = 0.85$，考虑构件段内有端弯矩和横向荷载同时作用，产生反向曲率，则：

$$\varphi_b = 1.07 - \frac{\lambda_{y1}^2}{44000} = 1.048 > 1.0$$

取 $\varphi_b = 1.0$。

$$\frac{N_1}{\varphi_{y1} A_1} + \frac{\beta_{t1} M_1}{\varphi_b W_1} = \frac{2777.8 \times 10^3}{0.960 \times 139 \times 10^2} + \frac{0.85 \times 16.555 \times 10^6}{1.0 \times 151 \times 10^3}$$

$$= 208.2 + 93.2 = 301.4(\text{N/mm}^2) > 215 \text{ N/mm}^2$$

所以分肢在弯矩作用平面外的稳定性不满足要求。

故该柱采用 2 I 50c 做主肢的缀板格构式柱的分肢稳定性不满足要求，需重新选择截面或改用 Q345 钢材再进行上述计算，直到满足要求为止。

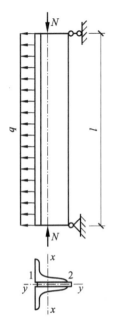

图 5-39 天窗架侧腿 T 形截面

【**例 5-5**】 图 5-39 所示天窗架侧腿为由 $2 \llcorner 100 \times 80 \times 6$ 长肢相连组成的 T 形截面,高度为 l,两端铰接,N 和 q 为荷载设计值,W_{1x}、W_{2x} 分别为截面上 1 点、2 点的抵抗矩,钢材为 Q235BF 钢。

① 当 q 作用方向如图 5-39 所示时,写出弯矩作用平面内稳定性验算公式和弯矩作用平面外稳定性验算公式。

② 当 q 作用方向与图 5-39 所示方向相反时,写出相应的验算公式。

【**解**】 ① q 作用方向如图 5-39 所示时。

弯矩作用平面内稳定性验算公式为:

$$\frac{N}{\varphi_x A} + \frac{\beta_{mx} M_x}{\gamma_{x2} W_{2x}(1-0.8N/N_{Ex})} \leqslant f, \quad M_x = \frac{ql^2}{8}$$

弯矩作用平面外稳定性验算公式为:

$$\frac{N}{\varphi_y A} + \frac{\beta_{tx} M_x}{\varphi_b W_{2x}} \leqslant f$$

② q 作用方向与图 5-39 所示方向相反时。

弯矩作用平面内稳定性验算公式为:

$$\frac{N}{\varphi_x A} + \frac{\beta_{mx} M_x}{\gamma_{x1} W_{1x}(1-0.8N/N_{Ex})} \leqslant f$$

$$\left| \frac{N}{A} - \frac{\beta_{mx} M_x}{\gamma_{x2} W_{2x}(1-1.25N/N_{Ex})} \right| \leqslant f$$

弯矩作用平面外稳定性验算公式为:

$$\frac{N}{\varphi_y A} + \frac{\beta_{tx} M_x}{\varphi_b W_{1x}} \leqslant f$$

【**例 5-6**】 验算图 5-40 所示压弯构件在弯矩作用平面内的稳定性,钢材为 Q235B 钢,$f = 215 \text{ N/mm}^2$。已知轴向压力设计值 $N = 40 \text{ kN}$,横向均布荷载设计值(包括自重)$q = 1.8 \text{ kN/m}$。截面几何特性:$A = 20 \text{ cm}^2$,$y_1 = 4.4 \text{ cm}$,$I_x = 346.8 \text{ cm}^4$ [提示:受压区的 $\sigma = \dfrac{N}{\varphi_x A} + \dfrac{\beta_{mx} M_x}{\gamma_{x1} W_{1x}(1-0.8N/N'_{Ex})}$,$\gamma_{x1} = 1.05$;受拉区的 $\sigma = \left| \dfrac{N}{A} - \dfrac{\beta_{mx} M_x}{\gamma_{x2} W_{2x}(1-1.25N/N'_{Ex})} \right|$,$\gamma_{x2} = 1.2$。其中,$N'_{Ex} = \dfrac{\pi^2 EA}{1.1\lambda_x^2}$]。整体稳定系数见表 5-2。

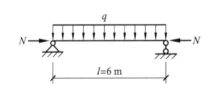

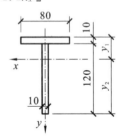

图 5-40 压弯构件

表 5-2   整体稳定系数

λ	110	115	120	125	130	135	140	145	150
φ	0.493	0.464	0.437	0.411	0.387	0.365	0.345	0.326	0.308

【**解**】 截面的最大弯矩为:

$$M = \frac{ql^2}{8} = \frac{1.8 \times 36}{8} = 8.1(\text{kN} \cdot \text{m})$$

等效弯矩系数为:

$$\beta_{mx} = 1.0$$

截面几何特性值为 $A=20\ \mathrm{cm^2}$, $I_x=346.8\ \mathrm{cm^4}$, $i_x=\sqrt{\dfrac{I_x}{A}}=4.16\ \mathrm{cm}$, 则：

$$W_{1x}=\frac{I_x}{y_1}=78.82\ \mathrm{cm^3}$$

长细比为：

$$\lambda_x=\frac{l_x}{i_x}=144.3$$

查表知 $\varphi_x=0.468$。

$$N'_{\mathrm{Ex}}=\frac{\pi^2 E}{1.1\lambda_x^2}A=\frac{3.14^2\times206\times10^3}{1.1\times144.3^2}\times20\times10^2=177.5(\mathrm{kN})$$

验算弯矩作用平面内的稳定性：

$$\sigma=\frac{N}{\varphi_x A}+\frac{\beta_{\mathrm{m}x}M}{\gamma_{x1}W_{1x}(1-0.8N/N'_{\mathrm{Ex}})}=\frac{40\times10^3}{0.468\times20\times10^2}+\frac{1.0\times8.1\times10^6}{1.05\times78.82\times10^3\times(1-0.8\times40/177.5)}$$

$$=42.74+119.36=162.1(\mathrm{N/mm^2})<f=215\ \mathrm{N/mm^2}$$

截面形式为 T 形单轴对称截面，故需进行受拉一侧稳定性的补充计算：

$$W_{2x}=\frac{I_x}{y_2}=\frac{346.8}{7.6}=32.47(\mathrm{cm^3})$$

$$\gamma_x=1.2$$

$$\sigma=\left|\frac{N}{A}-\frac{\beta_{\mathrm{m}x}M_x}{\gamma_x W_{2x}(1-1.25N/N'_{\mathrm{Ex}})}\right|=\left|\frac{40\times10^3}{20\times10^2}-\frac{1.0\times8.1\times10^6}{1.2\times32.47\times10^3\times\left(1-1.25\times\dfrac{40}{177.5}\right)}\right|$$

$$=|20-288.7|=268.7(\mathrm{N/mm^2})>f=215\ \mathrm{N/mm^2}$$

故压弯构件的稳定性不符合要求。

【例 5-7】　某偏心受压柱的截面尺寸如图 5-41 所示，钢材为 Q235 钢，轴向偏心位于工字形截面钢柱的腹板平面内，轴向荷载 $N=500\ \mathrm{kN}$，偏心距 $e=400\ \mathrm{mm}$，已知绕强轴的长细比 $\lambda_x=80$，绕弱轴的长细比 $\lambda_y=100$。请验算该柱的翼缘和腹板的局部稳定性是否能够满足要求$\left[\text{提示：}0\leqslant\alpha_0\leqslant1.6\ \text{时，}\dfrac{h_0}{t_{\mathrm{w}}}\leqslant(16\alpha_0+0.5\lambda+25)\sqrt{\dfrac{235}{f_{\mathrm{y}}}};1.6<\alpha_0\leqslant2.0\ \text{时，}\dfrac{h_0}{t_{\mathrm{w}}}\leqslant(48\alpha_0+0.5\lambda-26.2)\sqrt{\dfrac{235}{f_{\mathrm{y}}}}\right]$。

【解】　（1）截面几何特性值计算

$$A=22\times1\times2+60\times0.8=92(\mathrm{cm^2})$$

$$I_x=22\times1\times30.5^2\times2+\frac{1}{12}\times0.8\times60^3=55331(\mathrm{cm^4})$$

由 $N=500\ \mathrm{kN}$, $e=400\ \mathrm{mm}$, 得：

$$M=Ne=500\times0.4=200(\mathrm{kN\cdot m})$$

（2）翼缘稳定性验算

λ 取 λ_x 与 λ_y 中的较大值，即取 $\lambda=100$。

翼缘宽厚比的容许值为：

$$\frac{b_1}{t}=12.46\sqrt{\frac{235}{f_{\mathrm{y}}}}=12.46\times\sqrt{\frac{235}{235}}=12.46$$

翼缘的实际宽厚比为：

$$\frac{106}{10}=10.6<12.46$$

故翼缘稳定性满足要求。

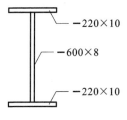

图 5-41　某偏心受压柱
的截面尺寸

（图注）-220×10
-600×8
-220×10

（3）腹板稳定性验算

腹板边缘的应力值计算如下。

腹板上边缘：

$$\sigma_{max}=\frac{N}{A}+\frac{M}{I_x}\frac{h_0}{2}=\frac{500\times10^3}{92\times10^2}+\frac{200\times10^6\times300}{55331\times10^4}$$
$$=54.35+108.44=162.79(\text{N/mm}^2)$$

腹板下边缘：

$$\sigma_{min}=54.35-108.44=-54.09(\text{N/mm}^2)$$

应力梯度为：

$$\alpha_0=\frac{\sigma_{max}-\sigma_{min}}{\sigma_{max}}=\frac{162.79+54.09}{162.79}=1.33$$

腹板高厚比允许值为：

$$\frac{h_0}{t_w}=(16\alpha_0+0.5\lambda+25)\sqrt{\frac{235}{f_y}}=(16\times1.33+0.5\times100+25)\times\sqrt{\frac{235}{235}}=96.28$$

腹板的实际腹板高厚比为：

$$\frac{h_0}{t_w}=\frac{600}{8}=75<96.28$$

故腹板稳定性满足要求。

【例5-8】 验算图5-42所示双轴对称工字形截面压弯杆件在弯矩作用平面外的稳定性。已知：钢材为 Q235B 钢，$f=215$ N/mm²；荷载设计值 $N=350$ kN，$q=6.5$ kN/m；$l_{0y}=l_{0x}=6$ m，$A=5580$ mm²，$I_x=6.656\times10^7$ mm⁴，$i_x=52.6$ mm，$i_y=52.6$ mm；弯矩作用平面外稳定性验算的截面影响系数 $\eta=1.0$，等效弯矩系数 $\beta_{tx}=1.0$，整体稳定系数 $\varphi_b=1.07-\frac{\lambda_y^2}{44000}\cdot\frac{f_y}{235}$，可由附表6-2查得。

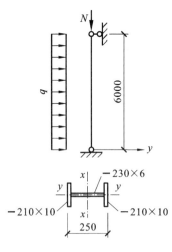

**图5-42 双轴对称工字形
截面压弯杆件**

【解】 截面几何特性由题可知：

$$W_x=I_x\frac{h}{2}=532.48\text{ cm}^3$$

荷载 $N=350$ kN，$q=6.5$ kN/m，则截面最大弯矩值为：

$$M=\frac{1}{8}ql^2=\frac{1}{8}\times6.5\times36=29.25(\text{kN}\cdot\text{m})$$

长细比为：

$$\lambda_y=\frac{l_y}{i_x}=\frac{6000}{52.6}=114.1$$

由附表6-2插值求得：

$$\varphi_y=0.469,\quad\varphi_b=1.07-\frac{114.1^2}{44000}\times\frac{235}{235}=0.799$$

弯矩作用平面外稳定性验算：

$$\frac{N}{\varphi_yA}+\frac{\beta_{tx}M_x}{\varphi_bW_x}=\frac{350\times10^3}{0.469\times5580}+\frac{29.25\times10^6}{0.799\times532480}=133.74+68.75$$
$$=202.49(\text{N/mm}^2)<215\text{ N/mm}^2$$

因此，杆件弯矩作用平面外稳定性符合要求。

【例5-9】 一压弯构件长15 m，两端在截面两主轴方向均为铰接，承受轴心压力 $N=1000$ kN，中央截面作用有集中力 $F=150$ kN。构件三分点处有两个平面外支承点（图5-43）。钢材强度设计值为310 N/mm²。试设计截面尺寸（按工字形截面考虑）。

【解】 选定截面如图5-44所示。

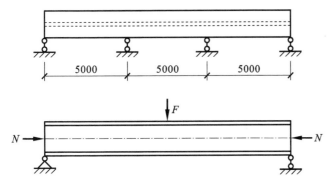

图 5-43　压弯构件

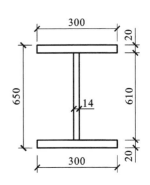

图 5-44　工字形截面尺寸

下面进行截面强度和稳定性验算。

（1）截面几何特性值计算

$$A = 300 \times 20 \times 2 + (650 - 20 \times 2) \times 14 = 20540 (\mathrm{mm}^2)$$

$$I_x = \frac{1}{12} \times 300 \times 650^3 - \frac{1}{12} \times 286 \times 610^3 = 1.45 \times 10^9 (\mathrm{mm}^4)$$

$$W_x = \frac{I_x}{325} = 4.48 \times 10^6 \ \mathrm{mm}^3$$

$$I_y = 2 \times \frac{1}{12} \times 20 \times 300^3 + \frac{1}{12} \times 610 \times 14^3 = 9.01 \times 10^7 (\mathrm{mm}^4)$$

$$W_y = \frac{I_y}{150} = 6.01 \times 10^5 \ \mathrm{mm}^3$$

$$i_x = \sqrt{\frac{I_x}{A}} = 266.2 \ \mathrm{mm}, \quad i_y = \sqrt{\frac{I_y}{A}} = 66.2 \ \mathrm{mm}$$

（2）截面强度验算

$$\sigma = \frac{N}{A} + \frac{M_x}{W} = \frac{1000 \times 10^3}{20540} + \frac{\frac{1}{4} \times 150 \times 15 \times 10^6}{4.48 \times 10^6}$$

$$= 172.3 (\mathrm{N/mm}^2) < f = 310 \ \mathrm{N/mm}^2$$

故截面强度满足要求。

（3）截面在弯矩作用平面内的稳定性验算

由长细比 $\lambda_x = \dfrac{15000}{266.2} = 56.3$，按 b 类构件查附表 6-2，得：

$$\lambda_x \sqrt{\frac{f_y}{235}} = 56.3 \times \sqrt{\frac{345}{235}} = 68.2$$

查表得 $\varphi_x = 0.761$。

$$N'_{\mathrm{Ex}} = \frac{\pi^2 EA}{1.1 \lambda_x^2} = \frac{\pi^2 \times 2.06 \times 10^5 \times 20540}{1.1 \times 56.3^2} = 1.20 \times 10^7 (\mathrm{N})$$

截面在弯矩作用平面内无端弯矩但有一个跨中集中荷载作用，则：

$$\beta_{\mathrm{mx}} = 1.0 - 0.2 \frac{N}{N_{\mathrm{Ex}}} = 1.0 - 0.2 \times \frac{1000 \times 10^3}{1.20 \times 10^7 \times 1.1} = 0.98$$

取截面塑性发展系数 $\gamma_x = 1.05$，故有：

$$\frac{N}{\varphi_x A} + \frac{\beta_{\mathrm{mx}} M_x}{\gamma_x W_{1x} \left(1 - 0.8 \dfrac{N}{N'_{\mathrm{Ex}}}\right)} = \frac{1000 \times 10^3}{0.761 \times 20540} + \frac{0.98 \times 562.5 \times 10^6}{1.05 \times 4.48 \times 10^6 \times \left(1 - 0.8 \times \dfrac{1000 \times 10^3}{1.20 \times 10^7}\right)}$$

$$= 189.54 (\mathrm{N/mm}^2) < f = 310 \ \mathrm{N/mm}^2$$

故截面在弯矩作用平面内的稳定性满足要求。

（4）截面在弯矩作用平面外的稳定性验算

由长细比 $\lambda_y = \dfrac{5000}{66.2} = 75.5$，按 b 类构件查附表 6-2，得：

$$\lambda_y\sqrt{\dfrac{f_y}{235}} = 75.5 \times \sqrt{\dfrac{345}{235}} = 91.5$$

查表得 $\varphi_y = 0.611$。

对于弯矩作用平面外侧向支撑区段，构件段有端弯矩作用，也有横向荷载作用，且端弯矩产生同向曲率，故取 $\beta_{tx} = 1.0$。

弯矩整体稳定系数近似取为：

$$\varphi_b = 1.07 - \dfrac{\lambda_y^2}{44000} \cdot \dfrac{f_y}{235} = 1.07 - \dfrac{75.5^2}{44000} \times \dfrac{345}{235} = 0.88$$

截面影响系数取为 $\eta = 1.0$，则：

$$\dfrac{N}{\varphi_y A} + \eta\dfrac{\beta_{tx}M_x}{\varphi_b W_{1x}} = \dfrac{1000\times10^3}{0.611\times20540} + 1.0\times\dfrac{1.0\times562.5\times10^6}{4.48\times10^6\times0.88}$$
$$= 222.4(\text{N/mm}^2) < f = 310\ \text{N/mm}^2$$

故截面在弯矩作用平面外的稳定性满足要求。

（5）截面局部稳定性验算

① 翼缘局部稳定性验算。

$$\dfrac{b}{t} = \dfrac{150-7}{20} = 7.15 < 13\sqrt{\dfrac{235}{f_y}} = 10.7$$

以上计算式中已考虑了有限塑性发展，故截面的局部稳定性满足要求。

② 腹板局部稳定性验算。

腹板的最大压应力为：

$$\sigma_{\max} = \dfrac{N}{A} + \dfrac{M}{W_x}\dfrac{h_0}{h} = \dfrac{1000\times10^3}{20540} + \dfrac{562.5\times10^6}{4.48\times10^6}\times\dfrac{610}{650} = 166.6(\text{N/mm}^2)$$

腹板的最小压应力为：

$$\sigma_{\min} = \dfrac{N}{A} - \dfrac{M}{W_x}\dfrac{h_0}{h} = \dfrac{1000\times10^3}{20540} - \dfrac{562.5\times10^6}{4.48\times10^6}\times\dfrac{610}{650} = -69.2(\text{N/mm}^2)$$

系数 α_0 为：

$$\alpha_0 = \dfrac{\sigma_{\max} - \sigma_{\min}}{\sigma_{\max}} = \dfrac{166.6+69.2}{166.6} = 1.42$$

$$\dfrac{h_w}{t_w} = \dfrac{610}{14} = 43.6 < (16\alpha_0 + 0.5\lambda + 25)\sqrt{\dfrac{235}{f_y}} = (16\times1.42 + 0.5\times56.3 + 25)\sqrt{\dfrac{235}{345}} = 62.6$$

故腹板的局部稳定性满足要求。

由以上验算可知，该截面满足要求。

【例 5-10】 一压弯构件的受力情况及尺寸如图 5-45 所示（平面内为两端铰支支承）。设材料为 Q235 钢（$f_y = 235\ \text{N/mm}^2$），验算其截面强度和弯矩作用平面内的稳定性。

【解】 （1）截面几何特性值计算

$$A = 300\times12\times2 + 376\times10 = 10960(\text{mm}^2)$$

$$I_x = \dfrac{1}{12}\times300\times400^3 - \dfrac{1}{12}\times290\times376^3 = 3.15\times10^8(\text{mm}^4)$$

$$W_x = \dfrac{I_x}{200} = 1.58\times10^6\ \text{mm}^3, \quad i_x = \sqrt{\dfrac{I_x}{A}} = 169.6\ \text{mm}$$

（2）截面强度验算

$$\sigma = \dfrac{N}{A} + \dfrac{M_x}{W} = \dfrac{800\times10^3}{10960} + \dfrac{120\times10^6}{1.58\times10^6} = 148.9(\text{N/mm}^2) < f = 215\ \text{N/mm}^2$$

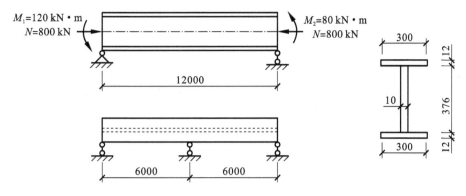

图 5-45 压弯构件的受力情况及尺寸

故截面强度满足要求。

（3）截面在弯矩作用平面内的稳定性验算

由长细比 $\lambda_x = \dfrac{12000}{169.6} = 70.8$，按 b 类构件查附表 6-2，得 $\varphi_x = 0.746$。

$$N'_{Ex} = \frac{\pi^2 EA}{1.1\lambda_x^2} = \frac{\pi^2 \times 2.06 \times 10^5 \times 10960}{1.1 \times 70.8^2} = 4.04 \times 10^6 (\text{N})$$

弯矩作用平面内构件段无横向荷载作用，有端弯矩作用且端弯矩产生反向曲率，取：

$$\beta_{mx} = 0.65 + 0.35\frac{M_2}{M_1} = 0.65 + 0.35 \times \frac{-80}{120} = 0.417$$

取截面塑性发展系数 $\gamma_x = 1.05$，则：

$$\frac{N}{\varphi_x A} + \frac{\beta_{mx}M_x}{\gamma_x W_{1x}\left(1 - 0.8\dfrac{N}{N'_{Ex}}\right)} = \frac{800 \times 10^3}{0.746 \times 10960} + \frac{0.417 \times 120 \times 10^6}{1.05 \times 1.58 \times 10^6 \times \left(1 - 0.8 \times \dfrac{800 \times 10^3}{4.04 \times 10^6}\right)}$$

$$= 133.6(\text{N/mm}^2) < f = 215 \text{ N/mm}^2$$

故截面在弯矩作用平面内的稳定性满足要求。

由以上验算可知，该截面的强度和弯矩作用平面内的稳定性均可得到满足。

【例 5-11】 图 5-46 所示拉弯构件承受的荷载设计值为：轴向拉力 800 kN，横向均布荷载 7 kN/m。截面无削弱，材料为 Q235 钢。试选择其截面。

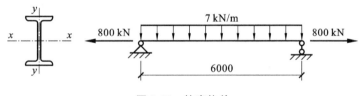

图 5-46 拉弯构件

【解】 试采用普通工字钢工 28a，截面面积 $A = 55.37 \text{ cm}^2$，自重为 0.43 kN/m，$W_x = 508 \text{ cm}^3$，$i_x = 11.34 \text{ cm}$，$i_y = 2.49 \text{ cm}$。构件截面的最大弯矩为：

$$M_x = (7 + 0.43 \times 1.2) \times 6^2/8 = 33.8(\text{kN} \cdot \text{m})$$

（1）强度验算

$$\frac{N}{A_n} + \frac{M_x}{\gamma_x W_{nx}} = \frac{800 \times 10^3}{5537} + \frac{33.8 \times 10^6}{1.05 \times 5.08 \times 10^5} = 208(\text{N/mm}^2) < f = 215 \text{ N/mm}^2$$

故构件的强度满足要求。

（2）长细比验算

$$\lambda_x = \frac{6000}{113.4} = 52.9 < [\lambda] = 350$$

$$\lambda_y = \frac{6000}{24.9} = 241 < [\lambda] = 350$$

故构件的长细比满足要求。

【例 5-12】 验算图 5-47 所示构件的稳定性。其荷载为设计值,材料为 Q235 钢,$f = 215 \text{ N/mm}^2$,构件中间有一侧向支撑点,截面几何特性参数为:$A = 21.27 \text{ cm}^2$,$I_x = 267 \text{ cm}^4$,$i_x = 3.54 \text{ cm}$,$i_y = 2.88 \text{ cm}$。

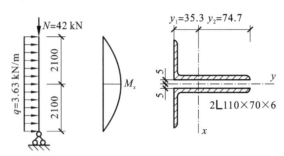

图 5-47 例 5-12 图

【解】 构件截面的最大弯矩为:

$$M_x = \frac{ql^2}{8} = \frac{3.63 \times 4.2^2}{8} = 8.004 (\text{kN} \cdot \text{m})$$

构件的长细比为:

$$\lambda_x = \frac{l_{0x}}{i_x} = \frac{4200}{35.4} = 118.6$$

$$\lambda_y = \frac{l_{0y}}{i_y} = \frac{2100}{28.8} = 72.9$$

构件截面为单轴对称截面,可直接由 λ_x 查表得绕非对称轴 x 的稳定系数 $\varphi_x = 0.444$(b 类截面)。

绕对称轴的长细比应取计入扭转效应的换算长细比 λ_{yz}。长肢相并的双角钢截面可采用简化方法确定。

由于

$$\frac{b_2}{t} = \frac{70}{6} = 11.67 < \frac{0.48 l_{0y}}{b_2} = 0.48 \times \frac{2100}{70} = 14.4$$

因此

$$\lambda_{yz} = \lambda_y \left(1 + \frac{1.09 b_2^4}{l_{0y}^2 t^2}\right) = 72.9 \times \left(1 + \frac{1.09 \times 70^4}{2100^2 \times 6^2}\right) = 84.9$$

构件截面属于 b 类截面,由 λ_{yz} 查表得 $\varphi_y = 0.656$,则:

$$W_{1x} = \frac{I_x}{y_1} = \frac{267}{3.53} = 75.6 (\text{cm}^3)$$

$$W_{2x} = \frac{I_x}{y_2} = \frac{267}{7.47} = 35.7 (\text{cm}^3)$$

$$N'_{\text{E}x} = \frac{\pi^2 EA}{1.1 \lambda_x^2} = \frac{\pi^2 \times 206 \times 10^3 \times 21.27 \times 10^2}{1.1 \times 118.6^2} \times 10^{-3} = 279.5 (\text{kN})$$

$$\beta_{mx} = 1.0, \quad \beta_{tx} = 1.0, \quad \gamma_{x1} = 1.05, \quad \gamma_{x2} = 1.20$$

(1) 验算弯矩作用平面内的稳定性

受压区:

$$\frac{N}{\varphi_x A} + \frac{\beta_{mx} M_x}{\gamma_{x1} W_{1x}(1 - 0.8 N/N'_{\text{E}x})} = \frac{42 \times 10^3}{0.444 \times 21.27 \times 10^2} + \frac{1 \times 8.004 \times 10^6}{1.05 \times 75.60 \times 10^3 \times (1 - 0.8 \times 42/279.5)}$$
$$= 159.0 (\text{N/mm}^2) < f = 215 \text{ N/mm}^2$$

故构件截面受压区在弯矩作用平面内的稳定性满足要求。

受拉区:

$$\left|\frac{N}{A}-\frac{\beta_{mx}M_x}{\gamma_{x2}W_{2x}(1-1.25N/N'_{Ex})}\right|=\left|\frac{42\times10^3}{21.27\times10^2}-\frac{1\times8.004\times10^6}{1.2\times35.7\times10^3\times(1-1.25\times42/279.5)}\right|$$
$$=210.2(N/mm^2)<f=215\ N/mm^2$$

故构件截面受拉区在弯矩作用平面内的稳定性满足要求。

（2）验算弯矩作用平面外的稳定性

$$\varphi_b=1-0.0017\lambda_y\sqrt{\frac{f_y}{235}}=1-0.0017\times72.9\times\sqrt{\frac{235}{235}}=0.876$$

$$\frac{N}{\varphi_yA}+\eta\frac{\beta_{tx}M_x}{\varphi_bW_{1x}}=\frac{42\times10^3}{0.656\times21.27\times10^2}+1.0\times\frac{1\times8.004\times10^6}{0.876\times75.6\times10^3}$$
$$=150.9(N/mm^2)<f=215\ N/mm^2$$

故构件截面在弯矩作用平面外的稳定性满足要求。

由以上验算可知，该截面在弯矩作用平面内、外的稳定性都满足要求。

【例5-13】 试验算图5-48所示焊接T形截面（组成板件均为剪切边）偏心压杆，杆长8 m，两端铰接，杆中央在侧向有一支撑点，钢材为Q235钢。已知静力荷载作用于对称轴平面内的翼缘一侧，设计值$N=800$ kN，偏心距$e_1=150$ mm，$e_2=100$ mm。

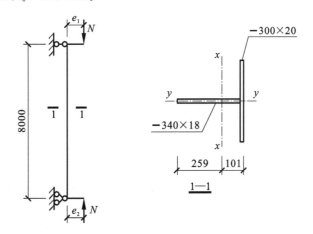

图 5-48 焊接T形截面偏心压杆

【解】 （1）截面几何特性值计算

$$A_n=A=300\times20+340\times18=1.212\times10^4(mm^2)$$

截面形心位置为：

$$y=\frac{340\times18\times(340/2+10)}{1.212\times10^4}+10=101(mm)$$

$$I_x=18\times340^3/12+340\times18\times89^2+300\times20\times91^2=1.57\times10^8(mm^4)$$

$$I_y=20\times300^3/12=4.5\times10^7(mm^4)$$

$$i_x=\sqrt{\frac{I_x}{A}}=\sqrt{\frac{1.57\times10^8}{1.212\times10^4}}=114(mm)$$

$$i_y=\sqrt{\frac{I_y}{A}}=\sqrt{\frac{4.5\times10^7}{1.212\times10^4}}=61(mm)$$

$$W_{1nx}=W_x=\frac{I_x}{y_1}=\frac{1.57\times10^8}{101}=1.554\times10^6(mm^3)$$

$$W_{2nx}=W_y=\frac{I_x}{y_2}=\frac{1.57\times10^8}{259}=6.06\times10^5(mm^3)$$

（2）截面验算

① 强度验算。

截面弯矩为：

$$M_1 = Ne_1 = 800 \times 0.15 = 120 (\text{kN} \cdot \text{m})$$
$$M_2 = Ne_2 = 800 \times 0.10 = 80 (\text{kN} \cdot \text{m})$$
$$M_x = M_1 = 120 \text{ kN} \cdot \text{m}$$

因翼缘外侧部分 $b_1/t_1 = 141/20 = 7.05 < 13$，故截面塑性发展系数为：$\gamma_{x1} = 1.05$，$\gamma_{x2} = 1.20$。

由于截面为单轴对称截面，故应对翼缘和腹板最外纤维处的强度分别进行验算。

因翼缘厚度 $t = 20 \text{ mm} > 16 \text{ mm}$，为第二组钢材，取 $f = 205 \text{ N/mm}^2$，则：

$$\frac{N}{A_n} + \frac{M_x}{\gamma_{x1} W_{1nx}} = \frac{800 \times 10^3}{1.212 \times 10^4} + \frac{120 \times 10^6}{1.05 \times 1.554 \times 10^6} = 139.5 (\text{N/mm}^2) < f = 205 \text{ N/mm}^2$$

故其强度满足要求。

腹板：

$$\left| \frac{N}{A_n} - \frac{M_x}{\gamma_{x2} W_{2nx}} \right| = \left| \frac{800 \times 10^3}{1.212 \times 10^4} - \frac{120 \times 10^6}{1.2 \times 6.06 \times 10^5} \right| = 99.0 (\text{N/mm}^2) < f = 205 \text{ N/mm}^2$$

故腹板强度满足要求。

② 弯矩作用平面内的稳定性验算。

由 $\lambda_x = l_{0x}/i_x = 800/11.4 = 70.2$，查表得 $\varphi_x = 0.75$（b 类截面）。

$$N'_{Ex} = \frac{\pi^2 EA}{1.1\lambda_x^2} = \frac{\pi^2 \times 206 \times 10^3 \times 1.212 \times 10^4}{1.1 \times 70.2^2} \times 10^{-3} = 4546 (\text{kN})$$

$$\beta_{mx} = 0.65 + \frac{0.35 M_2}{M_1} = 0.65 + 0.35 \times \frac{80}{120} = 0.883$$

截面受压侧的稳定性验算：

$$\frac{N}{\varphi_x A} + \frac{\beta_{mx} M_x}{\gamma_{x1} W_{1x} (1 - 0.8 N/N'_{Ex})} = \frac{800 \times 10^3}{0.75 \times 1.212 \times 10^4} + \frac{0.883 \times 120 \times 10^6}{1.05 \times 1.554 \times 10^6 \times (1 - 0.8 \times 800/4546)}$$
$$= 163.6 (\text{N/mm}^2) < f = 205 \text{ N/mm}^2$$

故截面受压侧在弯矩作用平面内的稳定性满足要求。

由于截面为单轴对称 T 形截面，当弯矩作用使翼缘受压时，有可能在受拉侧首先发展塑性而使构件失稳，故还应验算受拉侧的稳定性：

$$\left| \frac{N}{A} - \frac{\beta_{mx} M_x}{\gamma_{x2} W_{2x} (1 - 1.25 N/N'_{Ex})} \right| = \left| \frac{800 \times 10^3}{1.212 \times 10^4} - \frac{0.883 \times 120 \times 10^6}{1.2 \times 6.06 \times 10^5 \times (1 - 1.25 \times 800/4546)} \right|$$
$$= 120.8 (\text{N/mm}^2) < f = 205 \text{ N/mm}^2$$

故截面受拉侧在弯矩作用平面内的稳定性满足要求。

综上，截面在弯矩作用平面内的稳定性满足要求。

（3）弯矩作用平面外的稳定性验算

$$\lambda_y = \frac{l_{0y}}{i_y} = \frac{4000}{61} = 65.6 < [\lambda] = 150$$

故绕对称轴 y 轴的长细比应取计入扭转效应的换算长细比 λ_{yz}。

截面形心至剪心的距离为：

$$e_0 = 101 - 10 = 91 (\text{mm})$$

截面对剪心的极回转半径为：

$$i_0 = \sqrt{e_0^2 + i_x^2 + i_y^2} = \sqrt{91^2 + 114^2 + 61^2} = 158 (\text{mm})$$

截面抗扭惯性矩为：

$$I_t = \frac{1}{3} \sum b_i t_i^3 = \frac{1}{3} \times (300 \times 20^3 + 340 \times 18^3) = 14.61 \times 10^5 (\text{mm}^4)$$

T 形截面扇形惯性矩可近似取 $I_\omega = 0$，扭转屈曲的计算长度 $l_\omega = l_{0y}$，因此扭转屈曲换算长细比为：

$$\lambda_z^2 = \frac{i_0^2 A}{I_t/25.7 + I_\omega/l_\omega^2} = \frac{158^2 \times 1.212 \times 10^4}{14.61 \times 10^5/25.7 + 0} = 5330$$

计入扭转效应的换算长细比 λ_{yz} 为：

$$\lambda_{yz} = \frac{1}{\sqrt{2}} \left[(\lambda_y^2 + \lambda_z^2) + \sqrt{(\lambda_y^2 + \lambda_z^2)^2 - 4\left(1 - e_0^2/i_0^2\right)\lambda_y^2\lambda_z^2} \right]^{\frac{1}{2}}$$

$$= \frac{1}{\sqrt{2}} \left[(65.6^2 + 5330) + \sqrt{(65.6^2 + 5330)^2 - 4 \times (1 - 91^2/158^2) \times 65.5^2 \times 5330} \right]^{\frac{1}{2}}$$

$$= 87.3$$

该截面对 y 轴属于 c 类截面，由 $\lambda_{yz} = 87.3$ 查附表 6-3 得 $\varphi_y = 0.553$，则有：

$$\varphi_b = 1 - 0.0022\lambda_y \sqrt{\frac{f_y}{235}} = 1 - 0.0022 \times 65.6 \times 1 = 0.856$$

构件中点处有侧向支撑，中点处弯矩为：

$$M = \frac{120 + 80}{2} = 100 (\text{kN} \cdot \text{m})$$

弯矩作用平面外的整体稳定性验算所考虑段内端弯矩分别为 $M_1 = 120$ kN·m，$M = 100$ kN·m，故等效弯矩系数为：

$$\beta_{tx} = 0.65 + 0.35 \times (100/120) = 0.942$$

弯矩作用平面外的稳定性验算：

$$\frac{N}{\varphi_y A} + \eta \frac{\beta_{tx} M_x}{\varphi_b W_{1x}} = \frac{800 \times 10^3}{0.533 \times 1.212 \times 10^4} + 1.0 \times \frac{0.942 \times 120 \times 10^6}{0.856 \times 1.554 \times 10^6} = 208.8 (\text{N/mm}^2) \approx 205 \text{ N/mm}^2$$

$$\frac{208.8 - 205}{205} \approx 1.9\% < 5\%$$，故弯矩作用平面外的稳定性满足要求。

（4）局部稳定性验算

翼缘宽厚比验算：

$$\frac{b_1}{t} = \frac{141}{20} = 7.1 < 13\sqrt{\frac{f_y}{235}} = 13$$

故翼缘宽厚比满足要求。

腹板宽厚比验算：

弯矩使最大压应力作用在腹板与翼缘连接处，对焊接 T 形截面高厚比限值为 $h_0/t_w \leqslant (13 + 0.17\lambda)$ $\sqrt{235/f_y}$，即

$$\frac{h_0}{t_w} = \frac{340}{18} = 18.9 < (13 + 0.17\lambda)\sqrt{\frac{235}{f_y}} = (13 + 0.17 \times 87.3)\sqrt{\frac{235}{235}} = 27.8$$

故腹板宽厚比满足要求。

（5）刚度验算

构件的最大长细比为：

$$\lambda_{max} = \lambda_{yz} = 87.3 < [\lambda] = 150$$

故构件的刚度满足要求。

【例 5-14】 校核图 5-49 所示双轴对称焊接箱形截面压弯构件的截面尺寸，截面无削弱。其承受的荷载设计值：轴心压力 $N = 800$ kN，构件跨度中点处的横向集中荷载 $F = 180$ kN。构件长 $l = 10$ m，两端铰接并在两端各设有一侧向支撑点。材料用 Q235 钢。

【解】 构件计算长度 $l_{0x} = l_{0y} = 10$ m，构件段无端弯矩作用但有横向荷载作用，弯矩作用平面内、外的等效弯矩系数为：

$$\beta_{mx} = \beta_{tx} = 1.0, \quad M_x = \frac{Fl}{4} = \frac{180 \times 10}{4} = 450 (\text{kN} \cdot \text{m})$$

箱形截面受弯构件的整体稳定系数 $\varphi_b = 1.0$，因 $b_0/t = 350/14 = 25$，$h_w/t_w = 450/10 = 45$，均大于 20，故焊接箱形截面构件对 x 轴和对 y 轴屈曲均属 b 类截面。

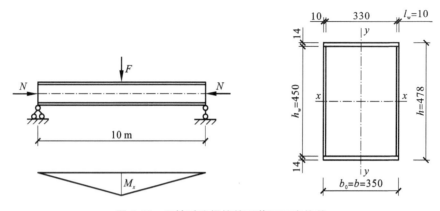

图 5-49　双轴对称焊接箱形截面压弯构件

（1）截面几何特性值计算

截面面积为：

$$A = 2bt + 2h_w t_w = 2 \times 35 \times 1.4 + 2 \times 45 \times 1.0 = 188 (\text{cm}^2)$$

惯性矩为：

$$I_x = \frac{bh^3 - (b-2)h_w^3}{12} = \frac{35 \times 47.8^3 - 33 \times 45^3}{12} = 67951 (\text{cm}^4)$$

$$I_y = \frac{hb^3 - h_w(b-2)^3}{12} = \frac{47.8 \times 35^3 - 45 \times 33^3}{12} = 36022 (\text{cm}^4)$$

回转半径为：

$$i_x = \sqrt{\frac{I_x}{A}} = \sqrt{\frac{67951}{188}} = 19.01 (\text{cm})$$

$$i_y = \sqrt{\frac{I_y}{A}} = \sqrt{\frac{36022}{188}} = 13.84 (\text{cm})$$

弯矩作用平面内受压纤维的毛截面模量为：

$$W_{1x} = W_x = \frac{2I_x}{h} = \frac{2 \times 67951}{47.8} = 2843 (\text{cm}^3)$$

（2）截面稳定性验算

① 弯矩作用平面内的稳定性验算。

由长细比 $\lambda_x = l_{0x}/i_x = 10 \times 10^2/19.01 = 52.6 < [\lambda] = 150$，查表得稳定系数 $\varphi_x = 0.844$（b 类截面）。

$$N'_{Ex} = \frac{\pi^2 EA}{1.1\lambda_x^2} = \frac{\pi^2 \times 206 \times 10^3 \times 188 \times 10^2}{1.1 \times 52.6^2} = 12559 (\text{kN})$$

截面塑性发展系数 $\gamma_x = 1.05$，等效弯矩系数 $\beta_{mx} = 1.0$，则

$$\frac{N}{\varphi_x A} + \frac{\beta_{mx} M_x}{\gamma_x W_{1x}(1 - 0.8N/N'_{Ex})} = \frac{880 \times 10^3}{0.844 \times 188 \times 10^2} + \frac{1.0 \times 450 \times 10^6}{1.05 \times 2843 \times 10^3 \times (1 - 0.8 \times 880/12559)}$$

$$= 215.4 (\text{N/mm}^2) \approx f = 215 \text{ N/mm}^2$$

故截面在弯矩作用平面内的稳定性满足要求。

② 弯矩作用平面外的稳定性验算。

由长细比 $\lambda_y = l_{0y}/i_y = 10 \times 10^2/13.84 = 72.3 < [\lambda] = 150$，查表得稳定系数 $\varphi_y = 0.737$（b 类截面），等效弯矩系数 $\beta_{tx} = 1.0$，则：

$$\frac{N}{\varphi_y A} + \eta \frac{\beta_{tx} M_x}{\varphi_b W_{1x}} = \frac{880 \times 10^3}{0.737 \times 188 \times 10^2} + 0.7 \times \frac{1.0 \times 450 \times 10^6}{1.0 \times 2843 \times 10^3} = 174.3 (\text{N/mm}^2) < f = 215 \text{ N/mm}^2$$

故截面在弯矩作用平面外的稳定性满足要求。

③ 局部稳定性验算。

受压翼缘宽厚比为：

$$\frac{b_0}{t}=\frac{350}{14}=25<40\sqrt{\frac{235}{f_y}}=40$$

故受压翼缘宽厚比满足要求。

腹板计算高度边缘的最大压应力为：

$$\sigma_{max}=\frac{N}{A}+\frac{M_x}{I_x}\frac{h_0}{2}=\frac{880\times10^3}{188\times10^2}+\frac{450\times10^6}{67951\times10^4}\times\frac{450}{2}=195.8(\text{N/mm}^2)$$

腹板计算高度另一边缘相应的应力为：

$$\sigma_{min}=\frac{N}{A}-\frac{M_x}{I_x}\frac{h_0}{2}=46.8-149.0=-102.2(\text{N/mm}^2)$$

由于 σ_{min} 小于 0，故为拉应力。

应力梯度为：

$$\alpha_0=\frac{\sigma_{max}-\sigma_{min}}{\sigma_{max}}=\frac{195.8-(-102.2)}{195.8}=1.52<1.6$$

腹板计算高度 h_0 与其厚度 t_w 之比的容许值应取 $40\sqrt{235/f_y}=40$ 和下式计算结果两者中的较大值：

$$0.8(16\alpha_0+0.5\lambda+25)\sqrt{\frac{235}{f_y}}=0.8\times(16\times1.52+0.5\times52.6+25)\times\sqrt{\frac{235}{235}}=60.5$$

则 h_0/t_w 的容许值为 60.5，实际 $h_0/t_w=450/10=45<60.5$，故腹板宽厚比满足要求。

（3）刚度验算

构件的最大长细比 $\lambda_{max}=\lambda_y=72.3<[\lambda]=150$，故截面刚度满足要求。

因截面无削弱，故截面强度不必验算。

【例 5-15】 由热轧工字钢 **Ⅰ** 25a 制成的压弯构件两端铰接，杆长 10 m，钢材为 Q235 钢，$f=215$ N/mm²，$E=206\times10^3$ N/mm²，$\beta_{mx}=0.65+0.35\dfrac{M_2}{M_1}$，已知截面几何特性值 $I_x=33229$ cm⁴，$A=84.8$ cm²，该截面为 b 类截面，作用于杆上的轴向压力和杆端弯矩如图 5-50 所示。试由弯矩作用平面内的稳定性确定该杆能承受的弯矩 M_x。

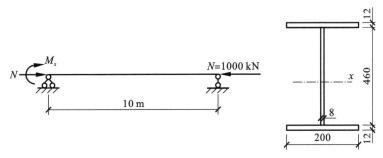

图 5-50 压弯构件

【解】
$$i_x=\sqrt{\frac{I_x}{A}}=\sqrt{\frac{33229}{84.8}}=19.8(\text{cm}),\quad\lambda_x=\frac{l_{0x}}{i_x}=\frac{10\times10^2}{19.8}=50.5$$

查表得稳定系数 $\varphi_x=0.854$，则：

$$W_{1x}=\frac{I_x}{h/2}=33229\times\frac{2}{48.4}=1373(\text{cm}^3),\quad\beta_{mx}=0.65+0.35\frac{M_2}{M_1}=0.65$$

$$N'_{Ex}=\frac{\pi^2EA}{1.1\lambda_x^2}=\frac{\pi^2\times206\times10^3\times84.8\times10^2}{1.1\times50.5^2}=6139.7(\text{kN})$$

由

$$\frac{N}{\varphi_xA}+\frac{\beta_{mx}M_x}{\gamma_xW_{1x}(1-0.8N/N'_{Ex})}\leqslant f$$

得

$$\frac{1000\times10^3}{0.854\times84.8\times10^2}+\frac{0.65M_x}{1.05\times1373\times10^3\times(1-0.8\times1000/6139.7)}\leqslant215\ \text{N/mm}^2$$

故

$$M_x\leqslant148.6\ \text{kN}\cdot\text{m}$$

【例 5-16】 试验算图 5-51 所示压弯构件在弯矩作用平面外的稳定性。钢材为 Q235 钢,$F=100\ \text{kN}$,$N=900\ \text{kN}$,$\beta_{tx}=0.65+0.35\dfrac{M_2}{M_1}$,$\varphi_b=1.07-\dfrac{\lambda_y^2}{44000}\cdot\dfrac{f_y}{235}$,跨中有一侧向支撑,$f=215\ \text{N/mm}^2$,$A=16700\ \text{mm}^2$,$I_x=792.4\times10^6\ \text{mm}^4$,$I_y=160\times10^6\ \text{mm}^4$。

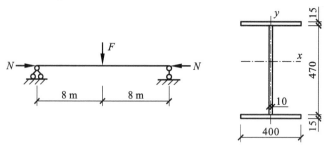

图 5-51　压弯构件

【解】
$$W_x=\frac{I_x}{h/2}=\frac{792.4\times10^6\times2}{500}=3.17\times10^6(\text{mm}^3)$$

$$i_x=\sqrt{\frac{I_x}{A}}=\sqrt{\frac{792.4\times10^6}{16700}}=217.8(\text{mm})$$

$$\lambda_x=\frac{l_{0x}}{i_x}=\frac{16000}{217.8}=73.5$$

$$i_y=\sqrt{\frac{I_y}{A}}=\sqrt{\frac{160\times10^6}{16700}}=97.9(\text{mm})$$

由 $\lambda_y=l_{0y}/i_y=8000/97.9=81.7$,查表得稳定系数 $\varphi_y=0.677$,则:

$$\varphi_b=1.07-\frac{\lambda_y^2}{44000}\cdot\frac{f_y}{235}=1.07-\frac{81.7^2}{44000}\times\frac{f_y}{235}=0.918$$

$$\beta_{tx}=0.65+0.35\frac{M_2}{M_1}=0.65$$

$$\frac{N}{\varphi_y A}+\eta\frac{\beta_{tx}M_x}{\varphi_b W_{1x}}=\frac{900\times10^3}{0.677\times167\times10^2}+\frac{0.65\times400\times10^6}{0.918\times3.17\times10^6}$$
$$=168.9(\text{N/mm}^2)<f=215\ \text{N/mm}^2$$

故构件在弯矩作用平面外的稳定性满足要求。

【例 5-17】 试验算图 5-52 所示压弯构件在弯矩作用平面外的稳定性。钢材为 Q235 钢,$F=900\ \text{kN}$(设计值),偏心距 $e_1=150\ \text{mm}$,$e_2=100\ \text{mm}$,$\beta_{tx}=0.65+0.35\dfrac{M_2}{M_1}$,$\varphi_b=1.07-\dfrac{\lambda_y^2}{44000}\cdot\dfrac{f_y}{235}\leqslant1.0$,跨中翼缘上有一侧向支撑,$f=215\ \text{N/mm}^2$,$E=206\times10^3\ \text{N/mm}^2$,其截面对 x 轴和 y 轴均为 b 类截面。

【解】
$$M_x=Fe_1=900\times0.15=135(\text{kN}\cdot\text{m})$$
$$A=65\times1+32\times1.2\times2=141.8(\text{cm}^2)$$
$$I_x=(32\times67.4^3-31\times65^3)/12=107037(\text{cm}^4)$$
$$I_y=1.2\times32^3\times2/12=6554(\text{cm}^4)$$
$$W_{1x}=\frac{I_x}{h/2}=107037\times2/67.4=3176.17(\text{cm}^3)$$

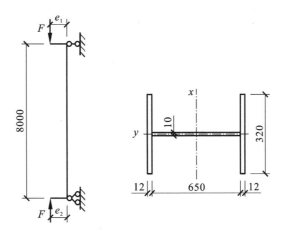

图 5-52 压弯构件

$$i_y = \sqrt{\frac{I_y}{A}} = \sqrt{\frac{6554}{141.8}} = 6.80(\text{cm})$$

由 $\lambda_y = l_{0y}/i_y = 400/6.80 = 58.82$，查表得稳定系数 $\varphi_y = 0.814$，则：

$$\varphi_b = 1.07 - \frac{\lambda_y^2}{44000} \cdot \frac{f_y}{235} = 1.07 - \frac{58.82^2}{44000} \times \frac{235}{235} = 0.991$$

$$\beta_{tx} = 0.65 + 0.35\frac{M_2}{M_1} = 0.65 + 0.35 \times 112.5/135 = 0.942$$

$$\frac{N}{\varphi_y A} + \eta\frac{\beta_{tx} M_x}{\varphi_b W_{1x}} = \frac{900 \times 10^3}{0.814 \times 141.8 \times 10^2} + \frac{0.942 \times 135 \times 10^6}{0.991 \times 3.17617 \times 10^6}$$

$$= 118.4(\text{N/mm}^2) < f = 215 \text{ N/mm}^2$$

故构件在弯矩作用平面外的稳定性满足要求。

【例 5-18】 试验算图 5-52 所示压弯构件弯矩作用平面内的整体稳定性。钢材为 Q235 钢，$F = 900$ kN（设计值），偏心距 $e_1 = 150$ mm，$e_2 = 100$ mm，$\beta_{mx} = 0.65 + 0.35\frac{M_2}{M_1}$，$\varphi_b = 1.07 - \frac{\lambda_y^2}{44000} \cdot \frac{f_y}{235} \leqslant 1.0$，跨中翼缘上有一侧向支撑，$f = 215$ N/mm²，$E = 206 \times 10^3$ N/mm²，其截面对 x 轴和 y 轴均为 b 类截面。

【解】
$$M_x = Fe_1 = 900 \times 0.15 = 135(\text{kN} \cdot \text{m})$$
$$A = 65 \times 1 + 32 \times 1.2 \times 2 = 141.8(\text{cm}^2)$$
$$I_x = (32 \times 67.4^3 - 31 \times 65^3)/12 = 107037(\text{cm}^4)$$
$$I_y = 1.2 \times 32^3 \times 2/12 = 6554(\text{cm}^4)$$
$$W_{1x} = \frac{I_x}{h/2} = 107037 \times 2/67.4 = 3176.17(\text{cm}^3)$$
$$i_x = \sqrt{\frac{I_x}{A}} = \sqrt{\frac{107037}{141.8}} = 27.47(\text{cm})$$

由 $\lambda_x = l_{0x}/i_x = 800/27.47 = 29.12$，查表得稳定系数 $\varphi_x = 0.9386$，则：

$$\beta_{mx} = 0.65 + 0.35\frac{M_2}{M_1} = 0.65 + 0.35 \times \frac{90}{135} = 0.883$$

$$N'_{Ex} = \frac{\pi^2 EA}{1.1\lambda_x^2} = \frac{\pi^2 \times 206 \times 10^3 \times 1.418 \times 10^4}{1.1 \times 29.12^2} = 30876.45(\text{kN})$$

$$\frac{N}{\varphi_x A} + \frac{\beta_{mx} M_x}{\gamma_{x1} W_{1x}(1 - 0.8N/N'_{Ex})} = \frac{900 \times 10^3}{0.9386 \times 1.418 \times 10^4} + \frac{0.883 \times 135 \times 10^6}{1.05 \times 3.17617 \times 10^6 \times (1 - 0.8 \times 900/30876.45)}$$

$$= 104.2(\text{N/mm}^2) < f = 215 \text{ N/mm}^2$$

故构件在弯矩作用平面内的稳定性必满足要求。

【**例 5-19**】 试设计某承受静力荷载的拉弯构件。作用于构件上的轴心拉力设计值 $N=900$ kN,弯矩设计值 $M=129$ kN·m,如图 5-53 所示,所用钢材为 Q235AF 钢,构件截面无削弱。

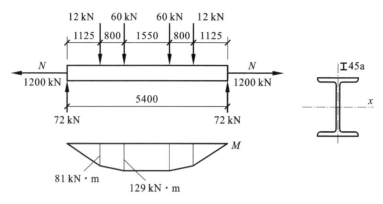

图 5-53 拉弯构件

【**解**】 选用轧制工字钢Ⅰ45a,查表知其截面面积 $A=102$ cm²,抵抗矩 $W_x=1430$ cm³,翼缘平均厚度为 18 mm>16 mm,钢材的强度设计值 $f=205$ N/mm²,查表得截面的塑性发展系数 $\gamma_x=1.05$,验算其强度:

$$\frac{N}{A_n}+\frac{M_x}{\gamma_x W_{nx}}=\frac{1200\times10^3}{1.02\times10^4}+\frac{129\times10^6}{1.05\times1.43\times10^6}=203.56(\text{N/mm}^2)<f=205 \text{ N/mm}^2$$

故所设计的拉弯构件强度满足要求。

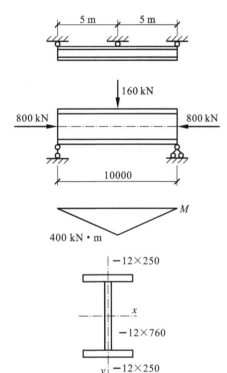

图 5-54 Q235 钢焊接工字形截面压弯构件

【**例 5-20**】 图 5-54 所示为 Q235 钢焊接工字形截面压弯构件,翼缘为火焰切割边,承受的轴心压力设计值为 800 kN,在构件的中央有一横向集中荷载,大小为 160 kN。构件的两端铰接并在中央有一侧向支撑点。要求验算构件的整体稳定性。

【**解**】 (1)计算截面几何特性值
$$A=76\times1.2+25\times1.2\times2=151(\text{cm}^2)$$
$$I_x=76^3\times1.2/12+25\times1.2\times2\times38.6^2=133296(\text{cm}^4)$$
$$i_x=\sqrt{\frac{I_x}{A}}=\sqrt{\frac{133296}{151}}=29.71(\text{cm})$$
$$W_x=\frac{I_x}{h/2}=\frac{133296}{39.2}=3400(\text{cm}^3)$$
$$I_y=1.2\times25^3\times2/12=3125(\text{cm}^4)$$
$$i_y=\sqrt{\frac{I_y}{A}}=\sqrt{\frac{3125}{151}}=4.55(\text{cm})$$

(2)验算构件在弯矩作用平面内的稳定性
由 $\lambda_x=l_x/i_x=1000/29.71=33.7$,按 b 类截面查表得稳定系数 $\varphi_x=0.923$,则:
$$N'_{Ex}=\frac{\pi^2 EA}{1.1\lambda_x^2}=\frac{\pi^2\times206\times10^3\times1.51\times10^4}{1.1\times33.7^2}=24575(\text{kN})$$

构件上无端弯矩作用,但有横向荷载作用,等效弯矩系数 $\beta_{mx}=1$,则:
$$\frac{N}{\varphi_x A}+\frac{\beta_{mx}M_x}{\gamma_x W_x(1-0.8N/N'_{Ex})}=\frac{800\times10^3}{0.923\times1.51\times10^4}+\frac{400\times10^6}{1.05\times3.4\times10^6\times(1-0.8\times800/24575)}$$
$$=172.4(\text{N/mm}^2)<f=215 \text{ N/mm}^2$$

故构件在弯矩作用平面内的稳定性满足要求。

(3)验算构件在弯矩作用平面外的稳定性
由 $\lambda_y=l_y/i_y=500/4.55=110$,按 b 类截面查表得稳定系数 $\varphi_y=0.493$。在侧向支撑点范围内,由弯矩

图知杆段一端的弯矩为 400 kN·m，另一端的弯矩为 0，等效弯矩系数 $\beta_{tx}=0.65$，用近似计算公式可得：

$$\varphi_b=1.07-\frac{\lambda_y^2}{44000}=1.07-\frac{110^2}{44000}=0.795$$

故

$$\frac{N}{\varphi_y A}+\frac{\beta_{tx}M_x}{\varphi_b W_x}=\frac{800\times10^3}{0.493\times151\times10^2}+\frac{0.65\times400\times10^6}{0.795\times3.4\times10^6}=203.7(\text{N/mm}^2)<f=215\ \text{N/mm}^2$$

故构件在弯矩作用平面外的稳定性满足要求。

由以上计算可知，虽然在杆的中央有一侧向支撑点，但杆的弯扭失稳承载力仍低于其在平面内的弯曲失稳承载力。

【**例 5-21**】　图 5-55 所示为一根上端自由、下端固定的压弯构件，长度为 5 m，作用的轴心压力为 500 kN，弯矩为 M_x。截面由两个 I25a 工字钢组成，缀条用 L50×5，侧向构件的上端点和下端点均为铰接不动点，钢材为 Q235 钢。要求确定构件所能承受弯矩 M_x 的设计值。

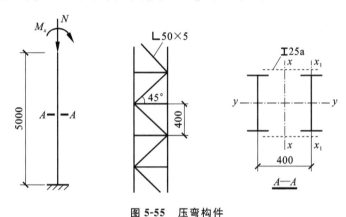

图 5-55　压弯构件

【**解**】　(1) 对虚轴计算确定 M_x

截面几何特性值：

$$A=48.5\times2=97(\text{cm}^2)$$
$$I_{x1}=280\ \text{cm}^4$$
$$I_x=2\times(280+48.5\times20^2)=39360(\text{cm}^4)$$
$$i_x=\sqrt{\frac{I_x}{A}}=\sqrt{\frac{39360}{97}}=20.14(\text{cm})$$

查表得此独立柱绕虚轴的计算长度系数 $\mu=2.1$，长细比 $\lambda_x=l_x/i_x=500\times2/20.14=52.1$。缀条的截面面积 $A_1=4.8\ \text{cm}^2$，则换算长细比为：

$$\lambda_{0x}=\sqrt{\lambda_x^2+\frac{27A}{2A_1}}=\sqrt{52.1^2+\frac{27\times97}{9.6}}=54.7$$

按 b 类截面查表得稳定系数 $\varphi_x=0.834$。

$$W_{1x}=\frac{I_x}{y_0}=\frac{39360}{20}=1968(\text{cm}^3)$$

悬臂柱的等效弯矩系数 $\beta_{mx}=1$，则：

$$N'_{Ex}=\frac{\pi^2 EA}{1.1\lambda_x^2}=\frac{\pi^2\times206\times10^3\times0.97\times10^4}{1.1\times54.7^2}=5992(\text{kN})$$

验算其对虚轴的整体稳定性：

$$\frac{N}{\varphi_x A}+\frac{\beta_{mx}M_x}{W_{1x}(1-\varphi_x N/N'_{Ex})}\leqslant f$$

$$\frac{500\times10^3}{0.834\times97\times10^2}+\frac{M_x}{1968\times10^3\times(1-0.834\times500/5992)}=215$$

解得 $M_x = 279.5$ kN·m。

（2）对单肢计算确定 M_x

右肢的最大轴心压力为：

$$N_1 = \frac{N}{2} + \frac{M_x}{a} = \frac{500}{2} + \frac{M_x \times 100}{40} = 250 + 2.5M_x$$

$$i_{x1} = 2.4 \text{ cm}, \quad l_{x1} = 40 \text{ cm}, \quad \lambda_{x1} = \frac{40}{2.4} = 16.7$$

$$i_y = 10.18 \text{ cm}, \quad l_{y1} = 500 \text{ cm}, \quad \lambda_{y1} = \frac{500}{10.18} = 49.1$$

按 a 类截面查表得 $\varphi_{y1} = 0.919$。

验算单肢的稳定性：

$$\frac{N_1}{A_1 \varphi_{y1}} = f$$

$$\frac{(250 + 2.5M_x) \times 10^3}{0.919 \times 48.5 \times 10^2} = 215$$

解得 $M_x = 283.3$ kN·m。

经比较可知，此压弯构件所能承受的弯矩设计值 $M_x = 279.5$ kN·m，而且其在虚轴整体稳定与分肢稳定条件下的承载力基本一致。

5.3 复 习 题 >>>

第5章参考答案

一、填空题

1. 对于直接承受动力荷载作用的实腹式偏心受力构件，其强度承载能力是以_____为极限的，因此其强度计算公式是 $\sigma = \frac{N}{A_n} \pm \frac{M_x}{W_{nx}} \leqslant f$。

2. 实腹式偏心受压构件的整体稳定包括弯矩作用_____的整体稳定和弯矩作用_____的整体稳定。

3. 格构式压弯构件绕虚轴受弯时，以截面_____屈服为设计准则。

4. 引入等效弯矩系数的原因是_____。

5. 拉弯、压弯构件的刚度是通过验算_____来保证的。

6. 缀条格构式压弯构件单肢稳定性验算时，单肢在缀条平面内的计算长度取_____，而在缀条平面外的计算长度则取_____之间的距离。

7. 格构式压弯构件绕虚轴弯曲时，除了计算平面内的整体稳定性外，还要对缀条式压弯构件的单肢按_____计算稳定性，对缀板式压弯构件的单肢按_____计算稳定性。

8. 当偏心弯矩作用在截面最大刚度平面内时，实腹式偏心受压构件有可能向平面外_____而破坏。

9. 受单向弯矩作用压弯构件的整体失稳有两种形式，为_____。

10. 实腹式压弯构件的实际设计包括_____等内容。

11. 实腹式压弯构件在弯矩作用平面内的屈曲形式为_____屈曲。

12. 实腹式压弯构件在弯矩作用平面外的屈曲形式为_____屈曲。

13. 实腹式压弯构件在弯矩作用平面内的整体稳定性验算公式采用最大强度原则确定，格构式压弯构件绕虚轴在弯矩作用平面内的整体稳定性验算公式采用_____原则确定。

14. 实腹式压弯构件可能出现的破坏形式有强度破坏_____、_____、翼缘屈曲和腹板屈曲。

15. 图 5-56 所示为一压弯构件，$M_2 = 0.6M_1$，等效弯矩系数 $\beta_{mx} = 0.65 + 0.35M_2/M_1$，则图中所示情况的 $\beta_{mx} = $ _____。

二、选择题

1. 当偏心压杆的荷载偏心作用在实轴上时，格构式柱的平面外稳定性是通过（　　）实现的。

A. 计算柱的平面外稳定性　B. 计算分肢稳定性　C. 柱本身的构造要求　D. 选足够大的分肢间距

2. 图 5-57 所示为一压弯构件，工字形截面腹板的局部稳定性与腹板边缘的应力梯度 $\alpha_0 = \dfrac{\sigma_{max} - \sigma_{min}}{\sigma_{max}}$ 有关，腹板稳定承载力最大时的 α_0 值是（　　）。

A. 0　　　　　　　　B. 1.0　　　　　　　C. 1.6　　　　　　D. 2.0

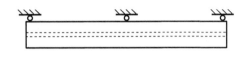

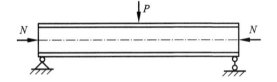

图 5-56　压弯构件　　　　　　　　　　　图 5-57　压弯构件

3. 对于单轴对称截面的压弯构件，一般宜使弯矩（　　）。

A. 绕非对称轴作用　　　　　　　　　　B. 绕对称轴作用

C. 绕任意轴作用　　　　　　　　　　　D. 视情况绕对称轴或非对称轴作用

4. 设计钢结构实腹式压弯构件时一般应进行的计算内容为（　　）。

A. 强度、刚度、弯矩作用平面内的稳定性、局部稳定性、变形

B. 弯矩作用平面内的稳定性、局部稳定性、变形、长细比

C. 强度、刚度、弯矩作用平面内及平面外的稳定性、局部稳定性、变形

D. 强度、刚度、弯矩作用平面内及平面外的稳定性、局部稳定性、长细比

5. 承受静力荷载或间接承受动力荷载的工字形截面绕强轴弯曲的压弯构件，其强度计算公式中，塑性发展系数 γ_x 取（　　）。

A. 1.2　　　　　　　B. 1.5　　　　　　　C. 1.05　　　　　　D. 1.0

6. 实腹式偏心受压构件弯矩作用平面内的整体稳定性验算公式中，γ_x 主要是考虑（　　）。

A. 截面塑性发展对承载力的影响　　　　B. 残余应力的影响

C. 初偏心的影响　　　　　　　　　　　D. 初弯矩的影响

7. 一单轴对称截面的压弯构件，当弯矩作用在对称轴平面内且使较大翼缘受压时，对于构件达到临界状态时的应力分布，（　　）。

A. 可能在拉、压侧都出现塑性　　　　　B. 只在受压侧出现塑性

C. 只在受拉侧出现塑性　　　　　　　　D. 在拉、压侧都不会出现塑性

8. 单轴对称实腹式压弯构件整体稳定计算公式 $\dfrac{N}{\varphi_x A} + \dfrac{\beta_{mx} M_x}{\gamma_x W_{1x}\left(1 - \dfrac{0.8N}{N'_{Ex}}\right)} \leqslant f$ 和 $\left| \dfrac{N}{A} - \dfrac{\beta_{mx} M_x}{\gamma_x W_{2x}\left(1 - 1.25\dfrac{N}{N'_{Ex}}\right)} \right| \leqslant f$ 中，W_{1x}、W_{2x} 及 γ_x 为（　　）。

A. W_{1x} 和 W_{2x} 为单轴对称截面绕非对称轴较大和较小翼缘最外边缘的毛截面模量，γ_x 值不同

B. W_{1x} 和 W_{2x} 为较大和较小翼缘最外边缘的毛截面模量，γ_x 值不同

C. W_{1x} 和 W_{2x} 为较大和较小翼缘最外边缘的毛截面模量，γ_x 值相同

D. W_{1x} 和 W_{2x} 为单轴对称截面绕非对称轴较大和较小翼缘最外边缘的毛截面模量，γ_x 值相同

9. 在压弯构件弯矩作用平面外的稳定性验算公式中,轴力项分母中的 φ_y 是(　　)。

A. 弯矩作用平面内轴心压杆的稳定系数　　　B. 弯矩作用平面外轴心压杆的稳定系数

C. 轴心压杆两方面稳定系数中的较小者　　　D. 压弯构件的稳定系数

10. 两根几何尺寸完全相同的压弯构件,一根端弯矩使之产生反向曲率,一根产生同向曲率,则前者的稳定性比后者的(　　)。

A. 好　　　　　　　B. 差　　　　　　　C. 无法确定　　　　　　　D. 相同

11. 实腹式偏心受压构件按 $\sigma=\dfrac{N}{A}\pm\dfrac{M_x}{\gamma_x W_x}=f$ 计算强度,它代表的截面应力分布为图 5-58 中的(　　)。

A. 分图(a)　　　　B. 分图(b)　　　　C. 分图(c)　　　　D. 分图(d)

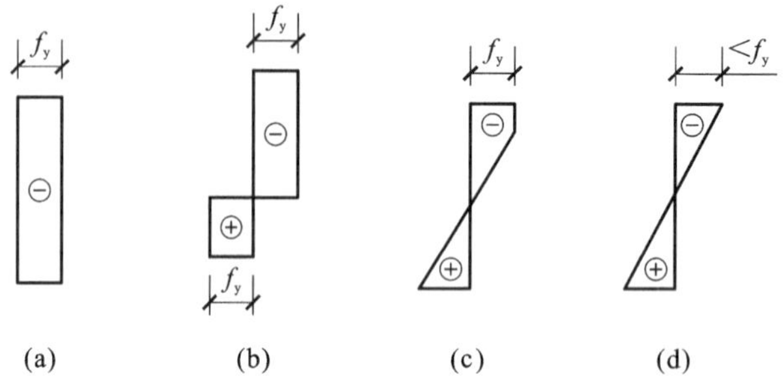

(a)　　　　(b)　　　　(c)　　　　(d)

图 5-58　选择题 11 图

12. 实腹式偏心压杆在弯矩作用平面外的失稳是(　　)。

A. 弯扭屈曲　　　　B. 弯曲屈曲　　　　C. 扭转屈曲　　　　D. 局部屈曲

13. 两根几何尺寸完全相同的压弯构件都是两端简支,且承受的轴压力大小相等,但一根承受均匀弯矩作用,另一根承受非均匀弯矩作用,则二者承受的临界弯矩相比,(　　)。

A. 前者大于等于后者　　　　　　　B. 前者小于等于后者

C. 两种情况相同　　　　　　　　　D. 不能确定

14. 一双轴对称焊接组合工字形截面偏心受压柱,偏心荷载作用在腹板平面内。若两个方向的支撑情况相同,则可能发生的失稳形式为(　　)。

A. 在弯矩作用平面内的弯曲失稳

B. 在弯矩作用平面外的弯扭失稳

C. 在弯矩作用平面外的弯曲失稳

D. 在弯矩作用平面内的弯曲失稳或在弯矩作用平面外的弯扭失稳

15. 偏心压杆计算公式中的塑性发展系数 γ_x 和 γ_y 只与(　　)有关。

A. 回转半径 i　　　B. 长细比 λ　　　C. 荷载性质　　　D. 截面形式

16. 一双轴对称焊接工字形单向压弯构件,若弯矩作用在强轴平面内而使构件绕弱轴弯曲,则此构件可能出现的整体失稳形式是(　　)。

A. 弯矩作用平面内的弯曲屈曲

B. 扭转屈曲

C. 弯矩作用平面外的弯扭屈曲

D. 弯矩作用平面内的弯曲屈曲或弯矩作用平面外的弯扭屈曲

17. 一根 T 形截面压弯构件受轴心力 N 和 M 作用,若 M 作用于腹板平面内且使翼缘板受压,或 M 作用于腹板平面内而使翼缘板受拉,则前者的稳定性比后者的(　　)。

A. 差　　　　　　　B. 相同　　　　　　C. 无法确定　　　　　D. 高

18. 偏心压杆在弯矩作用平面内的整体稳定性验算公式 $\dfrac{N}{\varphi_x A}+\dfrac{\beta_{mx}M_x}{\gamma_x W_{1x}(1-0.8N/N'_{Ex})}\leqslant f$ 中,W_{1x} 代表(　　)。

A. 受压较大纤维的净截面抵抗矩　　　　　　B. 受压较小纤维的净截面抵抗矩

C. 受压较大纤维的毛截面抵抗矩　　　　　　D. 受压较小纤维的毛截面抵抗矩

19. 工字形截面压弯构件中,腹板局部稳定性验算公式为( )。

A. $\dfrac{h_0}{t_w} \leqslant (25+0.1\lambda)\sqrt{235/f_y}$

B. $\dfrac{h_0}{t_w} \leqslant 80\sqrt{235/f_y}$

C. $\dfrac{h_0}{t_w} \leqslant 170\sqrt{235/f_y}$

D. $\begin{cases} 0 \leqslant \alpha_0 \leqslant 1.6 \text{ 时}, \dfrac{h_0}{t_w} \leqslant (16\alpha_0+0.5\lambda+25)\sqrt{235/f_y} \\ 1.6 < \alpha_0 \leqslant 2.0 \text{ 时}, \dfrac{h_0}{t_w} \leqslant (48\alpha_0+0.5\lambda-26.2)\sqrt{235/f_y} \end{cases}$ $\left(\alpha_0 = \dfrac{\sigma_{max} - \sigma_{min}}{\sigma_{max}}\right)$

20. 弯矩作用在实轴平面内的双肢格构式压弯柱应进行( )和缀材的计算。

A. 强度,刚度,弯矩作用平面内的稳定性,弯矩作用平面外的稳定性,单肢稳定性

B. 弯矩作用平面内的稳定性,单肢稳定性

C. 弯矩作用平面内的稳定性,弯矩作用平面外的稳定性

D. 强度,刚度,弯矩作用平面内的稳定性,单肢稳定性

21. 计算格构式压弯构件的缀件时,剪力应取( )。

A. 构件的实际剪力设计值

B. 由公式 $V = \dfrac{Af}{85}\sqrt{\dfrac{f_y}{235}}$ 计算的剪力

C. 构件的实际剪力设计值与由公式 $V = \dfrac{Af}{85}\sqrt{f_y/235}$ 计算的剪力值中的较大值

D. 由 $V = \mathrm{d}M/\mathrm{d}x$ 计算所得值

22. 一两端铰接、单轴对称的 T 形截面压弯构件,弯矩作用在截面对称轴平面并使翼缘受压,可用

( )进行整体稳定性验算。

Ⅰ. $\dfrac{N}{\varphi_x A} + \dfrac{\beta_{mx}M_x}{\gamma_x W_{1x}(1-0.8N/N'_{Ex})} \leqslant f$　　　　Ⅱ. $\dfrac{N}{\varphi_x A} + \dfrac{\beta_{mx}M_x}{\varphi_b W_{1x}} \leqslant f$

Ⅲ. $\left| \dfrac{N}{A} - \dfrac{\beta_{mx}M_x}{\gamma_x W_{2x}(1-1.25N/N'_{Ex})} \right| \leqslant f$　　　　Ⅳ. $\dfrac{N}{\varphi_x A} + \dfrac{\beta_{mx}M_x}{W_{1x}(1-\varphi_x N/N'_{Ex})} \leqslant f$

A. Ⅰ,Ⅱ,Ⅲ　　　　B. Ⅱ,Ⅲ,Ⅳ　　　　C. Ⅰ,Ⅱ,Ⅳ　　　　D. Ⅰ,Ⅲ,Ⅳ

23. 压弯构件的应力梯度 $\alpha_0 = ($)。

A. 1　　　　　　　B. 0　　　　　　　C. 2　　　　　　　D. 小于等于 2 且大于等于 0

24. 弯矩绕虚轴作用的格构式压弯构件不必计算( )。

A. 强度　　　　　　　　　　　　　　　B. 刚度

C. 弯矩作用平面外的稳定性　　　　　　D. 弯矩作用平面内的稳定性

25. 偏心受压构件稳定性验算公式中的等效弯矩系数 β_{mx} 与( )有关。

A. 端弯矩和横向荷载　　　　　　　　　B. 端弯矩和轴向荷载

C. 长细比和横向荷载　　　　　　　　　D. 长细比和轴向荷载

26. 偏心受压柱的柱脚同时承受弯矩和轴力作用,导致柱脚底板与基础之间的应力分布不均匀,设计时要求最大压应力不应超过( )。

A. 底板钢材的抗压强度设计值　　　　　B. 底板钢材的端面承压强度设计值

C. 基础混凝土的抗压强度设计值　　　　D. 基础混凝土的抗剪强度设计值

27. 对于弯矩绕强轴作用的工字形截面压弯构件,在验算腹板的局部稳定性时,其高厚比限值与( )无关。

A. 构件侧向支撑点间的距离   B. 腹板的正应力分布梯度

C. 构件在弯矩作用平面内的长细比   D. 钢材的强度等级

28. 验算工字形截面偏心受压柱腹板的局部稳定性时,需要事先确定的参数有( )。

A. 应力分布系数

B. 应力分布系数和偏心柱最大长细比 λ

C. 应力分布系数和弯矩作用平面内的长细比 λ

D. 偏心柱最大长细比 λ

29. 实腹式偏心压杆在弯矩作用平面内的失稳是( )。

A. 弯曲屈曲   B. 弯扭屈曲   C. 扭转屈曲   D. 局部屈曲

30. 截面为两型钢组成的格构式钢柱,当轴向静力荷载的偏心在虚轴上时,构件强度计算公式中的塑性发展系数 γ 取( )。

A. 大于1,与实腹式截面的塑性发展系数一样   B. 大于1,但小于实腹式截面的塑性发展系数

C. 等于1,因为不允许发展塑性   D. 等于1,出于安全考虑

31. 对于图 5-59 所示的格构式压弯构件,弯矩作用平面内的稳定性验算公式是( )。

A. $\dfrac{N}{\varphi_x A}+\dfrac{\beta_{mx}M_x}{\gamma_x W_x(1-0.8N/N'_{Ex})}\leqslant f$ B. $\dfrac{N}{\varphi_x A}+\dfrac{\beta_{mx}M_x}{\gamma_x W_x(1-\varphi_x N/N'_{Ex})}\leqslant f$

C. $\dfrac{N}{\varphi_x A}+\dfrac{\beta_{mx}M_x}{W_x(1-\varphi_x N/N'_{Ex})}\leqslant f$ D. $\dfrac{N}{\varphi_x A}+\dfrac{\beta_{mx}M_x}{W_x(1-1.25N/N'_{Ex})}\leqslant f$

32. 图 5-60 所示为一压弯构件,截面无削弱,构件的弯矩图分别为图 5-60(a)、(b)。图 5-60(a)所示截面的最大正应力 σ_a 与图 5-60(b)所示截面的最大正应力 σ_b 的大小关系为( )。

A. $\sigma_a > \sigma_b$ B. $\sigma_a < \sigma_b$ C. $\sigma_a = \sigma_b$ D. 无法确定

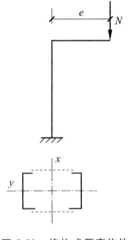

图 5-59 格构式压弯构件

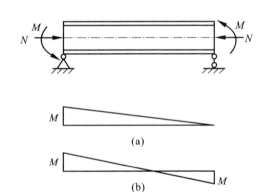

图 5-60 压弯构件

33. 对于弯矩绕强轴作用的工字形偏心受压柱,影响其腹板局部稳定性的因素是( )。

A. 应力分布系数 α_0

B. 应力分布系数 α_0 和弯矩作用平面内的长细比 λ

C. 应力分布系数 α_0 和偏心受压柱的最大长细比 λ

D. 偏心受压柱的最大长细比 λ

三、简答题

1. 计算压弯(拉弯)构件的强度时,根据不同情况,采用几种强度计算准则?各准则的内容是什么?我国《钢结构设计规范》(GB 50017—2003)对于一般构件采用哪一准则作为强度极限?

2. 为什么直接承受动力荷载的实腹式拉弯和压弯构件不考虑塑性发展,承受静力荷载的同一类构件却考虑塑性发展?

3. 简述压弯构件失稳的形式及计算方法。

4. 拉弯和压弯构件的强度验算公式采用的屈服准则是否一致？

5. 截面塑性发展系数的意义是什么？试举例说明其应用条件。

6. 简述压弯构件中等效弯矩的意义。

7. 为什么压杆比拉杆的长细比限制要严格？

8. 拉杆和压杆的刚度如何验算？

知识归纳

(1) 拉弯构件和压弯构件的应用非常广泛，常用于厂房柱、框架柱、平台柱等。在截面形式的选择上，通常采用双轴对称或单轴对称的截面形式，可为实腹式或格构式，可以是等截面构件，也可以是沿轴线变化的变截面构件。

(2) 压弯构件的破坏形式有：强度破坏，弯矩作用平面内弯曲失稳破坏，弯矩作用平面外失稳破坏，局部失稳破坏。

(3) 计算拉弯和压弯构件时，可取以下三种不同的强度计算准则：边缘屈服准则，全截面屈服准则，部分发展塑性准则。《钢结构设计规范》(GB 50017—2003)采用部分发展塑性准则进行强度计算。

(4) 拉弯构件和压弯构件的刚度计算通常以长细比来控制。

(5) 开口薄壁截面压弯构件的抗扭刚度及弯矩作用平面外的抗弯刚度较小时，构件可能发生弯扭屈曲破坏。

(6) 压弯构件的受压翼缘自由外伸宽度与厚度之比及箱形截面翼缘在腹板之间的宽厚比的限值均与梁受压翼缘的宽厚比限值相同。

(7) 压弯构件在弯矩作用平面内发生弯曲屈曲，在弯矩作用平面外发生弯扭屈曲。前者只在弯矩作用平面内变形；后者除在弯矩作用平面内变形外，还发生侧移和扭转。

6

钢 屋 架

课前导读

▽ 内容提要

　　本章介绍了钢屋架结构的类型、计算模型、内力计算、杆件设计以及节点设计的内容，并通过实例对钢屋架的设计过程进行了阐述。

▽ 能力要求

　　通过本章的学习，学生应了解钢屋架的形式，掌握钢屋架的设计过程。

▽ 数字资源

型钢表

6.1 学习要点 >>>

钢屋架是房屋结构屋盖体系最主要的结构构件之一,掌握其基本设计方法是土木工程专业本科学生的必备技能。其基本设计流程如图 6-1 所示。

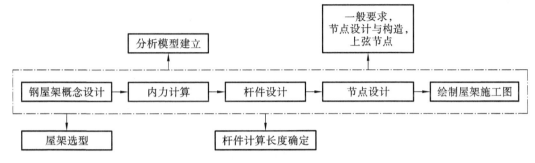

图 6-1 普通钢屋架基本设计流程

6.1.1 屋架选型原则

① 使用原则:外形与排水要求(防水做法)相适应。
② 经济原则:省材,外形与弯矩图近似,腹杆布置要求短压、长拉、量少、角度适中($30°\sim60°$)、弦杆不受弯。
③ 制作安装原则:节点简单合理,数量少,外形便于制造、运输和安装。

6.1.2 屋架的分类

① 按外形分类:三角形(排水好,铰接)、梯形(受力好,可刚接或铰接)、矩形、圆弧形,如图 6-2 所示。

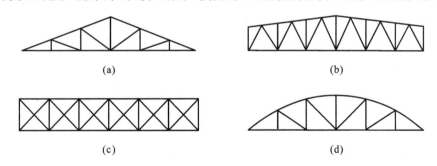

图 6-2 屋架按外形分类

② 按腹杆形式分类:单斜式(短斜杆受压、长斜杆受拉,经济性好)、人字式(缩短上弦支承距离,避免上弦受弯)、芬克式(便于运输、装配)、再分式、交叉式和 K 形式等,如图 6-3 所示。

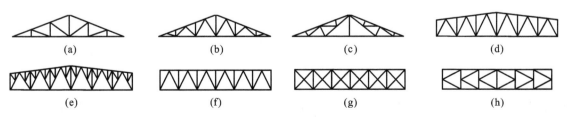

图 6-3 屋架按腹板形式分类

(a) 单斜式;(b),(d),(f) 人字式;(c) 芬克式;(e) 再分式;(g) 交叉式;(h) K 形式

6.1.3 屋架主要尺寸的确定

① 跨度:根据使用需要,适当考虑模数确定。

② 跨中高度。

三角形:

$$h=\left(\frac{1}{6}\sim\frac{1}{4}\right)L$$

梯形:

$$h=\left(\frac{1}{10}\sim\frac{1}{4}\right)L$$

上弦节间划分应与檩条间距相协调。

6.1.4 屋架分析模型

(1) 基本假定

建立屋架分析模型时,应作以下基本假定:屋架的节点为铰接;屋架所有杆件的轴线平直,且在同一个平面内相交于节点中心;荷载均作用于节点上,且均在屋架平面内。

(2) 实际屋架分析模型

理想屋架分析模型中,所有杆件均为二力杆;而实际屋架分析模型中,节点具有焊缝刚度、拉力杆刚度,杆件间的节点为非理想铰节点,但当屋架杆件的长宽比满足一定要求时,可认为杆件间节点为铰接。

实际屋架分析模型次弯矩的特点为:节点具有刚度,轴线不相交,荷载不在节点上。

6.1.5 荷载计算

① 基本荷载及其标准值。

a. 恒荷载 D:结构自重、永久围护材料、固定设备、装修。

b. 活荷载 L:屋面活荷载为 0.5 kN/m,受荷超过 60 m^2 时可考虑折减。

c. 积雪荷载 S:基本雪压,积雪分布系数。

d. 积灰荷载 A:重型厂房边的建筑。

e. 吊车荷载 C:最大轮压、影响线、纵向制动力、水平制动力。

f. 风荷载 W:基本风压、高度变化系数、体形系数、结构分区等。

g. 地震作用 E:地区抗震设防烈度、相应地震加速度、地震分组及地震作用计算方法等。

h. 温度作用 T:纵向温度受力、构造措施。

② 荷载效应组合(表 6-1)。

③ 荷载效应组合简化法。

a. 荷载效应基本组合:

$$S=\gamma_G S_{Gk}+\gamma_{Q1} S_{Q1k}$$

$$S=\gamma_G S_{Gk}+0.9\sum_{i=1}^{n}\gamma_{Qi} S_{Qik}$$

b. 荷载效应的最不利组合:就荷载效应基本组合中出现的内力,寻求它们分别取可能最大值时的组合进行校核。

(a) 受弯构件(四种组合):Ⅰ (M_{max}^+,V),Ⅱ (M_{max}^-,V),Ⅲ (V_{max}^+,M),Ⅳ (V_{max}^-,M)。

(b) 压弯构件(四种组合):Ⅰ (M_{max}^+,N),Ⅱ (M_{max}^-,N),Ⅲ (N_{max}^+,M),Ⅳ (N_{max}^-,M)。

序号	D	max{L,S}	W	C	E
					表 6-1　　　　不考虑地震作用时的荷载效应组合
1	1.2	1.4			
2	1.2		1.4		
3	1.0		1.4		
4	1.2			1.4	
5	1.2	1.4	1.4×0.6		
6	1.2	1.4×0.7	1.4		
7	1.2	1.4		1.4×0.7	
8	1.2	1.4×0.7		1.4	
9	1.2		1.4	1.4×0.7	
10	1.2		1.4×0.6	1.4	

注:有地震作用的荷载效应组合按《建筑抗震设计规范》(GB 50011—2010)执行。

6.1.6　杆件的计算长度

(1) 杆件平面内的计算长度

杆件平面内的计算长度如图 6-4 所示。

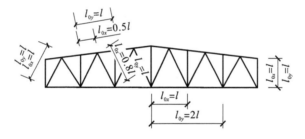

图 6-4　杆件平面内的计算长度

① 上、下弦杆:$l_{0x}=l$(弦杆比腹杆线刚度大,节点嵌固弱)。

② 支座竖杆:$l_{0x}=l$(拉杆少)。

③ 端斜杆:$l_{0x}=l$(拉杆少)。

④ 其他腹杆:$l_{0x}=0.8l$(考虑节点板、拉杆的嵌固)。

(2) 杆件平面外的计算长度

杆件平面外的计算长度如图 6-5 所示。

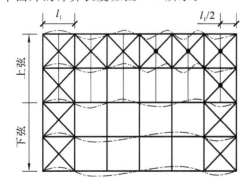
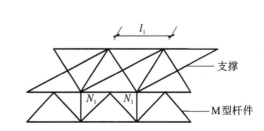

图 6-5　杆件平面外的计算长度

上、下弦杆的计算长度取侧向支撑点的间距，即 $l_{0y}=l_1$。

腹杆的计算长度取端节点的间距，即 $l_{0y}=l_1$（板面外刚度小）。

对单角钢和双角钢十字形截面构件，$l_{0y}=0.9l_1$（l_1 为斜平面内对应的最小回转半径，均为平行轴回转半径的 1/1.55）。

当屋架侧向支撑点间的距离为平面内节点间距离的 2 倍且内力不等时，$l_{0y}=l_1\left(0.75+0.25\dfrac{N_2}{N_1}\right)$（$N_1$ 为较大压力，压力为正，拉力为负）。

（3）交叉腹杆平面外的计算长度

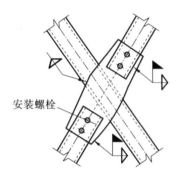

图 6-6　交叉腹杆平面外的计算长度

交叉腹杆平面外的计算长度如图 6-6 所示。

两杆受压，均不中断时，$l_{0y}=l\sqrt{\dfrac{1}{2}\left(1+\dfrac{N_0}{N}\right)}$；

两杆受压，其中一杆中断，节点板相连时，$l_{0y}=l\sqrt{1+\dfrac{\pi^2}{12}\cdot\dfrac{N_0}{N}}$；

其中一杆受拉且不中断时，$l_{0y}=l\sqrt{\dfrac{1}{2}\left(1-\dfrac{3}{4}\cdot\dfrac{N_0}{N}\right)}\geqslant 0.5l$；

其中一杆受拉且中断，节点板相连时，$l_{0y}=l\sqrt{1-\dfrac{3}{4}\cdot\dfrac{N_0}{N}}\geqslant 0.5l$

（N_0 为杆的内力，取绝对值）。

6.1.7　杆件的允许长细比

杆件的允许长细比见表 6-2。

表 6-2　　　　　　　　　　　　　　　　　杆件的允许长细比

	压杆	拉杆	备注
桁架杆件	150	350(250)	括号内为重级工作制厂房支撑的长细比
支撑	200	400(350)	

6.1.8　杆件截面的选择

杆件截面形式如图 6-7 所示，截面选择的原则为使其对双主轴方向的长细比相当，受力相对一致。

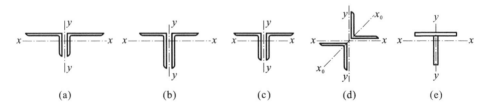

图 6-7　杆件截面形式

① 上弦：无节间荷载时，两不等边角钢短肢相并，如图 6-7(a)所示[$i_y=(2.6\sim 2.9)i_x$]；有节间荷载时，两不等边角钢长肢相并，如图 6-7(b)所示[$i_y=(0.75\sim 1.0)i_x$]。

② 下弦：两不等边角钢短肢相并，或两等边角钢相并。

③ 支座斜杆及竖杆：两不等边角钢长肢相并。

④ 其他腹杆：两等边角钢相并，如图 6-7(c)所示[$i_y=(1.3\sim 1.5)i_x$]。

⑤ 与竖向支撑相连的竖腹杆用十字形截面。

⑥ 为了保证双角钢共同作用，在双角钢之间应至少设两块垫板，且使压杆中垫板间距 $l_0\leqslant 40i$，拉杆中垫板间距 $l_0\leqslant 80i$（图 6-8，i 为单角钢绕 1—1 轴的回转半径）。

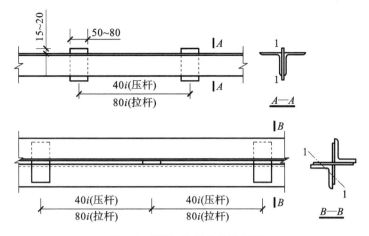

图 6-8　压杆、拉杆中垫板间距

6.1.9　截面验算

杆件截面及其尺寸如图 6-9 所示。

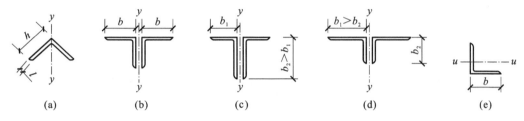

图 6-9　杆件截面及其尺寸

对轴拉杆件：

$$\sigma=\frac{N}{A_n}\leqslant f$$

对轴压杆件：

$$\frac{N}{\varphi A_n}\leqslant f$$

对双轴对称截面：

$$\lambda_x=\frac{l_{0x}}{i_x},\quad \lambda_y=\frac{l_{0y}}{i_y}$$

$$\lambda=\min\{\lambda_x,\lambda_y\}\leqslant[\lambda]$$

由 λ_x 和 λ_y，可根据附录 6 分别查得 φ_x 和 φ_y。

对十字形截面，$\lambda\geqslant5.07b/t$，b/t 为悬伸杆件的宽厚比。

对单轴对称截面，λ_y 用换算长细比 λ_{yz} 代替，计入扭转等的影响。

压弯杆件的截面验算同前。

6.1.10　杆件节点设计

（1）杆件节点设计的一般要求

① 焊接屋架角钢肢背到轴线的距离取为 5 mm 的倍数，角钢重心尽可能靠近轴线；螺栓连接屋架应使角钢螺栓的准线与屋架的几何轴线重合。

② 当弦杆截面为变截面，肢背平齐，两角钢重心线的中线与轴线之间的距离小于较大肢宽的 5％时，不计偏心弯矩，否则计入偏心弯矩 $M=(N_1+N_2)e$，如图 6-10 所示。节点第 i 根杆件分担的次弯矩为 $M_i=\dfrac{k_i}{\sum k_i}M$，其中 $k_i=I_i/l_i$。

图 6-10　变截面弦杆节点设计

③ 应用节点板连接时,杆件之间的净距:焊接连接时腹杆端距离弦杆不小于 20 mm,螺栓连接时腹杆端距离弦杆为 5～10 mm,如图 6-11 所示。

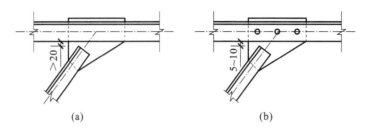

图 6-11　节点板连接时杆件之间的净距

(a) 焊接连接;(b) 螺栓连接

④ 杆受集中荷载处可用盖板加强,如图 6-12 所示。

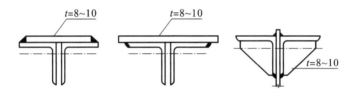

图 6-12　杆受集中荷载处用盖板加强

⑤ 屋架端部切割方向宜与轴线垂直,也可斜切,如图 6-13 所示。

⑥ 节点板尺寸根据所连接杆件及焊缝长度确定,至少应有两条边平行,且不应有凹角。

⑦ 节点板与焊缝的布置应对称于所传力,如图 6-14 所示。

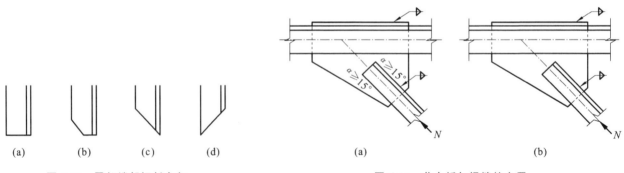

图 6-13　屋架端部切割方向

(a),(b),(c) 方向正确;(d) 方向错误

图 6-14　节点板与焊缝的布置

(a) 合适;(b) 不合适

⑧ 节点板的厚度不小于 6 mm,支座节点板应比其他节点板厚 2 mm,节点板的厚度 δ(mm)与杆最大内力 N(kN)的近似关系为:$N \leqslant 18\delta^{15} - 80$(Q235),$N \leqslant 18\delta^{15}$(Q345)。

(2) 节点设计与构造

① 上弦节点。

a. 设计内容:连接焊缝的长度和焊脚的尺寸,节点板的形状和尺寸。

b. 受力准则:(a) 塞焊缝抵抗上部集中力 P;(b) 弦杆肢尖焊缝受力为 $\Delta N = N_2 - N_1$,$M = \Delta Ne$;(c) 腹杆角焊缝受力,如图 6-15 所示。

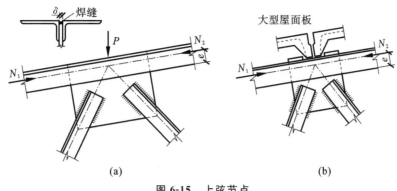

图 6-15 上弦节点

② 下弦节点。

a. 设计内容:连接焊缝的长度和焊脚的尺寸,节点板的形状和尺寸。

b. 设计方法:通常按腹杆受力计算焊缝,设计节点板。一般由于弦杆焊缝受力很小,故按构造计算即可,如图 6-16 所示。

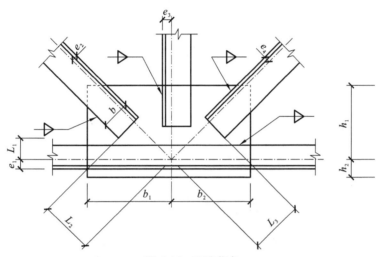

图 6-16 下弦节点

③ 弦杆拼接节点。

a. 拼接角钢弯折、切边、刨角,承受的最大弦杆力为 N,截面削弱由节点板补偿,如图 6-17 所示。

b. 塞焊缝抵抗上部集中力 P。

c. 弦杆肢尖焊缝承受的力为 $0.15N$ 和 $M=0.15Ne$。

d. 为了运输便利而采用分单元制造时,现场焊接部分要安装螺栓,未与节点板连接的焊件在运输过程中要临时固定。

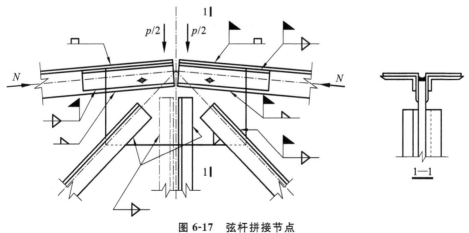

图 6-17 弦杆拼接节点

④ 支座节点。

支座节点如图 6-18、图 6-19 所示。

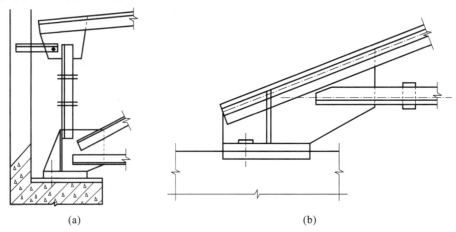

图 6-18 铰接支座节点

（a）梯形屋架；（b）三角形屋架

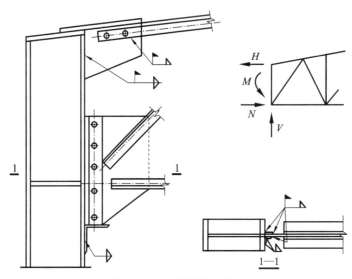

图 6-19 支座刚性连接节点

a. 支座底板大小按混凝土抗压强度确定，即根据 $A=R/f_c$ 计算后取矩形。

b. 支座底板抗弯按两边支承板计算，屋架跨度 18 m 以上时，底板厚度取 20 mm，否则取 16 mm。

c. 支座加劲肋可提高节点板的侧向刚度及底板刚度，按十字形截面验算抗压稳定性，按 $V=R/4$，$M=$ $\dfrac{R}{4} \cdot \dfrac{b}{2}$ 计算加劲肋的侧焊缝。

d. 下弦角钢水平肢距柱顶不小于 130 mm，且不应小于肢宽。

e. 锚栓孔直径一般取为螺栓直径的 2~2.5 倍，安装后用厚垫片焊牢。

f. 加劲肋、支座节点板与底板的焊缝承受全部支座反力 R。

6.2 典 型 例 题 》》》

【**例 6-1**】 屋架上弦杆轴力设计值、集中荷载设计值 $F=32.3$ kN，其作用位置及侧向支撑点的位置如图 6-20 所示，采用的钢材为 Q235BF 钢，焊条采用 E43 型，节点板厚度为 10 mm，上弦截面无削弱，试分别

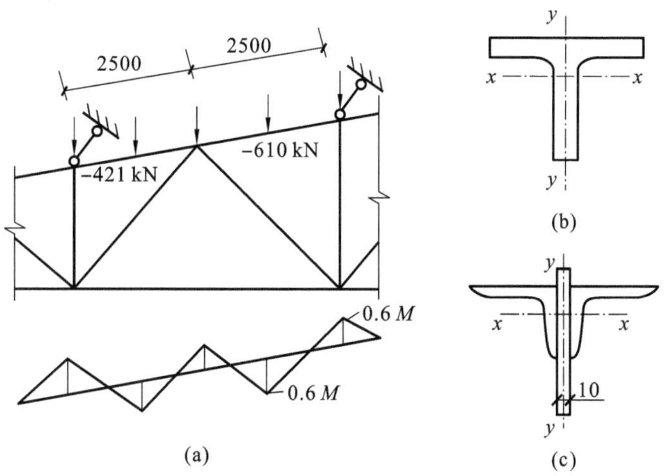

图 6-20 屋架上弦杆受力图

按剖分 T 型钢截面和双角钢组成的 T 形截面选择上弦截面。

【解】 (1) 压弯构件的设计内力及计算长度

$$N_{max} = N_1 = 610 \text{ kN}$$

$$M_x = 0.6M_0 = 0.6 \frac{Fd}{4} = 0.6 \times 32.3 \times 2.5/4 = 12.1 (\text{kN} \cdot \text{m})$$

$$l_{0x} = 2500 \text{ mm}$$

$$l_{0y} = l_1 \left(0.75 + 0.25 \frac{N_2}{N_1}\right) = 2 \times 2500 \times (0.75 + 0.25 \times 421/610) = 4613 (\text{mm})$$

(2) 剖分 T 型钢截面

① 初选截面。

选用热轧剖分 T 型钢 TM250×300×11×15[图 6-18(b)],由《热轧 H 型钢和剖分 T 型钢》(GB/T 11263—2010)得截面几何特性值为:

$$A = 73.23 \text{ cm}^2, \quad I_x = 3420 \text{ cm}^4$$

$$i_x = 6.83 \text{ cm}, \quad i_y = 6.80 \text{ cm}$$

$$e_0 = 4.90, \quad I_\omega = 0$$

$$I_t = \frac{K}{3} \sum_{i=1}^{2} b_i t_i^3 = \frac{1.1S}{3} [(250 - 15) \times 11^3 + 300 \times 15^3] = 508026 (\text{mm}^4)$$

$$i_0^2 = e_0^2 + i_x^2 + i_y^2 = 4.90^2 + 6.83^2 + 6.80^2 = 116.9 (\text{cm}^2)$$

② 截面验算。

a. 刚度验算。

$$\lambda_x = \frac{l_{0x}}{i_x} = \frac{2500}{68.3} = 36.6$$

$$\lambda_y = \frac{l_{0y}}{i_y} = \frac{4613}{68.0} = 67.8$$

$$\lambda_z = \sqrt{\frac{Ai_0^2}{I_t/25.7}} = \sqrt{\frac{73.23 \times 116.9}{50.8026/25.7}} = 65.8$$

$$\lambda_{yz} = \frac{1}{\sqrt{2}} \times \left[(\lambda_y^2 + \lambda_z^2) + \sqrt{(\lambda_y^2 + \lambda_z^2)^2 - 4(1 - e_0^2)\lambda_y^2\lambda_z^2}\right]^{\frac{1}{2}}$$

$$= \frac{1}{\sqrt{2}} \times \left[(67.8^2 + 65.8^2) + \sqrt{(67.8^2 + 65.8^2)^2 - 4 \times \left(1 - \frac{4.90^2}{116.9}\right) \times 65.8^2}\right]^{\frac{1}{2}} = 80.6$$

$$\lambda_{max} = \max\{\lambda_x, \lambda_{yz}\} = \lambda_{yz} = 80.6 < [\lambda] = 150$$

故截面刚度满足要求。

b. 弯矩作用平面内的稳定性验算。

$$N'_{Ex} = \frac{\pi^2 EA}{\lambda_x^2} = \frac{3.14^2 \times 2.06 \times 10^5 \times 73.23 \times 10^2}{36.6^2} = 10214658(\text{N}) = 10215 \text{ kN}$$

$$\gamma_{x1} = 1.05, \quad \gamma_{x2} = 1.2$$

此处节间弦杆相当于《钢结构设计规范》(GB 50017—2003)中的两端支构件,其上有端弯矩和横向荷载同时作用,使构件产生反向曲率,故 $\beta_{mx} = 0.85$。

$$W_{1x} = W_{x,\max} = \frac{I_x}{e_0} = \frac{3420}{4.9} = 698.0(\text{cm}^3)$$

$$W_{2x} = \frac{I_x}{h - e_0} = \frac{3420}{25 - 4.9} = 170.1(\text{cm}^3)$$

由 $\lambda_x = 36.6$ 查得 Q235 钢 b 类截面对应的 $\varphi = 0.912$。

由于上弦杆在弯矩作用平面内的节间正弯矩和支座负弯矩都是最大弯矩($0.6M_0$),因此应分别用最大正弯矩和最大负弯矩进行弯矩作用平面内的稳定性验算。

(a) 用正弯矩验算。

$$\frac{N}{\varphi_x A} + \frac{\beta_{mx} M_x}{\gamma_{x1} W_{1x}(1 - 0.8N/N'_{Ex})} = \frac{610 \times 10^3}{0.912 \times 73.23 \times 10^2} + \frac{0.85 \times 12.1 \times 10^6}{1.05 \times 698 \times 10^3 \times (1 - 0.8 \times 610/10215)}$$
$$= 105.4(\text{N/mm}^2) < f = 215 \text{ N/mm}^2$$

对于单轴对称截面压弯构件,当弯矩作用在对称轴平面内且使较大翼缘受压时,还应验算受拉一侧,则:

$$\left| \frac{N}{A} - \frac{\beta_{mx} M_x}{\gamma_{x2} W_{2x}(1 - 1.25N/N'_{Ex})} \right| = \left| \frac{610 \times 10^3}{73.23 \times 10^2} - \frac{0.85 \times 12.1 \times 10^6}{1.2 \times 170.1 \times 10^3 \times (1 - 1.25 \times 610/10215)} \right|$$
$$= 32.5(\text{N/mm}^2) < f = 215 \text{ N/mm}^2$$

故用正弯矩验算截面在弯矩作用平面内的稳定性满足要求。

(b) 用负弯矩验算。

$$\frac{N}{\varphi_x A} + \frac{\beta_{mx} M_x}{\gamma_{x2} W_{2x}(1 - 0.8N/N'_{Ex})} = \frac{610 \times 10^3}{0.912 \times 73.23 \times 10^2} + \frac{0.85 \times 12.1 \times 10^6}{1.2 \times 170.1 \times 10^3 \times (1 - 0.8 \times 610/10215)}$$
$$= 142.0(\text{N/mm}^2) < f = 215 \text{ N/mm}^2$$

故用负弯矩验算截面在弯矩作用平面内的稳定性满足要求。

c. 弯矩作用平面外的稳定性验算。

由于 $\lambda_y = 67.8 < 120\sqrt{235/f_y} = 120$,故对于均匀弯曲的受弯构件,当弯矩使翼缘受拉时整体稳定系数 $\varphi_b = 1.0$,当弯矩使翼缘受压时整体稳定系数 φ_b 为:

$$\varphi_b = 1 - 0.0022\lambda_y\sqrt{f_y/235} = 1 - 0.0022 \times 67.8 \times \sqrt{235/235} = 0.851$$

由 $\lambda_{yz} = 80.6$ 查得 Q235 钢 b 类截面对应的 $\varphi = 0.684$。

由于在侧向计算长度范围($l_{0y} = 4613$ mm)内弯矩图和曲率出现多次符号改变,而钢结构设计条文中没有适当的数值,因此偏安全地取 $\beta_{tx} = 0.85$。

(a) 用正弯矩验算。

$$\frac{N}{\varphi_y A} + \frac{\beta_{tx} M_x}{\varphi_b W_{1x}} = \frac{610 \times 10^3}{0.684 \times 73.23 \times 10^2} + \frac{0.85 \times 12.1 \times 10^6}{0.851 \times 698 \times 10^3} = 139.1(\text{N/mm}^2) < f = 215 \text{ N/mm}^2$$

故用正弯矩验算截面在弯矩作用平面外的稳定性满足要求。

(b) 用负弯矩验算。

$$\frac{N}{\varphi_y A} + \frac{\beta_{tx} M_x}{\varphi_b W_{2x}} = \frac{610 \times 10^3}{0.684 \times 73.23 \times 10^2} + \frac{0.85 \times 12.1 \times 10^6}{1.0 \times 170.1 \times 10^3} = 182.2(\text{N/mm}^2) < f = 215 \text{ N/mm}^2$$

故用负弯矩验算截面在弯矩作用平面外的稳定性满足要求。

d. 强度验算。

(a) 验算翼缘处的强度。

$$\frac{N}{A_n} + \frac{M_x}{\gamma_{x1} W_{n1x}} = \frac{610 \times 10^3}{73.23 \times 10^2} + \frac{12.1 \times 10^6}{1.05 \times 698 \times 10^3} = 99.7(\text{N/mm}^2) < f = 215 \text{ N/mm}^2$$

故翼缘处的强度满足要求。

（b）验算腹板处的强度。

$$\frac{N}{A_n} + \frac{M_x}{\gamma_{x2}W_{n2x}} = \frac{610 \times 10^3}{73.23 \times 10^2} + \frac{12.1 \times 10^6}{1.2 \times 170.1 \times 10^3} = 142.6(\text{N/mm}^2) < f = 215 \text{ N/mm}^2$$

故腹板处的强度满足要求。

所以，上弦选用 TM250×300×11×15 剖面 T 型钢满足要求。

（3）双角钢组成的 T 形截面

① 初选截面。

参照剖分 T 型钢所选截面的几何特性，初选 2∟160×12 等边双角钢相并截面，截面几何特性值为：

$$A = 2 \times 37.44 = 74.88(\text{cm}^2), \quad W_{1x} = W_{x,\max} = 417.14 \text{ cm}^3$$

$$W_{2x} = W_{x,\min} = 157.95 \text{ cm}^3, \quad i_x = 4.95 \text{ cm}$$

$$i_y = 6.96 \text{ cm}, \quad r = 16 \text{ mm}, \quad I_\omega = 0$$

② 截面验算。

a. 刚度验算。

$$\lambda_x = \frac{l_{0x}}{i_x} = \frac{2500}{49.5} = 50.5$$

$$\lambda_y = \frac{l_{0y}}{i_y} = \frac{4613}{69.6} = 66.3$$

因为

$$\frac{b}{t} = \frac{160}{12} = 13.3 < \frac{0.58l_{0y}}{b} = \frac{0.58 \times 4613}{160} = 16.7$$

所以

$$\lambda_{yz} = \lambda_y \left(1 + \frac{0.475b^4}{l_{0y}^2 t^2}\right) = 66.3 \times \left(1 + \frac{0.475 \times 160^4}{4613^2 \times 12^2}\right) = 73$$

$$\lambda_{\max} = \max\{\lambda_x, \lambda_{yz}\} = \lambda_{yz} = 73 < [\lambda] = 150$$

故截面刚度满足要求。

b. 弯矩作用平面内的稳定性验算。

$$N'_{Ex} = \frac{\pi^2 EA}{\lambda_x^2} = \frac{3.14^2 \times 2.06 \times 10^5 \times 74.88 \times 10^2}{1.1 \times 50.5^2} = 5421468(\text{N}) \approx 5421 \text{ kN}$$

$$\gamma_{x1} = 1.05, \quad \gamma_{x2} = 1.2, \quad \beta_{mx} = 0.85$$

由 $\lambda_x = 50.5$ 查得 Q235 钢 b 类截面对应的 $\varphi = 0.854$。

（a）用正弯矩验算。

$$\frac{N}{\varphi_x A} + \frac{\beta_{mx}M_x}{\gamma_{x1}W_{1x}(1 - 0.8N/N'_{Ex})} = \frac{610 \times 10^3}{0.8540 \times 74.88 \times 10^2} + \frac{0.85 \times 12.1 \times 10^6}{1.05 \times 417.14 \times 10^3 \times (1 - 0.8 \times 610/5421)}$$

$$= 121.2(\text{N/mm}^2) < f = 215 \text{ N/mm}^2$$

$$\left| \frac{N}{A} - \frac{\beta_{mx}M_x}{\gamma_{x2}W_{2x}(1 - 1.25N/N'_{Ex})} \right| = 18.4 \text{ N/mm}^2 < f = 215 \text{ N/mm}^2$$

故用正弯矩验算截面弯矩作用平面内的稳定性满足要求。

（b）用负弯矩验算。

$$\frac{N}{\varphi_x A} + \frac{\beta_{mx}M_x}{\gamma_{x2}W_{2x}(1 - 0.8N/N'_{Ex})} = \frac{610 \times 10^3}{0.8540 \times 74.88 \times 10^2} + \frac{0.85 \times 12.1 \times 10^6}{1.2 \times 157.95 \times 10^3 \times (1 - 0.8 \times 610/5421)}$$

$$= 155.0(\text{N/mm}^2) < f = 215 \text{ N/mm}^2$$

故用负弯矩验算截面在弯矩作用平面内的稳定性满足要求。

c. 弯矩作用平面外的稳定性验算。

由于 $\lambda_y = 66.3 < 120\sqrt{235/f_y} = 120$，故对于均匀弯曲的受弯构件，当弯矩使翼缘受拉时整体稳定系数 $\varphi_b = 1.0$，当弯矩使翼缘受压时整体稳定系数 φ_b 为：

$$\varphi_b=1-0.0017\lambda_y\sqrt{f_y/235}=1-0.0017\times66.3\times\sqrt{235/235}=0.887$$

由 $\lambda_{yz}=73$ 查得 Q235 钢 b 类截面对应的 $\varphi=0.732$。

偏于安全取 $\beta_{tx}=0.85$。

（a）用正弯矩验算。

$$\frac{N}{\varphi_y A}+\frac{\beta_{tx}M_x}{\varphi_b W_{1x}}=\frac{610\times10^3}{0.732\times74.88\times10^2}+\frac{0.85\times12.1\times10^6}{0.887\times417.14\times10^3}=139.1(\text{N/mm}^2)<f=215\text{ N/mm}^2$$

故用正弯矩验算弯矩作用平面外的稳定性满足要求。

（b）用负弯矩验算。

$$\frac{N}{\varphi_y A}+\frac{\beta_{tx}M_x}{\varphi_b W_{2x}}=\frac{610\times10^3}{0.732\times74.88\times10^2}+\frac{0.85\times12.1\times10^6}{1.0\times157.95\times10^3}=176.4(\text{N/mm}^2)<f=215\text{ N/mm}^2$$

故用负弯矩验算弯矩作用平面外的稳定性满足要求。

d. 强度验算。

（a）验算翼缘处的强度。

$$\frac{N}{A_n}+\frac{M_x}{\gamma_{x1}W_{n1x}}=\frac{610\times10^3}{74.88\times10^2}+\frac{12.1\times10^6}{1.05\times417.14\times10^3}=109.1(\text{N/mm}^2)<f=215\text{ N/mm}^2$$

故翼缘处强度满足要求。

（b）验算腹板处的强度。

$$\frac{N}{A_n}+\frac{M_x}{\gamma_{x2}W_{2nx}}=\frac{610\times10^3}{74.88\times10^2}+\frac{12.1\times10^6}{1.2\times157.95\times10^3}=145.3(\text{N/mm}^2)<f=215\text{ N/mm}^2$$

故腹板处的强度满足要求。

e. 局部稳定性验算。

翼缘自由外伸宽厚比为

$$\frac{b}{t}=\frac{160-r-t}{t}=\frac{160-16-12}{12}=11<15\sqrt{\frac{235}{f_y}}=15\qquad 且\qquad \frac{b}{t}\leqslant13$$

故其满足局部稳定性要求，且前面计算所取的 $\gamma_{x1}=1.05$ 和 $\gamma_{x2}=1.2$ 均无误。

腹板高厚比 h_0/t_w 应满足：

（a）当 $\alpha_0\leqslant1.0$ 时，$h_0/t_w\leqslant15\sqrt{235/f_y}=15$；

（b）当 $\alpha_0>1.0$ 时，$h_0/t_w\leqslant18\sqrt{235/f_y}=18$。

而腹板高厚比为：

$$\frac{h_0}{t_w}=\frac{160-r-t}{16}=\frac{160-16-12}{16}=8.25<15$$

故其满足局部稳定性要求。

③ 构件填板数计算。

受压构件填板的间距（填板中心之间的距离）s 为：

$$s=40i=40\times4.95=198(\text{cm})$$

故在每个节间设置 2 块填板即可满足要求。

所以上弦选用 2∟160×12 等边双角钢组成的 T 形截面满足要求。

【例 6-2】 屋架间距 $l=6$ m。设计屋架支撑系统中屋架间的刚性系杆截面[采用双角钢十字截面，图 6-21(a)]和柔性系杆截面[采用单角钢截面，图 6-21(b)]。

【解】 屋架支撑系统中的系杆截面尺寸一般根据允许长细比要求确定。

（1）刚性系杆截面

其按轴心受压构件考虑。十字截面的主轴与水平方向倾斜，取斜平面计算长度，则：

$$l_0=0.9l=0.9\times600=540(\text{cm})$$

轴心受压支撑构件的最大长细比为$[\lambda]=200$,需要的截面回转半径为:

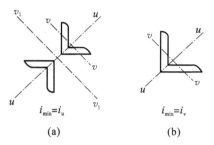

$$i_{min}=i_u\geqslant\frac{l_0}{[\lambda]}=\frac{540}{200}=2.70(cm)$$

选用 $2\llcorner70\times5$,则 $A=13.75\ cm^2$,$i_{min}=i_u=2.73\ cm>2.70\ cm$,满足要求。

图 6-21 双角钢十字截面和单角钢截面

(2) 柔性系杆

按轴心受拉构件考虑,取斜平面计算长度,则:

$$l_0=0.9l=0.9\times600=540(cm)$$

当 $[\lambda]=400$ 时,需要的截面回转半径为:

$$i_{min}=i_v\geqslant\frac{540}{400}=1.35(cm)$$

选用 $1\llcorner70\times5$,则 $A=6.875\ cm^2$,$i_{min}=i_v=1.39\ cm>1.35\ cm$,满足要求。

当 $[\lambda]=350$ 时,需要的截面回转半径为:

$$i_{min}=i_v\geqslant\frac{540}{350}=1.54(cm)$$

选用 $1\llcorner80\times5$,则 $A=7.912\ cm^2$,$i_{min}=i_v=1.60\ cm>1.54\ cm$,满足要求。

【例 6-3】 两端简支热轧槽钢檩条[14b 的跨度 $l=6$ m,跨度中间设一道坡向拉条,如图 6-22 所示。檩条水平间距 $a=1.5$ m,钢屋架跨度 $L=24$ m,屋面坡度 $i=1/2.5$。屋面材料为钢丝网水泥波形瓦,重量为 $0.6\ kN/m^2$,下铺木丝板保温层,重量为 $0.25\ kN/m^2$。水平投影面上的屋面均布可变荷载为 $0.5\ kN/m^2$,雪荷载为 $0.35\ kN/m^2$。檩条钢材为 Q235 钢。验算檩条是否满足要求。

【解】 屋面倾角为:

$$\alpha=\arctan\frac{1}{2.5}=21.8°$$

$$\cos\alpha=0.9285,\quad\sin\alpha=0.3714$$

(1) 内力计算

屋面材料重量按水平投影面积的标准值计算。

波形瓦:

$$0.6/0.9285=0.646(kN/m^2)$$

木丝板:

$$0.25/0.9285=0.269(kN/m^2)$$

$$0.646+0.269=0.915(kN/m^2)$$

屋面水平投影可变荷载标准值为 $0.5\ kN/m^2$。

屋面重量和屋面可变荷载产生的檩条线荷载设计值为:

$$q=1.05\times(1.2\times0.915+1.4\times0.5)\times1.5=1.05\times2.7=2.84(kN/m)$$

式中,1.05 是估算檩条重量的增大系数,1.2 和 1.4 为荷载分项系数,1.5 是檩条的水平间距。

$$q_x=q\sin\alpha=2.84\times0.3714=1.055(kN/m)$$

$$q_y=q\cos\alpha=2.84\times0.9285=2.637(kN/m)$$

最大 M_x 和最大 M_y 都发生在檩条跨度中点截面处:

$$M_x=\frac{1}{8}q_yl^2=\frac{1}{8}\times2.637\times6^2=11.87(kN\cdot m)$$

$$M_y=-\frac{1}{8}q_xl_1^2=-\frac{1}{8}\times1.055\times3^2=-1.187(kN\cdot m)$$

在 M_x 和 M_y 作用下,跨中截面上受力最大的是图 6-22(b)中的点 4。

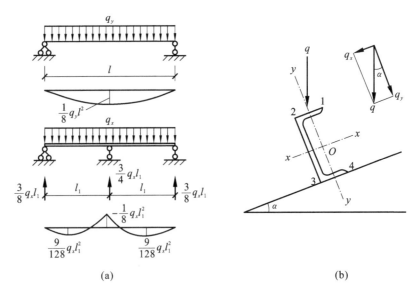

图 6-22 热轧槽钢檩条

（2）截面验算

檩条[14b 的截面几何特性值为：

$$W_x = 87.1 \text{ cm}^3, \quad W_{y,\min} = 14.1 \text{ cm}^3, \quad W_{y,\max} = 36.6 \text{ cm}^3, \quad I_x = 609 \text{ cm}^4$$
$$i_x = 5.35 \text{ cm}, \quad i_y = 1.69 \text{ cm}$$

自重 $q_k = 0.164 \text{ kN/m}$，设计值 $q'_k = 1.2 \times 0.164 = 0.197 (\text{kN/m})$。

实际均布线荷载为：

$$q' = 2.70 + 0.197 \approx 2.90 (\text{kN/m})$$

① 抗弯强度验算。

$$\frac{q'}{q}\left(\frac{M_x}{\gamma_x W_{nx}} + \frac{M_y}{\gamma_y W_{ny}}\right) = \frac{2.9}{2.84} \times \left(\frac{11.87 \times 10^6}{1.05 \times 87.1 \times 10^3} + \frac{1.187 \times 10^6}{1.20 \times 14.1 \times 10^3}\right) = 1.021 \times 200.0$$
$$= 204.2 (\text{N/mm}^2) < f = 215 \text{ N/mm}^2$$

故其抗弯强度满足要求。

② 整体稳定性验算。

按常规设置中间坡向拉条的槽钢檩条，一般可不进行整体稳定性验算。

③ 施工或检修荷载作用下的抗弯强度验算。

施工或检修荷载设计值（集中荷载）为：

$$P = 1.4 \times 1.0 = 1.4 (\text{kN})$$

永久荷载设计值（均布荷载）为：

$$q_G = 1.2 \times 0.915 \times 1.5 + 0.197 = 1.844 (\text{kN/m})$$
$$M_x = \frac{1}{4} Pl\cos\alpha + \frac{1}{8} q_G l^2 \cos\alpha = \left(\frac{1}{4} \times 1.40 \times 6 + \frac{1}{8} \times 1.844 \times 6^2\right) \times 0.9285$$
$$= (2.10 + 8.30) \times 0.9285 = 9.66 (\text{kN} \cdot \text{m}) < 11.87 (\text{kN} \cdot \text{m})$$

集中荷载在跨度中点截面上不产生弯矩 M_y，故：

$$M_y = \frac{1}{8} q_G l_1^2 \sin\alpha = \frac{1}{8} \times 1.844 \times 3^2 \times 0.3714$$
$$= 0.77 (\text{kN} \cdot \text{m}) < 1.187 (\text{kN} \cdot \text{m})$$

施工或检修荷载所产生的 M_x 和 M_y 各小于屋面可变荷载作用时的相应值，因而不需对施工或检修荷载作用下檩条的抗弯强度进行验算。

④ 使用阶段的挠度验算。

只验算 q_y 作用下垂直于屋面的挠度 v_x。

荷载标准值：

$$q_{yk}=[(0.915+0.5)\times1.5+0.164]\times0.9285=2.12(kN/m)$$

$$\frac{\upsilon_x}{l}=\frac{5}{384}\cdot\frac{q_{yk}l^3}{EI_x}=\frac{5}{384}\times\frac{2.12\times6000^3}{206\times10^3\times609\times10^4}=\frac{1}{210}<\frac{1}{200}$$

故使用阶段的挠度满足要求。

综上，全部验算都满足要求。

【例 6-4】 设计轻型钢管桁架（梯形钢管屋面）。

【解】 （1）说明

① 屋面类型。

屋面为有檩屋面，100 mm 厚的保温彩钢夹芯板支撑在钢檩条上，钢檩条与屋架上弦连接，间距为 1.5 m。

② 杆件及连接。

杆件采用 Q235A 圆钢，钢材强度设计值 $f=215$ N/mm²，角焊缝强度设计值 $f_f^w=160$ N/mm²。

③ 屋架的主要尺寸。

屋架跨度为 18 m，屋架上弦坡度 $i=\frac{1}{10}$，柱距为 5.7 m，层数为 8 层，层高为 3.6 m。

④ 荷载。

a. 永久荷载。

钢屋架：$0.12+0.011l=0.318(kN/m^2)$。

保温彩钢夹芯板：0.12 kN/m²。

檩条：0.10 kN/m²。

故总永久荷载为：

$$0.318+0.12+0.10=0.538(kN/m^2)$$

b. 屋面均布活荷载。

不上人屋面的均布活荷载为 0.5 kN/m²。

c. 雪荷载。

$$S_0=0.4 kN/m^2(基本雪压)，\quad \mu_r=1.0$$

所以

$$S_k=\mu_r S_0=1.0\times0.4=0.4(kN/m^2)$$

d. 风荷载。

$$w_0=0.4 kN/m^2(基本风压)，\quad H=3.6\times8=28.8(m)，\quad T_1=0.08n=0.08\times8=0.64$$

故

$$w_0 T_1^2=0.4\times0.64^2=0.164$$

取 $\xi=1.262$，查阅相关规范有：$\gamma=0.447$，$\mu_z=1.40$，$\mu_{s1}=-0.6$，$\mu_{s2}=-0.5$，$\varphi_z=1$。

$$\beta_z=1+\frac{\xi\gamma\varphi_z}{\mu_z}=1+\frac{1.262\times0.447\times1}{1.40}=1.403$$

$$w_{k1}=\beta_z\mu_{s1}\mu_z w_0=1.403\times(-0.6)\times1.40\times0.4=-0.471(kN/m^2)$$

$$w_{k2}=\beta_z\mu_{s2}\mu_z w_0=1.403\times(-0.5)\times1.40\times0.4=-0.393(kN/m^2)$$

⑤ 荷载组合。

a. 1.2×永久荷载+1.4×活荷载。

$$1.2\times(0.538/\cos\alpha)+1.4\times0.5\times5.7=7.6884(kN/m)$$

$$P_1=7.6884\times\frac{1.5}{2}=5.7663(kN)$$

$$P_2=7.6884\times1.5=11.5326(kN)$$

b. 1.2×恒荷载+1.4×0.5×活荷载。

恒荷载：

$$1.2×(0.538/\cos\alpha)×5.7×1.5=5.5476(kN)$$

活荷载：

$$1.4×0.5×5.7×1.5=5.985(kN)$$

c. 1.0×永久荷载+0.9×1.4×活荷载+0.9×1.4×风荷载。

$$S_1=1.0×(0.538/\cos\alpha)×5.7+0.9×1.4×0.5×5.7=6.673(kN/m)$$

$$P'_1=6.673×(1.5/2)=5.005(kN)$$

$$P'_2=6.673×1.5=10.01(kN)$$

$$S_2=0.9×1.4×(-0.471)×5.7=-3.386(kN/m)$$

$$S'_2=0.9×1.4×(-0.393)×5.7=-2.821(kN/m)$$

$$P_3=-3.386×(1.5/2)=-2.540(kN)$$

$$P'_3=-3.386×1.5=-5.079(kN)$$

$$P_4=-2.821×(1.5/2)=-2.116(kN)$$

$$P'_4=-2.821×1.5=-4.232(kN)$$

$$P_5=\frac{P'_3}{2}+\frac{P'_4}{2}=\frac{-5.079}{2}+\frac{-4.232}{2}=-4.656(kN)$$

当风荷载作用时,用永久荷载与活荷载的组合值与风荷载叠加,转化为节点集中荷载,如图 6-23~图 6-29所示。

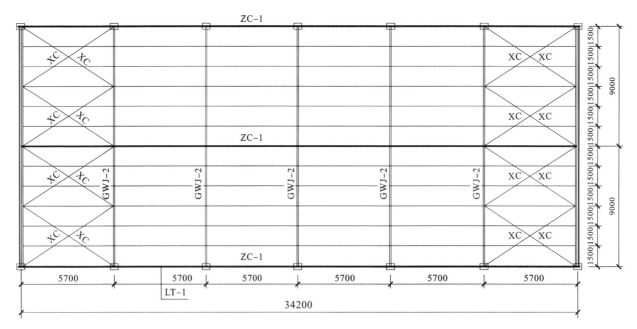

图 6-23 结构平面布置图

GWJ—钢屋架;ZC—支撑;LT—檩条;XC—斜撑

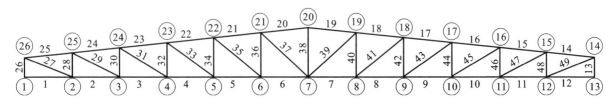

图 6-24 杆件编号

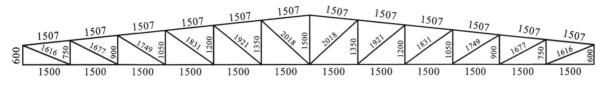

图 6-25 杆件长度

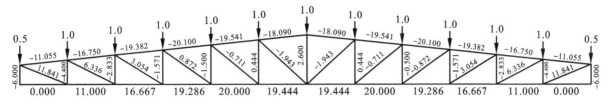

图 6-26 满跨荷载作用(单位:kN)

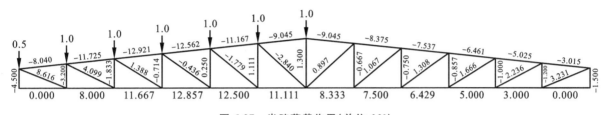

图 6-27 半跨荷载作用(单位:kN)

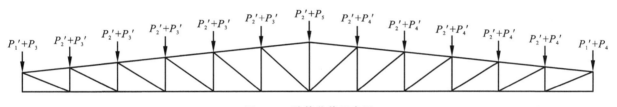

图 6-28 计算荷载示意图

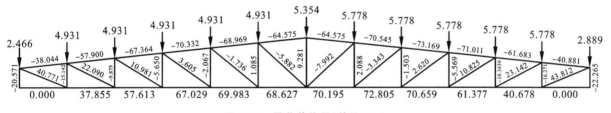

图 6-29 风荷载作用(单位:kN)

以上全跨恒荷载的半跨活荷载又可分为全跨恒荷载+半跨活荷载(左)和全跨恒荷载+半跨活荷载(右)两种组合形式,故有 4 种组合形式,其内力系数、内力组合值及内力设计值见表 6-3。

(2)杆件截面选择

① 5 杆:5 杆属于下弦杆,取最大内力设计值选取截面。

由 $\sigma = \dfrac{N}{A} \leqslant f$,得:

$$A \geqslant \frac{N}{f} = \frac{230.652 \times 10^3}{215} = 1072.8(\text{mm}^2) = 10.728 \text{ cm}^2$$

取其截面尺寸为 $\phi 102 \times 5.0$,查表得 $A = 15.24 \text{ cm}^2$,$i = 3.43 \text{ cm}$,受压构件的 $[\lambda] = 150$。其为轧制加工,对 x、y 轴都是 a 类,则:

$$\lambda = \frac{l}{i} = \frac{1500}{3.43 \times 10} = 43.73 < [\lambda] = 150$$

表 6-3 荷载组合的内力系数、内力组合值及内力设计值

名称	杆件编号	内力系数			内力组合值/kN					内力设计值/kN
		全跨	左半跨	右半跨	组合1 1.2×永久荷载+1.4×活荷载	组合2 全跨恒荷载+半跨活荷载(左)	组合3 全跨恒荷载+半跨活荷载(右)	组合4 1.0×永久荷载+0.9×1.4×活荷载+0.9×1.4×风荷载		
								左	右	
下弦杆	1	0.000	0.000	0.000	0.000	0.000	0.000	0.000	0.000	0.000
	2	11.000	8.000	3.000	126.859	108.904	78.979	37.855	40.678	126.859
	3	16.667	11.667	5.000	192.214	162.289	122.387	57.613	61.377	192.214
	4	19.286	12.857	6.429	222.418	183.940	145.469	67.029	70.659	222.418
	5	20.000	12.500	7.500	230.652	185.765	155.840	69.983	72.805	230.652
	6	19.444	11.111	8.333	224.240	174.367	157.741	68.627	70.195	224.240
	7	19.444	8.333	11.111	224.240	157.741	174.367	70.195	68.627	224.240
	8	20.000	7.500	12.500	230.652	155.840	185.765	72.805	69.983	230.652
	9	19.286	6.429	12.857	222.418	145.469	183.940	70.659	67.029	222.418
	10	16.667	5.000	11.667	192.214	122.387	162.289	61.377	57.613	192.214
	11	11.000	3.000	8.000	126.859	78.979	108.904	40.678	37.855	126.859
	12	0.000	0.000	0.000	0.000	0.000	0.000	0.000	0.000	0.000
上弦件	14	−11.055	−3.015	−8.040	−127.493	−79.373	−109.448	−40.881	−38.044	−127.493
	15	−16.750	−5.025	−11.725	−193.171	−122.997	−163.096	−61.683	−57.900	−193.171
	16	−19.382	−6.461	−12.921	−223.525	−146.193	−184.856	−71.011	−67.364	−223.525
	17	−20.100	−7.537	−12.562	−231.805	−156.616	−186.690	−73.169	−70.332	−231.805
	18	−19.541	−8.375	−11.167	−225.359	−158.530	−175.240	−70.545	−68.969	−225.359
	19	−18.090	−9.045	−9.045	−208.625	−154.490	−154.490	−64.575	−64.575	−208.625
	20	−18.090	−9.045	−9.045	−208.625	−154.490	−154.490	−64.575	−64.575	−208.625
	21	−19.541	−11.167	−8.375	−225.359	−175.240	−158.530	−68.969	−70.545	−225.359
	22	−20.100	−12.562	−7.537	−231.805	−186.690	−156.616	−70.332	−73.169	−231.805
	23	−19.382	−12.921	−6.461	−223.525	−184.856	−146.193	−67.364	−71.011	−223.525
	24	−16.750	−11.725	−5.025	−193.171	−163.096	−122.997	−57.900	−61.683	−193.171
	25	−11.055	−8.040	−3.015	−127.493	−109.448	−79.373	−38.044	−40.881	−127.493
竖腹杆	26	−0.600	−4.500	−1.500	−69.196	−60.218	−42.263	−20.571	−22.265	−69.196
	28	−4.400	−3.200	−1.200	−50.743	−43.561	−31.591	−15.142	−16.271	−50.743
	30	−2.833	−1.833	−1.000	−32.672	−26.687	−21.701	−9.879	−10.349	−32.672
	32	−1.571	−0.714	−0.857	−18.118	−12.989	−13.844	−5.650	−5.569	−18.118
	34	−0.500	0.250	−0.750	−5.766	4.270	−7.263	−2.067	−1.503	4.270/−7.263
	36	0.444	1.111	−0.667	5.121	9.112	−1.529	1.085	2.088	9.112/−1.529
	38	2.600	1.300	1.300	29.985	22.204	22.204	9.281	9.281	29.985
	40	0.444	−0.667	1.111	5.121	−1.529	9.112	2.088	1.085	9.112/−1.529

名称	杆件编号	内力系数			内力组合值/kN					内力设计值/kN
		全跨	左半跨	右半跨	组合1 1.2×永久荷载+1.4×活荷载	组合2 全跨恒荷载+半跨活荷载(左)	组合3 全跨恒荷载+半跨活荷载(右)	组合4 1.0×永久荷载+0.9×1.4×活荷载+0.9×1.4×风荷载 左	右	
竖腹杆	42	−0.500	−0.750	0.250	−5.766	−7.263	4.270	−1.503	−2.067	4.270/−7.263
	44	−1.571	−0.857	−0.714	−18.118	−13.844	−12.989	−5.569	−5.650	−18.118
	46	−2.833	−1.000	−1.833	−32.672	−21.701	−26.687	−10.349	−9.879	−32.672
	48	−4.400	−1.200	−3.200	−50.743	−31.591	−43.561	−16.271	−15.142	−50.743
	13	−6.000	−1.500	−4.500	−69.196	−42.263	−60.218	−22.265	−20.571	−69.196
斜腹杆	27	11.847	8.616	3.231	136.627	117.289	85.060	40.771	43.812	136.627
	29	6.336	4.099	2.236	73.071	59.682	48.532	22.090	23.142	73.071
	31	3.054	1.388	1.666	35.221	25.250	26.913	10.981	10.825	35.221
	33	0.872	−0.436	1.308	10.056	2.228	12.666	3.605	2.620	12.666
	35	−0.711	−1.779	1.067	−8.200	−14.592	2.442	−1.736	−3.343	2.442/−14.592
	37	−1.943	−2.840	0.897	−22.408	−27.776	−5.410	−5.882	−7.992	−27.776
	39	−1.943	0.897	−2.840	−22.408	−5.410	−27.776	−7.992	−5.882	−27.776
	41	−0.711	1.067	−1.779	−8.200	2.442	−14.592	−3.343	−1.736	2.442/−14.592
	43	0.872	1.308	−0.436	10.056	12.666	2.228	2.620	3.605	12.666
	45	3.054	1.666	1.388	35.221	26.913	25.250	10.825	10.981	35.221
	47	6.336	2.236	4.099	73.071	48.532	59.682	23.142	22.090	73.071
	49	11.847	3.231	8.616	136.627	85.060	117.289	43.812	40.771	136.627

查表得 $\varphi_x = \varphi_y = 0.932$。

弯矩作用平面外稳定性验算：

$$\lambda = \frac{l}{i} = \frac{4500}{3.43 \times 10} = 131.20 < [\lambda] = 150$$

则

$$\frac{N}{\varphi A} = \frac{230.652 \times 10^3}{0.932 \times 1524} = 162(\text{N/mm}^2) < f = 215 \text{ N/mm}^2$$

② 17杆：17杆属于上弦杆，取最大内力设计值选取截面。

由 $\sigma = \frac{N}{A} \leqslant f$，得：

$$A \geqslant \frac{N}{f} = \frac{231.805 \times 10^3}{215} = 1078.2(\text{mm}^2) = 10.782 \text{ cm}^2$$

取其截面尺寸为 $\phi 102 \times 5.0$，查表得 $A = 15.24 \text{ cm}^2$，$i = 3.43 \text{ cm}$，受压构件的 $[\lambda] = 150$。其为轧制加工，对 x、y 轴都是 a 类，则：

$$\lambda = \frac{l}{i} = \frac{1507}{3.43 \times 10} = 43.94 < [\lambda] = 150$$

查表得 $\varphi_x = \varphi_y = 0.932$。

弯矩作用平面外稳定性验算：

$$\lambda=\frac{l}{i}=\frac{4500}{3.43\times10}=131.20<[\lambda]=150$$

则

$$\frac{N}{\varphi A}=\frac{231.805\times10^3}{0.932\times1524}=163.2(\text{N/mm}^2)<f=215\ \text{N/mm}^2$$

③ 26 杆:26 杆属于竖腹杆,取最大内力设计值选取截面。

由 $\sigma=\frac{N}{A}\leqslant f$,得:

$$A\geqslant\frac{N}{f}=\frac{69.196\times10^3}{215}=321.8(\text{mm}^2)=3.218\ \text{cm}^2$$

取其截面尺寸为 $\phi68\times4.0$,查表得 $A=8.04\ \text{cm}^2$,$i=2.27\ \text{cm}$,受压构件的 $[\lambda]=150$,其为轧制加工,对 x、y 轴都是 a 类,则:

$$\lambda=\frac{l}{i}=\frac{600}{2.27\times10}=26.4<[\lambda]=150$$

查表得 $\varphi_x=\varphi_y=0.969$,则:

$$\frac{N}{\varphi A}=\frac{69.196\times10^3}{0.969\times804}=89.7(\text{N/mm}^2)<f=215\ \text{N/mm}^2$$

④ 28 杆:28 杆属于竖腹杆,取最大内力设计值选取截面。

由 $\sigma=\frac{N}{A}\leqslant f$,得:

$$A\geqslant\frac{N}{f}=\frac{50.743\times10^3}{215}=236(\text{mm}^2)=2.36\ \text{cm}^2$$

取其截面尺寸为 $\phi38\times3.5$,查表得 $A=3.79\ \text{cm}^2$,$i=1.23\ \text{cm}$,受压构件的 $[\lambda]=150$。其为轧制加工,对 x、y 轴都是 a 类,则:

$$\lambda=\frac{l}{i}=\frac{750}{1.23\times10}=61<[\lambda]=150$$

查表得 $\varphi_x=\varphi_y=0.879$,则:

$$\frac{N}{\varphi A}=\frac{50.743\times10^3}{0.879\times379}=152(\text{N/mm}^2)<f=215\ \text{N/mm}^2$$

⑤ 27 杆:27 杆属于斜腹杆,取最大内力设计值进行截面选取。

由 $\sigma=\frac{N}{A}\leqslant f$,得:

$$A\geqslant\frac{N}{f}=\frac{136.627\times10^3}{215}=635.5(\text{mm}^2)=6.355\ \text{cm}^2$$

取其截面尺寸为 $\phi68\times4.0$,查表得 $A=8.04\ \text{cm}^2$,$i=2.27\ \text{cm}$,受压构件的 $[\lambda]=150$。其为轧制加工,对 x、y 轴都是 a 类,则:

$$\lambda=\frac{l}{i}=\frac{1616}{2.27\times10}=71.2<[\lambda]=150$$

查表得 $\varphi_x=\varphi_y=0.830$,则:

$$\frac{N}{\varphi A}=\frac{136.627\times10^3}{0.830\times804}=204.7(\text{N/mm}^2)<f=215\ \text{N/mm}^2$$

⑥ 斜腹杆 29 的内力与杆件 26 的内力接近,所以 29 杆的截面尺寸也取 $\phi68\times4.0$。

⑦ 31 杆:31 杆属于斜腹杆,取最大内力设计值选取截面。

由 $\sigma=\frac{N}{A}\leqslant f$,得:

$$A\geqslant\frac{N}{f}=\frac{35.221\times10^3}{215}=163.8(\text{mm}^2)=1.638\ \text{cm}^2$$

取其截面尺寸为 $\phi42\times4.0$,查表得 $A=4.78\ \text{cm}^2$,$i=1.35\ \text{cm}$,受压构件的 $[\lambda]=150$。其为轧制加工,对

x、y 轴都是 a 类,则:

$$\lambda = \frac{l}{i} = \frac{1749}{1.35 \times 10} = 129.6 < [\lambda] = 150$$

查表得 $\varphi_x = \varphi_y = 0.437$,则:

$$\frac{N}{\varphi A} = \frac{35.221 \times 10^3}{0.437 \times 478} = 168.6(\text{N/mm}^2) < f = 215 \text{ N/mm}^2$$

杆件 33、35、37、39、41、43、45 的内力与杆件 31 的内力接近,所以其截面尺寸均取 $\phi 42 \times 4.0$。

(3) 节点构造

① 节点 6:K 形。

节点 6 的构造如图 6-30 所示。

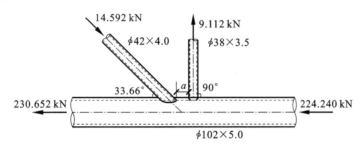

图 6-30 节点 6 的构造

节点几何参数为:

$$d = 102 \text{ mm}, \quad d_1 = 42 \text{ mm}, d_2 = 38 \text{ mm}, f = 215 \text{ N/mm}^2$$

$$t = 5 \text{ mm}, \quad t_1 = 4 \text{ mm}, \quad t_2 = 3.5 \text{ mm}, \quad f_f^w = 160 \text{ N/mm}^2$$

$$A = 15.24 \text{ cm}^2, \quad \theta_c = 33.66°, \quad \theta_t = 90°$$

a. 节点处支管的承载力计算。

(a) 节点几何参数验证。

支管与主管的直径比为:

$$\beta_1 = \frac{42}{102} = 0.41 \quad (0.2 < \beta_1 < 1.0)$$

$$\beta_2 = \frac{38}{102} = 0.37 \quad (0.2 < \beta_2 < 1.0)$$

支管径厚比为:

$$\frac{d_1}{t_1} = \frac{42}{4} = 10.5 < 60, \quad \frac{d_2}{t_2} = \frac{38}{3.5} = 10.86 < 60$$

支管轴线与主管轴线的夹角 θ 为 33.66° 或 90°,均大于 30°,故满足规范参数要求。

(b) 承载力计算。

受压支管:

$$\varphi_n = 1, \quad \frac{d_1}{d} = \frac{42}{102} = 0.41 < 0.7$$

所以

$$\varphi_d = 0.069 + \frac{0.93 \times 42}{102} = 0.452$$

$$a = \left(\frac{d}{2\tan\theta_c} + \frac{d}{2\tan\theta_t} \right) - \left(\frac{d_1}{2\sin\theta_c} + \frac{d_2}{\sin\theta_t} \right) = \frac{102}{2 \times 0.8} - \left(\frac{42}{2\sin 33.66°} + \frac{38}{2\sin 90°} \right)$$

$$= 11.134(\text{mm})$$

间隙比为:

$$\frac{a}{d} = \frac{11.134}{102} = 0.109$$

径厚比为：

$$\frac{d}{t}=\frac{102}{5}=20.4$$

直径比为：

$$\beta=\frac{d_1}{d}=\frac{42}{102}=0.412$$

$$\varphi_a=1+\frac{2.19}{1+7.5\frac{a}{d}}\left[1-\frac{20.1}{66+\frac{d}{t}}\right](1-0.77\beta)$$

$$=1+\frac{2.19}{1+7.5\times0.109}\times\left(1-\frac{20.1}{6.6+20.4}\right)\times(1-0.77\times0.412)$$

$$=1.21$$

受压支管在节点处的承载力设计值为：

$$N_{ck}^{pj}=\frac{11.51}{\sin\theta_c}\left(\frac{d}{t}\right)^{0.2}\varphi_n\varphi_d\varphi_a t^2 f=\frac{11.51}{\sin33.66°}\times20.4^{0.2}\times1\times0.452\times1.21\times5^2\times215\times10^{-3}$$

$$=111.6(kN)>14.592\ kN$$

受拉支管在节点处的支撑力设计值为：

$$N_{tk}^{pj}=\frac{\sin\theta_c}{\sin\theta_t}N_{ck}^{pj}=\frac{\sin33.66°}{\sin90°}\times111.6=61.856(kN)>9.112\ kN$$

b. 支管与主管的角焊缝连接计算。

（a）斜向支管与主管的焊缝计算长度。

$$\beta=\frac{42}{102}=0.412<0.65$$

节点连接焊缝的计算长度 l_w 为：

$$l_w=(3.25d_1-0.025d)\left(\frac{0.534}{\sin\theta_c}+0.466\right)=(3.25\times42-0.025\times102)\times\left(\frac{0.534}{\sin33.66°}+0.466\right)$$

$$=191.47(mm)$$

支管与主管的角焊缝计算：

$$h_f\geqslant\frac{N}{0.7l_wf_f^w}=\frac{14.592\times10^3}{0.7\times191.47\times160}=0.6(mm)$$

采用 $h_f=4\ mm$，则其满足下列构造要求：

$$h_f\geqslant1.5\sqrt{t}=1.5\times\sqrt{5}=3.4(mm)$$

$$h_f\leqslant2t_1=2\times4=8(mm)$$

（b）竖向支管与主管的焊缝计算长度。

$$\beta=\frac{38}{102}=0.37<0.65$$

节点连接焊缝的计算长度 l_w 为：

$$l_w=(3.25d_2-0.025d)\left(\frac{0.534}{\sin\theta_t}+0.466\right)=(3.25\times38-0.025\times102)\times\left(\frac{0.534}{\sin90°}+0.466\right)$$

$$=120.95(mm)$$

支管与主管的角焊缝计算：

$$h_f\geqslant\frac{N}{0.7l_wf_f^w}=\frac{9.112\times10^3}{0.7\times120.95\times160}=0.67(mm)$$

采用 $h_f=4\ mm$，则其满足下列构造要求：

$$h_f\geqslant1.5\sqrt{t}=1.5\times\sqrt{5}=3.4(mm)$$

$$h_f\leqslant2t_1=2\times3.5=7(mm)$$

② 节点 22：K 形。

节点 22 的构造如图 6-31 所示。

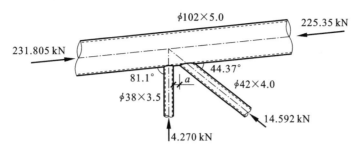

图 6-31 节点 22 的构造

节点几何参数为：

$$d=102 \text{ mm}, \quad d_1=42 \text{ mm}, \quad d_2=38 \text{ mm}, \quad f=215 \text{ N/mm}^2$$

$$t=5 \text{ mm}, \quad t_1=4 \text{ mm}, \quad t_2=3.5 \text{ mm}, \quad f_t^w=160 \text{ N/mm}^2$$

$$A=15.24 \text{ cm}^2, \quad \theta_c=44.37°, \quad \theta_t=81.1°$$

a. 节点处支管的承载力计算。

（a）节点几何参数验证。

支管与主管的直径比为：

$$\beta_1=\frac{42}{102}=0.41 \quad (0.2<\beta_1<1.0)$$

$$\beta_2=\frac{38}{102}=0.37 \quad (0.2<\beta_2<1.0)$$

支管径厚比为：

$$\frac{d_1}{t_1}=\frac{42}{4}=10.5<60, \quad \frac{d_2}{t_2}=\frac{38}{3.5}=10.86<60$$

支管轴线与主管轴线的夹角 θ 为 44.37° 或 81.1°，均大于 30°，故满足规范参数要求。

（b）承载力计算。

受压支管：

$$\sigma=\frac{N}{A}=\frac{225.35\times10^3}{15.24\times10^2}=147.87(\text{N/mm}^2)$$

$$\varphi_n=1-\frac{0.3\sigma}{f_y}-0.3\left(\frac{\sigma}{f_y}\right)^2=1-0.3\times\frac{147.87}{235}-0.3\times\left(\frac{147.87}{235}\right)^2=0.69$$

$$\frac{d_1}{d}=\frac{42}{102}=0.41<0.7$$

所以

$$\varphi_d=0.069+0.93\times\frac{42}{102}=0.452$$

$$a=\left(\frac{d}{2\tan\theta_c}+\frac{d}{2\tan\theta_t}\right)-\left(\frac{d_1}{2\sin\theta_c}+\frac{d_2}{2\sin\theta_t}\right)=\left(\frac{102}{2\tan44.37°}+\frac{102}{2\tan81.1°}\right)-\left(\frac{42}{2\sin44.37°}+\frac{38}{2\sin81.1°}\right)$$

$$=10.86(\text{mm})$$

间隙比为：

$$\frac{a}{d}=\frac{10.86}{102}=0.106$$

径厚比为：

$$\frac{d}{t}=\frac{102}{5}=20.4$$

直径比为：

$$\beta=\frac{d_1}{d}=\frac{42}{102}=0.412$$

$$\varphi_a=1+\frac{2.19}{1+7.5\dfrac{a}{d}}\left[1-\frac{20.1}{6.6+\dfrac{d}{t}}\right](1-0.77\beta)=1+\frac{2.19}{1+7.5\times0.106}\times\left(1-\frac{20.1}{6.6+20.4}\right)\times(1-0.77\times0.412)$$

$$=1.213$$

受压支管在节点处的承载力设计值为：

$$N_{ck}^{pj}=\frac{11.51}{\sin\theta_c}\left(\frac{d}{t}\right)^{0.2}\varphi_n\varphi_d\varphi_a t^2 f=\frac{11.51}{\sin44.37°}\times20.4^{0.2}\times0.69\times0.452\times1.213\times5^2\times215\times10^{-3}$$

$$=61.175(kN)>14.592\ kN$$

受拉支管在节点处的承载力设计值为：

$$N_{tk}^{pj}=\frac{\sin\theta_c}{\sin\theta_t}N_{ck}^{pj}=\frac{\sin44.37°}{\sin81.1°}\times61.175=43.3(kN)>4.27\ kN$$

b. 支管与主管的角焊缝连接计算。

（a）斜向支管与主管的焊缝计算长度。

$$\beta=\frac{42}{102}=0.412<0.65$$

节点连接焊缝的计算长度 l_w 为：

$$l_w=(3.25d_1-0.025d)\left(\frac{0.534}{\sin\theta_c}+0.466\right)=(3.25\times42-0.025\times102)\times\left(\frac{0.534}{\sin44.37°}+0.466\right)$$

$$=164.7(mm)$$

支管与主管的角焊缝计算：

$$h_f\geqslant\frac{N}{0.7l_w f_f^w}=\frac{14.592\times10^3}{0.7\times164.7\times160}=0.8(mm)$$

采用 $h_f=4\ mm$，则其满足下列构造要求：

$$h_f\geqslant1.5\sqrt{t}=1.5\times\sqrt{5}=3.4(mm)$$

$$h_f\leqslant2t_1=2\times4=8(mm)$$

（b）竖向支管与主管的焊缝计算长度。

$$\beta=\frac{38}{102}=0.37<0.65$$

节点连接焊缝的计算长度 l_w 为：

$$l_w=(3.25d_2-0.025d)\left(\frac{0.534}{\sin\theta_t}+0.466\right)=(3.25\times38-0.025\times102)\times\left(\frac{0.534}{\sin81.1°}+0.466\right)$$

$$=121.74(mm)$$

支管与主管的角焊缝计算：

$$h_f\geqslant\frac{N}{0.7l_w f_f^w}=\frac{4.27\times10^3}{0.7\times121.74\times160}=0.313(mm)$$

采用 $h_f=4\ mm$，则其满足下列构造要求：

$$h_f\geqslant1.5\sqrt{t}=1.5\times\sqrt{5}=3.4(mm)$$

$$h_f\leqslant2t_1=2\times3.5=7(mm)$$

③ 节点 7：K 形和 T 形。

节点 7 的构造如图 6-32 和图 6-33 所示。

a. K 形。

节点几何参数为：

$$d=102\ mm,\quad d_1=42\ mm,\quad f=215\ N/mm^2$$

$$t=5\ mm,\quad t_1=4\ mm,\quad f_f^w=160\ N/mm^2$$

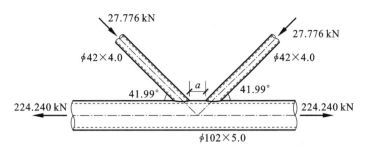

图 6-32 节点 7 的构造(K 形)

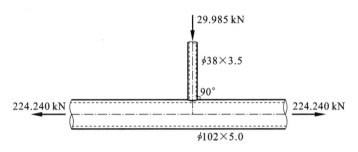

图 6-33 节点 7 的构造(T 形)

$$A=15.24 \text{ cm}^2, \quad \theta_c=41.99°$$

（a）节点处支管的承载力计算。

节点几何参数验证。

支管与主管的直径比为：

$$\beta_1=\frac{42}{102}=0.41 \quad (0.2<\beta_1<1.0)$$

支管径厚比为：

$$\frac{d_1}{t_1}=\frac{42}{4}=10.5<60$$

支管轴线与主管轴线的夹角 $\theta_c=41.99°>30°$，满足规范参数要求。

K 形节点承载力计算。

受压支管：

$$\varphi_n=1, \quad \beta=\frac{d_1}{d}=\frac{42}{102}=0.41<0.7$$

所以

$$\varphi_d=0.069+0.93\times\frac{42}{102}=0.452$$

$$a=\left(\frac{d}{2\tan\theta}+\frac{d}{2\tan\theta}\right)-\left(\frac{d_1}{2\sin\theta}+\frac{d_1}{2\sin\theta}\right)=\left(\frac{102}{2\tan41.99°}+\frac{102}{2\tan41.99°}\right)-\left(\frac{42}{2\sin41.99°}+\frac{42}{2\sin41.99°}\right)$$
$$=50.55(\text{mm})$$

$$\varphi_a=1+\frac{2.19}{1+7.5\frac{a}{d}}\left(1-\frac{20.1}{6.6+\frac{d}{t}}\right)(1-0.77\beta)$$

$$=1+\frac{2.19}{1+7.5\times\frac{50.55}{102}}\times\left(1-\frac{20.1}{6.6+\frac{102}{5}}\right)\times\left(1-0.77\times\frac{42}{102}\right)$$

$$=1.08$$

受压支管在节点处的承载力设计值为：

$$N_{ck}^{pj}=\frac{11.51}{\sin\theta}\left(\frac{d}{t}\right)^{0.2}\varphi_n\varphi_d\varphi_a t^2 f=\frac{11.51}{\sin41.99°}\times20.4^{0.2}\times1\times0.452\times1.08\times5^2\times215\times10^{-3}$$
$$=46.97(kN)>27.776(kN)$$

(b) 支管与主管的角焊缝连接计算。

$$l_w=(3.25d_1-0.025d)\left(\frac{0.534}{\sin\theta}+0.466\right)=169.37\ mm$$

$$h_f\geqslant\frac{N}{0.7l_wf_f^w}=\frac{27.776\times10^3}{0.7\times169.37\times160}=1.46(mm)$$

采用 $h_f=4\ mm$，则其满足下列构造要求：

$$h_f\geqslant1.5\sqrt{t}=1.5\times\sqrt{5}=3.4(mm)$$
$$h_f\leqslant2t_1=2\times4=8(mm)$$

b. T 形。

节点几何参数为：

$$d=102\ mm,\quad d_1=38\ mm,\quad f=215\ N/mm^2$$
$$t=5\ mm,\quad t_1=3.5\ mm,\quad f_f^w=160\ N/mm^2$$
$$A=15.24\ cm^2,\quad \theta_c=90°$$

节点处支管的承载力计算。

节点几何参数验证。

支管与主管的直径比为：

$$\beta_1=\frac{d_1}{d}=\frac{38}{102}=0.37\quad(0.2<\beta_1<1.0)$$

支管径厚比为：

$$\frac{d_1}{t_1}=\frac{38}{3.5}=10.86<60$$

支管轴线与主管轴线的夹角 $\theta=90°>30°$，满足规范参数要求。

承载力计算。

受压支管：

$$\varphi_n=1,\quad\beta=\frac{d_1}{d}=\frac{38}{102}=0.37<0.7$$

所以

$$\varphi_d=0.069+0.93\beta=0.069+0.93\times0.37=0.415$$

又因为 $\theta=90°$，所以 $a<0$，根据规范取 $a=0$，则：

$$\varphi_a=1+\frac{2.19}{1+7.5\dfrac{a}{d}}\left(1-\frac{20.1}{6.6+\dfrac{d}{t}}\right)(1-0.77\beta)=1+\frac{2.19}{1+0}\times\left(1-\frac{20.1}{6.6+\dfrac{102}{5}}\right)\times\left(1-0.77\times\frac{42}{102}\right)=1.38$$

受压支管在节点处的承载力设计值为：

$$N_{ck}^{pj}=\frac{11.51}{\sin\theta}\left(\frac{d}{t}\right)^{0.2}\varphi_n\varphi_d\varphi_a t^2 f=\frac{11.51}{\sin90°}\times20.4^{0.2}\times1\times0.415\times1.38\times5^2\times215\times10^{-3}=64.83(kN)$$
$$N_{tk}^{pj}=1.4N_{ck}^{pj}=1.4\times64.83=90.77(kN)>29.985\ kN$$

④ 节点 1：支座节点用焊接空心球连接。

空心球（图 6-34）外径 $S\phi$ 的初步计算如下。

$d_1=68\ mm,d_2=102\ mm$，取 $a=20\ mm$，则：

$$S\phi=\frac{d_1+2a+d_2}{\theta}=\frac{68+2\times20+102}{\dfrac{\pi}{2}}=133.7(mm)$$

取 $S\phi=150\ mm$。

该空心球连接两根杆件(1 号杆和 26 号杆)。

受压空心球承载力计算公式为:

$$N_c \leqslant y_c \left(400td - 1.33 \frac{t^2 d^2}{D} \right)$$

受拉空心球承载力计算公式为:

$$N_t \leqslant 0.55 y_t td\pi f$$

由于无加劲肋,所以 $y_t = y_c = 1.0$,又有 $N_c = 69.196$,$N_t = 0$,$d_c = 68\ mm$,$d_t = 102\ mm$,$f = 215\ N/mm^2$,代入上述公式,得 $t \geqslant 2.55\ mm$。

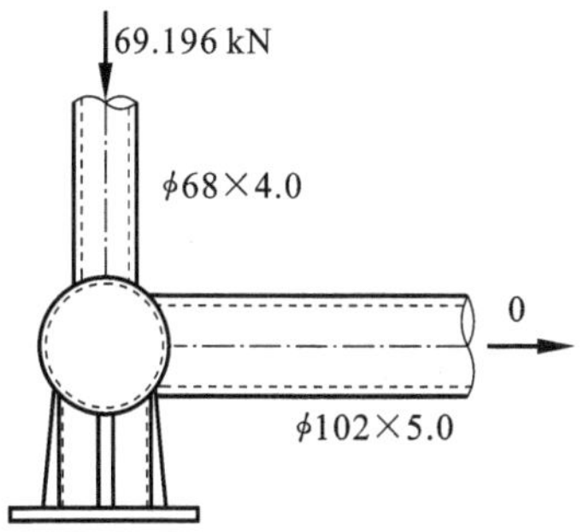

取空心球壁厚 $t = 6.0\ mm$,则其满足下列条件:

a. $\dfrac{S\phi}{t} = \dfrac{150}{6} = 25$,$24 \leqslant \dfrac{S\phi}{t} \leqslant 45$;

b. 空心球壁厚与钢管最大壁厚的比值 $\alpha = \dfrac{6}{5} = 1.2$,$1.2 \leqslant \alpha \leqslant 2$。

杆件与空心球的焊缝连接计算如下。

焊缝计算公式为:

$$\frac{N}{0.7 h_f d\pi \beta_f} \leqslant f_f^w$$

屋顶承受静力荷载,所以 $\beta_f = 1.22$,$f_f^w = 160\ N/mm^2$,则:

$$h_{fc} \geqslant \frac{N}{0.7 d_c \pi \beta_f f_f^w} = \frac{69.196 \times 10^3}{0.7 \times 68 \times 3.14 \times 1.22 \times 160} = 2.37\ (mm)$$

$$h_{ft} \geqslant \frac{N}{0.7 d_t \pi \beta_f f_f^w} = 0$$

取 $h_{fc} = h_{ft} = h_f = 4\ mm$,其满足下列构造要求:

$$h_f \geqslant 1.5\sqrt{t} = 1.5 \times \sqrt{6} = 3.67\ (mm) \quad 且 \quad h_f \leqslant 1.5 t_{min} = 1.5 \times 4 = 6\ (mm)$$

图 6-34 节点 1 的构造

6.3 复 习 题 ➤➤➤

第 6 章参考答案

1. 对于跨度 $L \geqslant 15\ m$ 的三角形屋架和跨度 $L \geqslant 24\ m$ 的梯形或平行弦屋架,为改善外观和使用条件,可起拱。起拱度为(　　)。

A. $L/300$ 　　　　B. $L/400$ 　　　　C. $L/500$ 　　　　D. $L/600$

2. 屋架上弦承受有较大节间荷载时,上弦杆合理的截面形式是(　　)。

A. 两等边角钢组成的 T 形截面 　　　　B. 两等边角钢组成的十字形截面

C. 两不等边角钢长肢相连组成的 T 形截面 　　　　D. 两不等边角钢短肢相连组成的 T 形截面

3. 在屋面重力荷载作用下,腹板垂直于屋面坡向设置的实腹式檩条为(　　)。

A. 双向变弯构件 　　　B. 双向压弯构件 　　　C. 单向受弯构件 　　　D. 单向压弯构件

4. 普通钢屋架上弦杆在桁架平面内的计算长度系数为(　　)。

A. 0.8 　　　　B. 0.9 　　　　C. 1.0 　　　　D. 2.0

5. 普通钢屋架所用角钢规格不应小于(　　)。

A. ∟30×3 　　　B. ∟45×4 　　　C. ∟100×6 　　　D. ∟90×56×5

6. 在钢屋架支座节点的设计中,支座底板的厚度由(　　)决定。

A. 抗剪和抗弯共同工作 　B. 抗压工作 　　　C. 抗剪工作 　　　D. 抗弯工作

7. 确定梯形钢屋架节点板厚度的依据是(　　)。

A. 屋架的支座反力 　B. 腹杆的最大轴力 　　C. 上弦杆的最大轴力 　　D. 下弦杆的最大轴力

8. 在无檩屋盖体系中,若能保证每块大型屋面板与屋架三点焊接,则屋架上弦平面外的计算长度可取( )。

    A. 一块大型屋面板的宽度   B. 两块大型屋面板的宽度

    C. 上弦杆的节间长度   D. 钢屋架的半跨长度

9. 下列屋架中,只能与柱做成铰接的钢屋架形式为( )。

    A. 梯形屋架   B. 平行弦屋架

    C. 人字形屋架   D. 三角形屋架

10. 梯形屋架端斜杆最合理的截面形式是( )。

    A. 两不等边角钢长肢相连组成的 T 形截面   B. 两不等边角钢短肢相连组成的 T 形截面

    C. 两等边角钢相连组成的 T 形截面   D. 两等边角钢相连组成的十字形截面

11. 设计梯形钢屋架时,考虑半跨荷载作用的原因是( )。

    A. 上弦杆的内力最大

    B. 下弦杆的内力最大

    C. 靠近支座处腹杆内力增大

    D. 跨中附近斜腹杆的内力可能最大或由拉杆变为压杆

12. 钢屋架节点板厚度一般根据所连接杆件内力大小确定,但不得小于( )。

    A. 2 mm   B. 3 mm   C. 4 mm   D. 6 mm

13. 对于梯形钢屋架受压杆件,其合理截面形式应使所选截面尽量满足( )。

    A. 等稳定   B. 等刚度   C. 等强度   D. 计算长度相等

14. 当桁架杆件节点板连接并承受静力荷载时,弦杆与腹杆、腹杆与腹杆之间的间隙不宜小于( )mm。

    A. 40   B. 30   C. 20   D. 10

15. 用两角钢组成的 T 形或十字形截面,在两角钢间隔一定距离时要设置一块垫板,其作用是( )。

    A. 增加截面在平面内的刚度   B. 减小杆件在平面外的计算长度

    C. 减小杆件在平面内的计算长度   D. 保证两个角钢能整体工作

16. 当杆件截面沿长度有改变时,将拼接处两侧弦杆表面对齐,此时形心线必然错开,宜采用( )为弦杆轴线。

    A. 回转半径小的弦杆重心线   B. 回转半径大的弦杆重心线

    C. 拼接两侧弦杆重心线的中线   D. 受力大的弦杆重心线

17. 屋盖中设置的刚性系杆( )。

    A. 只能受压   B. 只能受弯   C. 可以受压和受拉   D. 只能受拉

18. 在钢屋架设计中,必须设置垂直支撑,它的主要作用是( )。

    A. 承受起重机的横向水平荷载   B. 减小钢屋架的挠度

    C. 保证屋盖结构的空间稳定性   D. 帮助屋架承担竖向荷载

19. 节点板边缘与构件轴线间的夹角宜( ),以免节点板截面过窄使强度不够或引起较大的构造偏心。

    A. 大于 10°   B. 大于 15°   C. 大于 20°   D. 大于 30°

20. 与无檩屋盖相比,下列( )不是有檩屋盖的特点。

    A. 屋架布置灵活   B. 所用构件种类和数量多

    C. 屋盖自重轻   D. 屋盖刚度大

21. 屋架下弦纵向水平支撑一般布置在屋架的( )。

    A. 斜腹杆处   B. 下弦中间   C. 端竖杆处   D. 下弦端节间

22. ( )是在两相邻屋架上弦或下弦平面内沿屋架全跨设置的平行弦桁架。其弦杆由两相邻屋架的上弦杆或下弦杆兼任,腹杆由十字交叉斜杆和横杆组成。

    A. 垂直支撑   B. 纵向水平支撑   C. 托架   D. 横向水平支撑

23. 在工业厂房排架结构中使用梯形钢屋架时,关于刚性系杆和柔性系杆的设置,叙述正确的是( )。

A. 在屋架下弦平面内,两端支座处和跨中都应该设置柔性系杆

B. 在屋架下弦平面内,两端支座处应该设置柔性系杆,跨中应该设置刚性系杆

C. 在屋架上弦平面内,屋脊和两端都应该设置刚性系杆

D. 在屋架上弦平面内,屋脊处应该设置刚性系杆,两端应该设置柔性系杆

24. 屋架上弦横向水平支撑之间的距离不宜大于( )。

A. 40 m   B. 100 m   C. 80 m   D. 60 m

25. 若梯形屋架的跨度为 l,则初步设计时,屋架的跨中高度 H 应大致为( )。

A. $(1/8 \sim 1/6)l$ B. 与 l 无关   C. $(1/12 \sim 1/10)l$ D. $(1/10 \sim 1/8)l$

26. 跨度 l 为 30 m 的梯形屋架的起拱高度应为( )。

A. $l/1000$ B. $l/50$ C. $l/1000$ D. $l/500$

27. 两端简支且跨度为 24 m 的梯形屋架,当下弦无折线时宜起拱,适合的起拱高度为( )。

A. 30 mm   B. 40 mm   C. 50 mm   D. 60 mm

28. 梯形屋架采用再分式腹杆主要是为了( )。

A. 减小上弦压力   B. 减小下弦压力

C. 减小腹杆内力   D. 避免上弦承受局部弯曲

29. 两端简支且跨度 l( )的三角形屋架,当下弦无曲折时宜起拱,起拱高度一般为跨度的 $1/500$。

A. >24 m   B. $\geqslant 24$ m   C. >15 m   D. $\geqslant 15$ m

30. 屋架设计中,积灰荷载应与( )同时考虑。

A. 屋面活荷载   B. 雪荷载

C. 屋面活荷载和雪荷载   D. 屋面活荷载和雪荷载两者中的较大值

31. 设节点间杆件的几何长度为 l,则屋架的支座斜杆和支座竖杆在屋架平面内的计算长度为( )。

A. $0.5l$ B. $0.8l$ C. l D. $2l$

32. 屋架中,对双角钢组成的十字形截面杆件或单角钢杆件,当这些杆件不是支座斜杆和支座竖杆时,它们在斜平面内的计算长度为( )(设杆件几何长度为 l)。

A. $0.8l$ B. $0.9l$ C. l D. $2l$

33. 设计采用大型屋面板的梯形钢屋架下弦杆截面时,如节间距为 l,其屋架平面内的计算长度应取( )。

A. $0.8l$ B. 屋面板宽度的 2 倍   C. 侧向支撑点间距   D. l

34. 设计采用大型屋面板的梯形钢屋架上弦杆截面时,如节间距为 l,其屋架平面外的计算长度应取( )。

A. $0.8l$ B. l C. 侧向支撑点间距   D. 屋面板宽度的 2 倍

35. 计算图 6-35 所示屋架再分式受压斜腹杆弯矩作用平面外的稳定性时,关于轴向压力 N 和计算长度 l_{0y} 的取值,说法正确的是( )。

A. N 为 N_1 和 N_2 中的较小值,l_{0y} 在 $l_1 \sim 1.5l_1$ 之间

B. N 为 N_1 和 N_2 中的较小值,l_{0y} 在 $0.5l_1 \sim l_1$ 之间

C. N 为 N_1 和 N_2 中的较大值,l_{0y} 在 $l_1 \sim 1.5l_1$ 之间

D. N 为 N_1 和 N_2 中的较大值,l_{0y} 在 $0.5l_1 \sim l_1$ 之间

36. 如图 6-36 所示,钢屋架上弦杆两节间在 A、B 点平面外有侧向支撑,两节间的轴向压力分别为 N 和 $2N$,当计算 AB 杆弯矩作用平面外的稳定性时,其计算长度应为( )。

A. $0.75(l_1 + l_2)$ B. $1.25(l_1 + l_2)$ C. $l_1 + l_2$ D. $0.875(l_1 + l_2)$

37. 如轻型钢屋架上弦杆的节间距为 l,则其平面外的长细比应取( )。

A. l B. $0.8l$ C. $0.9l$ D. 侧向支撑点间距

38. 一十字交叉形柱间支撑,采用单角钢且两杆在交叉点处不中断,支撑两端节点中心间距(交叉点不作为节点)为 l,按拉杆设计时,支撑平面外的计算长度应为( )。

A. $0.5l$ B. $0.7l$ C. $0.9l$ D. l

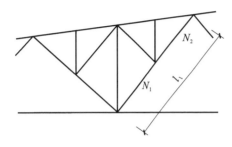

图 6-35 屋架再分式受压斜腹杆

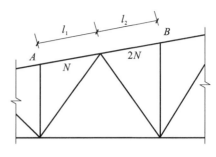

图 6-36 钢屋架上弦杆

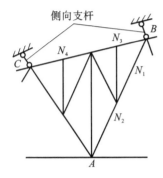

图 6-37 钢屋架上弦杆

39. 如图 6-37 所示,钢屋架上弦杆两节间在 C、B 点平面外有侧向支撑,两节间的轴向压力分别为 N_3 和 N_4,当计算 CB 杆(杆长为 l)平面外的稳定性时,其计算长度应为( )。

    A. $0.75l$ B. $0.875l$ C. $1.25l$ D. l

40. 普通梯形钢屋架的端斜杆采用双角钢截面时,为使截面更加经济合理,宜采用( )。

    A. 两等边角钢组成的 T 形截面

    B. 两等边角钢组成的十字形截面

    C. 两不等边角钢短肢相连

    D. 两不等边角钢长肢相连

41. 梯形屋架下弦杆常用的截面形式是两个( )。

A. 不等边角钢短肢相连,短肢尖向下

B. 等边角钢相连,肢尖向上

C. 不等边角钢长肢相连,长肢尖向下

D. 不等边角钢短肢相连,短肢尖向上

42. 对于屋架中杆力较小的腹杆,其截面通常按( )确定。

A. 构造要求   B. 局部稳定性   C. 变形要求   D. 允许长细比

43. 屋架一般腹杆的合理截面形式是( )。

A. 两不等边角钢长肢相连组成的 T 形截面   B. 两等边角钢组成的十字形截面

C. 两不等边角钢短肢相连组成的 T 形截面   D. 两等边角钢组成的 T 形截面

44. 为避免屋架杆件在自重作用下产生过大的挠度,在动力荷载作用下产生剧烈振动,应使杆件的( )。

A. $N/(\varphi A) \leqslant f$ B. $N/A_n \leqslant f$

C. $N/A_n \leqslant f$ 及 $N/(\varphi A) \leqslant f$ D. $\lambda \leqslant [\lambda]$

45. 为了保证两个角钢组成的 T 形截面共同工作(图 6-38),在两个角钢肢背之间应设置垫板,压杆的垫板间距应不大于 $40i_1$,拉杆的垫板间距应不大于 $80i_1$,其中单肢角钢绕自身 1—1 轴的回转半径为 i_1,这里的 1—1 轴指的是( )中的 1—1。

A. 分图(a)   B. 分图(b)   C. 分图(c)   D. 分图(d)

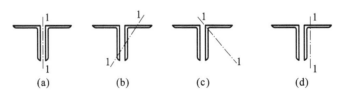

图 6-38 角钢组成的 T 形截面

46. 普通钢屋架的受压杆件中,两个侧向支撑点之间的垫板数( )。

A. 可为 0   B. 不得少于一个

C. 不宜多于两个   D. 不得少于两个

47. 用填板连接的双角钢十字形组合截面(图 6-39),当为受压构件时,其填板间的距离不超过 $40i_1$, i_1 为单个角钢对( )的回转半径。

A. 1—1 轴   B. 2—2 轴

C. 3—3 轴   D. 4—4 轴

48. 对于下列角钢杆端的切割面(图 6-40),不允许的端部切割方式是( )。

A. 分图(a)   B. 分图(b)   C. 分图(c)   D. 分图(d)

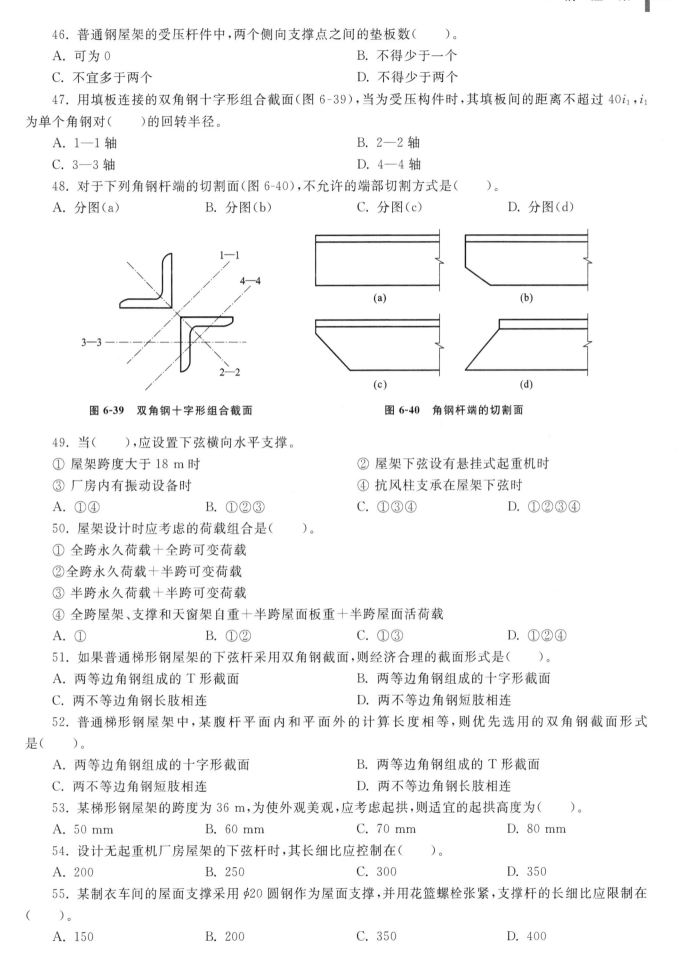

图 6-39 双角钢十字形组合截面   图 6-40 角钢杆端的切割面

49. 当( ),应设置下弦横向水平支撑。

① 屋架跨度大于 18 m 时   ② 屋架下弦设有悬挂式起重机时

③ 厂房内有振动设备时   ④ 抗风柱支承在屋架下弦时

A. ①④   B. ①②③   C. ①③④   D. ①②③④

50. 屋架设计时应考虑的荷载组合是( )。

① 全跨永久荷载＋全跨可变荷载

② 全跨永久荷载＋半跨可变荷载

③ 半跨永久荷载＋半跨可变荷载

④ 全跨屋架、支撑和天窗架自重＋半跨屋面板重＋半跨屋面活荷载

A. ①   B. ①②   C. ①③   D. ①②④

51. 如果普通梯形钢屋架的下弦杆采用双角钢截面,则经济合理的截面形式是( )。

A. 两等边角钢组成的 T 形截面   B. 两等边角钢组成的十字形截面

C. 两不等边角钢长肢相连   D. 两不等边角钢短肢相连

52. 普通梯形钢屋架中,某腹杆平面内和平面外的计算长度相等,则优先选用的双角钢截面形式是( )。

A. 两等边角钢组成的十字形截面   B. 两等边角钢组成的 T 形截面

C. 两不等边角钢短肢相连   D. 两不等边角钢长肢相连

53. 某梯形钢屋架的跨度为 36 m,为使外观美观,应考虑起拱,则适宜的起拱高度为( )。

A. 50 mm   B. 60 mm   C. 70 mm   D. 80 mm

54. 设计无起重机厂房屋架的下弦杆时,其长细比应控制在( )。

A. 200   B. 250   C. 300   D. 350

55. 某制衣车间的屋面支撑采用 $\phi 20$ 圆钢作为屋面支撑,并用花篮螺栓张紧,支撑杆的长细比应限制在( )。

A. 150   B. 200   C. 350   D. 400

知识归纳

（1）屋架选型原则：使用要求，经济要求，制作安装要求。

（2）平面钢桁架（钢屋架）是屋盖的主要承重结构，承受檩条或屋面板传来的荷载。常见外形有三角形、梯形、平行弦形和人字形等。

（3）屋盖结构体系：无檩体系和有檩体系。

（4）节点的作用是把汇交于节点中心的杆件连接在一起，一般通过节点板来实现。各杆的内力通过各自与节点板相连的角焊缝将杆力传到节点板上以取得平衡。所以，节点设计的具体任务是：根据节点的构造要求，确定各杆件的切断位置；根据焊缝长度，确定节点板的形状和尺寸。

（5）钢屋架设计内容及步骤如下：① 屋架的选型，桁架形式的选取及有关尺寸的确定；② 荷载计算，包括恒荷载、屋面均布活荷载、雪荷载、风荷载、积灰荷载等；③ 内力计算，通常先计算单位荷载作用下桁架中各杆件的内力，即内力系数，内力系数乘以荷载设计值即得相应荷载作用下杆件的内力设计值；④ 内力组合，确定各杆件的最不利内力；⑤ 桁架的杆件设计，根据杆件的位置、支撑情况等确定杆件的计算长度，选取截面形式，初选截面尺寸，根据杆件的最不利内力按轴心受拉、轴心受压或压弯构件进行杆件截面设计；⑥ 节点设计，根据杆件内力确定节点板厚度，根据杆件截面规格及交汇于节点的腹杆内力确定节点板的平面尺寸，验算节点连接强度；⑦ 绘制桁架施工图并编制材料表。

附　　录

附录 1　钢材和连接的强度设计值　>>>

附录 1　钢材和连接的强度设计值

附录 2　截面塑性发展系数 γ_x、γ_y　>>>

附录 2　截面塑性发展系数 γ_x、γ_y

附录 3　受弯构件的挠度容许值　>>>

附录 3　受弯构件的挠度容许值

附录 4　钢材摩擦面的抗滑移系数 μ　>>>

附录 4　钢材摩擦面的抗滑移系数 μ

附录 5　涂层连接面的抗滑移系数　>>>

附录 5　涂层连接面的抗滑移系数

附录6　轴心受压构件的稳定系数 >>>

附录 6　轴心受压构件的稳定系数

**附录7　工字形截面简支梁等效临界弯矩系数
和轧制普通工字钢简支梁的稳定系数** >>>

附录 7　工字形截面简支梁
等效临界弯矩系数和轧制
普通工字钢简支梁的稳定系数

附录8　各种截面回转半径的近似值 >>>

附录 8　各种截面回转半径的近似值

附录9　型　钢　表 >>>

附录 9　型钢表

附录10　螺栓和锚栓规格 >>>

附录 10　螺栓和锚栓规格

附录11　模拟试卷　>>>

模拟试卷(一)

一、单项选择题(在每小题的四个备选答案中,选出一个正确答案,将其代码填入题干后的括号内。每小题1分,共20分)

1. 大跨度结构经常采用钢结构,主要是考虑了钢结构具有(　　)的特点。

A. 可焊性　　　　　　　B. 施工方便　　　　　　C. 轻质高强　　　　　　D. 耐热性能好

2. 极限状态设计表达式 $\dfrac{R_k}{\gamma_R} \geqslant \gamma_G S_{Gk} + \gamma_Q S_{Qk}$ 中,γ_R 叫作(　　)。

A. 构件抗力分项系数　　B. 永久荷载分项系数　　C. 可变荷载分项系数　　D. 结构承载力分项系数

3. 对相同结构钢材的伸长率 δ_5 和 δ_{10} 进行比较,正确的是(　　)。

A. $\delta_5 < \delta_{10}$　　　　　　B. $\delta_5 > \delta_{10}$　　　　　　C. $\delta_5 = \delta_{10}$　　　　　　D. 无法确定

4. 在构件发生断裂破坏前,没有明显先兆的情况属于(　　)。

A. 塑性破坏　　　　　　B. 强度破坏　　　　　　C. 失稳破坏　　　　　　D. 脆性破坏

5. 钢材塑性破坏的特点是(　　)

A. 变形小　　　　　　　B. 变形大　　　　　　　C. 无变形　　　　　　　D. 破坏历时非常短

6. 钢材的抗剪屈服点(　　)。

A. 由试验确定　　　　　　　　　　　　　　　　B. 由能量理论得到的折算应力确定

C. 由计算确定　　　　　　　　　　　　　　　　D. 无法确定

7. 根据我国《钢结构设计规范》(GB 50017—2003)的要求,进行疲劳强度计算的条件为(　　)。

A. 构件所受应力的变化循环次数 $n \geqslant 5 \times 10^4$ 次　　B. 构件所受应力变化循环次数 $n \geqslant 5 \times 10^5$ 次

C. 构件和连接的应力幅 $\Delta\sigma \leqslant [\Delta\sigma]$　　　　　　D. 构件和连接的应力幅 $\Delta\sigma > [\Delta\sigma]$

8. 在下列各化学元素中,可提高钢材的强度和抗锈蚀能力,但会严重降低钢材的塑性、韧性和焊接性能,特别是在温度较低时会促使钢材变脆(冷脆)的元素是(　　)。

A. 硅　　　　　　　　　B. 氧　　　　　　　　　C. 硫　　　　　　　　　D. 磷

9. 在下列各化学元素中,作为弱脱氧剂的是(　　)。

A. 硅　　　　　　　　　B. 锰　　　　　　　　　C. 硫　　　　　　　　　D. 磷

10. 在弹性阶段,侧面角焊缝的应力沿长度方向的分布为(　　)。

A. 均匀分布　　　　　　B. 三角形分布　　　　　C. 两端大,中间小　　　D. 两端小,中间大

11. 摩擦型连接的高强度螺栓在杆轴方向受拉时,承载力(　　)。

A. 与摩擦面的处理方法有关　　　　　　　　　　B. 与摩擦面的数量有关

C. 与螺栓的性能等级无关　　　　　　　　　　　D. 与螺栓直径有关

12. 角钢和钢板间用侧焊缝搭接连接,当角钢背与肢尖焊缝的焊脚尺寸和焊缝长度都相同时,(　　)。

A. 角钢肢背的侧焊缝与角钢肢尖的侧焊缝受力相等

B. 角钢肢尖侧焊缝受力大于角钢肢背侧焊缝

C. 角钢肢背侧焊缝受力大于角钢肢尖侧焊缝

D. 由于角钢肢背和肢尖的侧焊缝受力不相等,因而连接处有弯矩作用

13. 轴心受压柱的柱脚底板厚度是按底板(　　)。

A. 抗弯工作确定的　　　B. 抗压工作确定的　　　C. 抗剪工作确定的　　　D. 弯、压同时工作确定的

14. 附图11-1所示的简支梁截面,除截面放置方式和荷载作用位置有所不同外,其他条件均相同,则整体稳定性最好的截面是(　　)。

A. 分图(a)　　　　　　B. 分图(b)　　　　　　C. 分图(c)　　　　　　D. 分图(d)

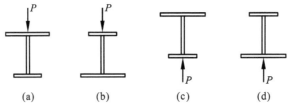

附图 11-1　简支梁截面

15. 在计算工字形钢梁的抗弯强度时,用公式$\dfrac{M_x}{\gamma_x W_{nx}} \leqslant f$,取 $\gamma_x = 1.05$,梁的受压翼缘外伸宽厚比要求不大于(　　)。

  A. $15\sqrt{235/f_y}$ B. $13\sqrt{235/f_y}$

  C. $(10+0.1\lambda)\sqrt{235/f_y}$ D. $(10+0.25\lambda)\sqrt{235/f_y}$

16. 一有侧移的单层钢框架采用等截面柱,柱与基础固接,与横梁铰接,则框架平面内柱的计算长度系数是(　　)。

  A. 0.5   B. 1.0   C. 1.5   D. 2.0

17. 当结构出现(　　)时,即认为结构达到正常使用极限状态。

  A. 结构整体倾覆   B. 影响外观的变形   C. 结构丧失稳定性   D. 出现过度的变形

18. 极限状态设计表达式$\dfrac{R_k}{\gamma_R} \geqslant \gamma_G S_{Gk} + \gamma_Q S_{Qk}$中,$\gamma_Q$ 叫作(　　)。

  A. 构件抗力分项系数   B. 永久荷载分项系数   C. 可变荷载分项系数   D. 结构承载力分项系数

19. 经济梁高是指(　　)。

  A. 用钢量最小时的梁截面高度   B. 强度与稳定承载力相等时的截面高度

  C. 挠度等于规范限值时的截面高度   D. 腹板与翼缘用钢量相等时的截面高度

20. 结构极限状态可以分为(　　)。

  A. 承载能力极限状态和正常使用极限状态   B. 安全状态和失稳状态

  C. 强度状态和变形状态   D. 可靠状态和破坏状态

二、判断题(认为对的,在题后的括号内打"√";认为错的打"×"。每小题 1 分,共 10 分)

1. 钢结构是一种耐热性能和防火性能较好的结构。　　　　　　　　　　　　　　　　　(　　)

2. 结构的失效概率不为 0 时,并不一定说明结构不可靠。　　　　　　　　　　　　　　(　　)

3. 钢材种类对疲劳破坏的影响不显著。　　　　　　　　　　　　　　　　　　　　　　(　　)

4. 焊条种类的选择与钢材的强度无关。　　　　　　　　　　　　　　　　　　　　　　(　　)

5. 焊缝的最大长度与焊缝是否承受动力荷载无关。　　　　　　　　　　　　　　　　　(　　)

6. 残余应力的存在降低了轴心受压构件的临界应力。　　　　　　　　　　　　　　　　(　　)

7. 实腹式轴心受拉构件的计算内容有强度、局部稳定性和整体稳定性。　　　　　　　　(　　)

8. 验算组合梁的刚度时,荷载通常取标准值。　　　　　　　　　　　　　　　　　　　(　　)

9. 承压型高强度螺栓与摩擦型高强度螺栓相比,连接变形小,适合于承受动力荷载。　　(　　)

10. 在任何情况下,侧面角焊缝的承载力都是正面角焊缝的 1.22 倍。　　　　　　　　　(　　)

三、解释概念题(每小题 3 分,共 9 分)

1. 结构的可靠度。

2. 时效硬化。

3. 梁的整体失稳。

四、简答题(每小题 5 分,共 20 分)

1. 钢结构设计中钢材选择时应考虑哪些因素?

2. 普通螺栓抗剪连接有几种破坏形式?具体为哪几种形式?分别如何防止?

3. 为了保证实腹式轴压杆件组成板件的局部稳定性,有哪几种处理方法?

4. 屋盖支撑的种类有哪些?

五、计算题(每小题 10 分,共 30 分)

1. 附图 11-2 所示连接所受静荷载拉力 $P=130$ kN,$h_f=10$ mm,钢材为 Q235 钢,采用 E43 型焊条、手工电弧焊,$f_f^w=160$ N/mm^2。试验算焊缝强度,并指出焊缝最危险点的位置。如将 P 变为压力,最危险点的位置和应力大小如何变化?

2. 某焊接工字形等截面梁的跨度 $L=6$ m,截面如附图 11-3 所示,截面无削弱。钢材为 Q235BF 钢,$f=215$ N/mm^2,梁两端承受的端弯矩设计值为 M,跨中无侧向支撑,仅在梁两端设有侧向支撑。从整体稳定性出发,求该梁所能承受的最大弯矩设计值 M(忽略梁自重)。梁的几何参数为 $I_x=15.3\times10^4$ cm^4,$I_y=5400$ cm^4,$A=136$ cm^2;梁的整体稳定系数为 $\varphi_b=\dfrac{4320}{\lambda_y^2}\cdot\dfrac{Ah}{W_x}\left[\sqrt{1+\left(\dfrac{\lambda_y t_1}{4.4h}\right)^2}\right]\dfrac{235}{f_y}$,$\varphi_b'=1.07-\dfrac{0.282}{\varphi_b}$。

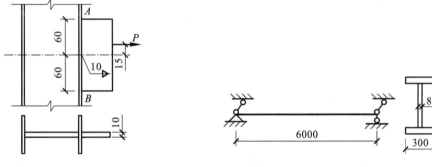

附图 11-2　构件连接　　　　**附图 11-3　焊接工字形等截面梁**

3. 一个承受静力荷载的拉弯构件长度为 7 m,两端铰接,$N=1600$ kN,$M=150$ kN·m,$\gamma=1.05$。截面采用 I50a,$A_n=119$ cm^2,$W_n=1858$ cm^3,$W_{pn}\approx1.2W_n$,$i_x=19.7$ cm,$i_y=3.07$ cm,钢材为 Q235A 钢,$f=215$ N/mm^2,试按不同的强度准则验算截面强度是否满足要求,并验算其刚度。

六、分析题(11 分)

某工作平台柱高 2.6 m,按两端铰接的轴心受压柱考虑。如采用 I16,已知 $i_x=6.58$ cm,$i_y=1.89$ cm,$A=26.1$ cm^2,$l_{0x}=l_{0y}=260$ cm,轧制工字钢截面对 x 轴和 y 轴分别属于 a 类和 b 类截面,稳定系数查附表 11-1,试经计算解答以下问题。

(1) 钢材用 Q235 钢时,承载力设计值为多少?($f=215$ N/mm^2)

(2) 若改用 Q345 钢,则其承载能力是否能提高很大?其原因是什么?($f=310$ N/mm^2)

(3) 如果轴心压力提高到 250 kN(设计值)后,截面不能满足安全要求,则从构造上应采取什么措施?

附表 11-1　　　　　　　　　　　**轧制工字钢截面的稳定系数**

λ	30	35	40	45	50
a 类	0.963	0.952	0.941	0.929	0.916

λ	135	140	145	150	155	160	165	170
b 类	0.365	0.345	0.326	0.308	0.291	0.276	0.262	0.249

模拟试卷(一)

参考答案

模拟试卷(二)

一、单项选择题(在每小题的四个备选答案中,选出一个正确答案,将其代码填入题干后的括号内。每小题 1 分,共 20 分)

1. 钢材的冷弯试验是判别钢材( )的指标。

A. 焊接性能和耐腐蚀性　　　　　　　　　B. 抗火性和塑性

C. 塑性变形能力的综合性能　　　　　　　D. 塑性和耐久性

2. 钢材的抗剪屈服点( )。

A. 由试验确定　　　　　　　　　　　　　B. 由能量理论得到的折算应力确定

C. 由计算确定　　　　　　　　　　　　　D. 无法确定

3. 常幅疲劳容许应力幅$[\Delta\sigma]=\left(\dfrac{c}{n}\right)^{\frac{1}{\beta}}$,系数 c 和 β 取决于( )。

A. 钢材的屈服强度　　　B. 构件和连接构造类别　　　C. 循环次数　　　　D. 构件所受荷载的形式

4. 在下列各化学元素中,可能引起钢材热脆现象的是( )。

A. 硫　　　　　　　　B. 硅　　　　　　　　C. 钒　　　　　　　　D. 磷

5. 当构造设计不合理时,会产生应力集中,钢材也就会变脆,这是因为( )。

A. 应力集中处的应力比平均应力高　　　　B. 应力集中产生同号应力场

C. 应力集中降低了钢材的屈服强度　　　　D. 应力集中降低了钢材的抗拉强度

6. 不需要验算对接焊缝强度的条件是斜焊缝的轴线和外力之间的夹角 θ 满足( )。

A. $\tan\theta\leqslant1.5$　　　B. $\tan\theta>1.5$　　　C. $\theta>45°$　　　D. $\theta>70°$

7. 承压型高强度螺栓比摩擦型高强度螺栓( )。

A. 承载力低,变形小　　　B. 承载力高,变形大　　　C. 承载力高,变形小　　　D. 承载力低,变形大

8. 对轴心受压构件来说,不受残余应力影响的是 ( )。

A. 稳定承载力　　　　B. 临界应力　　　　C. 强度承载力　　　　D. 刚度

9. 十字形截面属于双轴对称截面,但当构件的长细比不大而组成的板件宽厚比较大时,将最容易发生( )。

A. 弯曲屈曲　　　　B. 扭转屈曲　　　　C. 弯扭屈曲　　　　D. 无法确定

10. 提高轴心受压工字形柱腹板临界应力的最有效方法是( )。

A. 减小腹板高度　　　B. 增大腹板高度　　　C. 加大柱腹板厚度　　　D. 减小翼缘厚度

11. 当受弯构件整体稳定系数 $\varphi_b>0.6$ 时,说明梁整体失稳发生在( )。

A. 弹性阶段　　　　　　　　　　　　　　B. 全截面进入塑性阶段

C. 颈缩阶段　　　　　　　　　　　　　　D. 弹塑性阶段

12. 当梁上翼缘有固定荷载而又未设置支承加劲肋时,上翼缘和腹板之间的连接角焊缝主要承受( )。

A. 水平剪力　　　　　　　　　　　　　　B. 竖向剪力

C. 既承受水平剪力又承受竖向剪力　　　　D. 局部压力

13. 若缀板柱的实轴长细比为 60,虚轴换算长细比为 98,则单肢关于平行于虚轴的弱轴长细比最大不应超过( )。

A. 30　　　　　　　B. 35　　　　　　　C. 49　　　　　　　D. 50

14. 对于单向压弯构件的整体失稳,说法正确的是( )。

A. 发生在弯矩作用平面内属于极值型失稳,发生在弯矩作用平面外属于分支型失稳

B. 发生在弯矩作用平面外属于极值型失稳,发生在弯矩作用平面内属于分支型失稳

C. 发生在弯矩作用平面内、外都属于极值型失稳

D. 发生在弯矩作用平面内、外都属于分支型失稳

15. 普通钢屋架中的受压杆件采用双角钢构件,则两个侧向固定点之间( )。

A. 垫板数不宜多于两个　　B. 垫板数不宜多于一个　　C. 垫板数不宜少于两个　　D. 可不设置垫板

16. 屋架下弦纵向水平支撑一般布置在（　　）。

A. 屋架的端竖杆处　　　　B. 下弦端节间　　　　C. 下弦中央　　　　D. 斜腹杆处

17. 单个普通螺栓传递剪力时的设计承载能力由（　　）确定。

A. 单个螺栓的抗剪设计承载力

B. 单个螺栓的承压设计承载力

C. 单个螺栓的抗剪和承压设计承载力中的较小者

D. 单个螺栓的抗剪和承压设计承载力中的较大者

18. 直角角焊缝的有效厚度为（　　）。

A. $0.7h_f$　　　　B. h_f　　　　C. $1.2h_f$　　　　D. $1.5h_f$

19. 极限状态设计表达式 $\dfrac{R_k}{\gamma_R} \geqslant \gamma_G S_{Gk} + \gamma_Q S_{Qk}$ 中，下列（　　）取值正确。

A. 一般情况下，$\gamma_Q = 1.2$　　　　　　　　B. 一般情况下，$\gamma_Q = 1.3$

C. 一般情况下，$\gamma_Q = 1.4$　　　　　　　　D. 一般情况下，$\gamma_Q = 1.1$

20. 单个摩擦型连接的高强度螺栓传递剪力时的设计承载力由（　　）确定。

A. 单个螺栓抗剪和承压设计承载力中的较小者　　　　B. 单个螺栓抗剪和承压设计承载力中的较大者

C. 单个螺栓抗剪设计承载力　　　　　　　　　　　　D. 单个螺栓承压设计承载力

二、判断题（认为对的，在题后的括号内打"√"；认为错的打"×"。每小题 1 分，共 10 分）

1. "16Mn"中的"16"表示合金钢中含碳量为 0.16%。　　　　　　　　　　　　　　（　　）

2. 普通螺栓抗剪工作时，把被连接板件的总厚度限制在 5 倍螺栓直径范围内，是防止板叠太厚，不易被夹紧。　　　　　　　　　　　　　　　　　　　　　　　　　　　　　　　　　　（　　）

3. 当温度超过 500℃时，钢材的弹性模量随温度的升高而降低。　　　　　　　　　（　　）

4. 《钢结构设计规范》(GB 50017—2003) 按照弯曲屈曲来确定轴心受压构件的稳定承载力。（　　）

5. 梁在固定荷载作用处无支承加劲肋时，应验算上翼缘外皮的局部压应力。　　　　（　　）

6. 梁腹板板段为四边简支并承受均布剪力作用时，板中的主应力与剪应力大小相等。（　　）

7. 承受均布荷载的热轧 H 型钢梁，应计算抗弯强度、抗剪强度、整体稳定性和容许挠度。（　　）

8. 选择梯形钢屋架受压杆件的截面形式时，应尽量使所选择的截面满足等稳定的要求。（　　）

9. 在普通螺栓连接中，用在构造上采取措施的方法来保证孔壁不受挤压而破坏。　　（　　）

10. 钢结构的加工是指在常温下进行加工。　　　　　　　　　　　　　　　　　　　（　　）

三、解释概念题（每小题 3 分，共 9 分）

1. 应力幅。

2. 第一类稳定问题。

3. 边缘纤维屈服准则。

四、简答题（每小题 5 分，共 20 分）

1. 影响疲劳破坏的主要因素有哪些？在这些因素中，哪些是影响焊接结构疲劳强度的主要因素？哪些是影响非焊接结构疲劳强度的主要因素？

2. 影响梁整体稳定性的关键因素是什么？是如何影响的？

3. 计算长度的几何意义、物理意义是什么？

4. 在钢屋架设计中，选择杆件截面时应考虑的原则是什么？

五、计算题（每小题 10 分，共 30 分）

1. 附图 11-4 所示的牛腿用 M18 的 C 级普通螺栓连接于钢柱上，螺栓孔径为 20 mm。钢材为 Q235B 钢，承受静力荷载，已知 $f_v^b = 130$ N/mm²，$f_c^b = 305$ N/mm²，$f_t^b = 170$ N/mm²，$A_e = 192.5$ mm²。试求解该连接承受的最大荷载设计值 F。

2. 验算附图 11-5 所示轴心受压焊接缀板柱的整体稳定性和单肢稳定性。已知柱高 6 m，两端铰接，$l_{0x} = l_{0y}$，轴心压力设计值（包括自重）为 1600 kN，钢材为 Q235B 钢，$f = 215$ N/mm²。单肢参数为：$A_1 =$

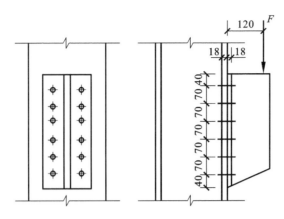

附图 11-4　牛腿用 C 级普通螺栓连接于钢柱上

$45.62 \text{ cm}^2, i_{x1}=2.30 \text{ cm}, i_{y1}=10.60 \text{ cm}, I_{x1}=242.1 \text{ cm}^4, l_{01}=63 \text{ cm}$，重心 $z_0=2.02 \text{ cm}$。截面对 y 轴属于 b 类,稳定系数见附表 11-2。

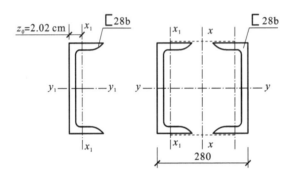

附图 11-5　轴心受压焊接缀板柱

附表 11-2　　　　　　　　　　　　　截面的稳定系数

λ	45	50	55	60	65
b 类	0.878	0.856	0.833	0.807	0.780

3. 一压弯构件的受力支承及截面如附图 11-6 所示(平面内两端为简支支承)。试验算该构件的整体稳定性。已知材料为 Q235 钢($f=215 \text{ N/mm}^2$),截面参数为:$A=90.08 \text{ cm}^2, I_x=26132.6 \text{ cm}^4, I_y=3125.0 \text{ cm}^4$。弹性模量 $E=2.06\times10^5 \text{ N/mm}^2$,截面对 x 轴、y 轴属于 b 类截面,$\beta_{mx}=\beta_{tx}=0.65+0.35\dfrac{M_2}{M_1}$。验算公式为:$\dfrac{N}{\varphi_x A}+$

$\dfrac{\beta_{mx}M_x}{\gamma_x W_{1x}\left(1-0.8\dfrac{N}{N_{Ex}}\right)}\leqslant f, \dfrac{N}{\varphi_x A}+\dfrac{\beta_{tx}M_x}{\varphi_b W_x}\leqslant f, \varphi_b=1.07-\dfrac{\lambda_y^2}{44000}\cdot\dfrac{f_y}{235}$。截面稳定系数见附表 11-3。

附表 11-3　　　　　　　　　　　　　截面的稳定系数

λ	50	55	60	65	70	75	80
φ	0.856	0.833	0.807	0.780	0.751	0.720	0.688

六、分析题(11 分)

在北方严寒地区建造厂房露天仓库使用非焊接吊车梁,如为承受起重量 $Q>500 \text{ kN}$ 的中级工作制吊车,应选用何种规格的钢材品种? 简要说明原因。若采用焊接钢结构,室内温度为 $-10℃$,则选用何种钢材? 简要说明原因。

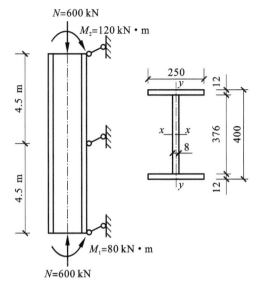

附图 11-6　压弯构件的受力支承及截面

模拟试卷(二)

参考答案

模拟试卷(三)

一、单项选择题(在每小题的四个备选答案中,选出一个正确答案,将其代码填入题干后的括号内。每小题 1 分,共 20 分)

1. 低合金钢没有明显的屈服点。当采用这类钢材时,以卸载后试件的残余应变为( )所对应的应力作为屈服点,称作条件屈服点。

   A. 0.1%   B. 0.2%   C. 0.15%   D. 0.25%

2. 温度对钢材性能的影响很大。当温度低于常温时,随着温度的降低,钢材的脆性( )。

   A. 逐渐增加   B. 逐渐递减   C. 先增加后递减   D. 保持不变

3. 单个普通螺栓传递剪力时的设计承载力为( )。

   A. 单个螺栓的抗剪设计承载力   B. 单个螺栓的承压设计承载力

   C. 单个螺栓的抗剪和承压设计承载力中的较大者   D. 单个螺栓的抗剪和承压设计承载力中的较小者

4. 直角角焊缝的有效厚度为( )

   A. $0.7h_f$ B. h_f C. $1.2h_f$ D. $1.5h_f$

5. 对于工字形截面轴心受压构件,由于加劲肋的存在,腹板属于( )构件。

   A. 四边弹性   B. 两边简支,两边弹性   C. 四边简支   D. 两边简支,两边嵌固

6. 下列对轴心受压柱柱脚锚栓的传力分析中,正确的是( )。

   A. 只传递拉力   B. 只传递剪力

   C. 同时传递剪力和拉力   D. 不传递力,只起固定作用

7. 梁的计算只限于产生弯曲,而不产生扭转,即作用在梁上的横向荷载必须通过( )。

   A. 截面形心   B. 截面剪切中心   C. 截面重心   D. 截面弹性核心

8. 当焊接工字钢梁的腹板高厚比 $h_0/t_w > 170\sqrt{235/f_y}$ 时,要使腹板稳定就应( )。

   A. 设置纵向加劲肋   B. 设置横向加劲肋

   C. 设置短加劲肋   D. 同时设置纵向和横向加劲肋

9. 无支撑的纯框架采用一阶弹性分析方法计算内力时,计算长度系数 μ 值( )。

   A. 与上、下所连横梁的刚度有关   B. 与框架受荷形式有关

   C. 与柱强度有关   D. 以上都有可能

10. 压弯构件腹板的局部稳定性主要取决于( )。

   A. 腹板的最大剪应力大小   B. 腹板的最小剪应力大小

   C. 最大压应力的大小   D. 压应力分布梯度值

11. 一般确定三角形屋架节点板厚度的依据是( )。

   A. 腹杆的最大杆力   B. 计算确定   C. 弦杆的最大杆力   D. 支座端斜杆的内力

12. 当受压弦杆的侧向支撑点间距 l_1 为 2 倍的弦杆节间长度,且节间弦杆内力 N_1 和 N_2 不相等时,弦杆的平面外计算长度为( )。

   A. l_1 B. $0.9l_1$ C. $0.8l_1$ D. $l_1\left(0.75+0.25\dfrac{N_2}{N_1}\right)$

13. 出现( )情况时,即认为结构达到正常使用极限状态。

   A. 结构整体倾覆   B. 影响外观变形   C. 结构丧失稳定   D. 出现过度的变形

14. 结构的功能函数如果满足 $Z \geqslant 0$,则结构处于( )。

   A. 失效状态   B. 极限状态   C. 可靠状态   D. 不能确定

15. 对不同质量等级的同一类钢材,在下列各指标中,不同的是( )。

   A. 抗拉强度 f_u B. 冷弯试验   C. 伸长率 δ D. 弹性模量 E

16. 引起钢材疲劳破坏的荷载为( )。

   A. 静力荷载   B. 产生全压应力的循环荷载

C. 冲击荷载 D. 循环荷载

17. 翼缘为轧制边的焊接工字形截面轴心受压构件,其截面属(　　)。

A. a 类　　　　　　　　　　　　　B. b 类

C. c 类　　　　　　　　　　　　　D. 绕 x 轴屈曲属 b 类,绕 y 轴屈曲属 c 类

18. 某平台设计中,对于 $\gamma_G S_{Gk} + \gamma_Q S_{Qk}$,永久荷载为 $2\ kN/m^2$,可变荷载为 $2.5\ kN/m^2$,则该平台荷载设计值为(　　)。

A. $4.5\ kN/m^2$　　B. $5.65\ kN/m^2$　　C. $6.86\ kN/m^2$　　D. $5.90\ kN/m^2$

19. 直角角焊缝的最小计算长度为(　　)。

A. $60h_f$　　　　　B. $50h_f$　　　　　C. $40h_f$　　　　　D. $30h_f$

20. 承压型高强度螺栓比摩擦型高强度螺栓(　　)。

A. 承载力低,变形小　B. 承载力高,变形大　C. 承载力高,变形小　D. 承载力低,变形大

二、判断题(认为对的,在题后的括号内打"√";认为错的打"×"。每小题 1 分,共 10 分)

1. 承压型高强度螺栓和摩擦型高强度螺栓的破坏形式相同。 (　　)

2. 对受压构件而言,长度越长,稳定性越差。 (　　)

3. 热轧 H 型钢需要计算局部稳定性。 (　　)

4. 受弯构件临界弯矩的大小和构件的抗扭刚度无关。 (　　)

5. 当格构式柱采用缀板时,应视缀板式构件为刚架,反弯点在缀板间距的中央。 (　　)

6. 在进行屋架制作时,角钢端部的切割允许任意切去一肢的部分。 (　　)

7. 按承载能力极限状态计算钢结构时,应考虑荷载的短期效应组合。 (　　)

8. 在低温($-20℃$)工作的钢结构除满足强度、塑性、冷弯性能指标要求外,还须满足低温冲击韧性要求。 (　　)

9. 对接焊缝相对于角焊缝而言传力简捷,受力性能好,节省材料。 (　　)

10. 钢材质量的好坏主要是以钢材的强度区分的。 (　　)

三、解释概念题(每小题 3 分,共 9 分)

1. 名义屈服点。

2. 确定轴心受压柱腹板厚度的等稳定设计原则。

3. 屈曲后强度。

四、简答题(每小题 5 分,共 20 分)

1. 试分析轴心受压构件整体稳定承载力的影响因素有哪些。

2. 焊接工字形截面钢梁设计中,梁的最大高度 h_{max} 和最小高度 h_{min} 如何确定? 梁的经济高度 h_e 的范围是什么? 腹板太厚或太薄会出现什么问题?

3. 以矩形截面为例,简述钢结构压弯构件截面的各种应力状态。

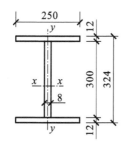

附图 11-7　轴心受压构件

4. 为什么要限制钢屋架杆件的长细比? 该项规定是为了满足结构的哪种极限状态?

五、计算题(每小题 10 分,共 30 分)

1. 某轴心受压构件如附图 11-7 所示,计算长度 $l_{0x}=6\ m$,$l_{0y}=3\ m$,采用焊接组合工字形截面,翼缘钢板为剪切边,钢材为 Q345 钢,$f=310\ N/mm^2$,截面无削弱,$A=84\ cm^2$,$I_x=18201.6\ cm^4$,$I_y=3125\ cm^4$,求该柱的轴心受压承载力,并验算该柱的刚度和翼缘局部稳定性是否满足要求。$[\lambda] \leqslant 150$,φ 取值见附表 11-4。

附表 11-4　　　　　　　　　　　　　　　　φ 取值表

λ	35	40	45	50
b 类	0.918	0.899	0.878	0.856
c 类	0.871	0.839	0.807	0.775

2. 附图 11-8 所示为某工字形焊接组合截面简支梁,其上有密铺刚性板,梁上的均布荷载(含自重)$q=4$ kN/m。现在梁跨中作用一集中力 $P=160$ kN,该荷载下设沿梁长方向 $a=120$ mm 宽的垫板,厚度为 20 mm。试验算荷载作用处的强度。钢材为 Q235B 钢,$f=310$ N/mm^2,$f_v=180$ N/mm^2,$\psi=1.0$,$A=124$ cm^2,$I_x=133042$ cm^4,$I_y=3125$ cm^4。

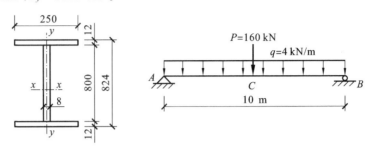

附图 11-8　工字形焊接组合截面简支梁

3. 验算如附图 11-9 所示焊接工字形截面柱的刚度和弯矩作用平面外的稳定性是否满足要求。已知:构件计算长度为 8 m,两端铰接,跨中有一个侧向支撑点,轴心压力设计值 $N=800$ kN,横向集中荷载设计值 $P=200$ kN,截面惯性矩为 $I_x=633\times10^6$ mm^4,$I_y=128\times10^6$ mm^4。验算公式: $\dfrac{N}{\varphi_y A}+\dfrac{\beta_{tx}M_x}{\varphi_b W_x}\leqslant f$,$\varphi_b=1.07-\dfrac{\lambda_y^2}{44000}\cdot\dfrac{f_y}{235}$,钢材为 Q235B 钢,$f=215$ N/mm^2,弹性模量 $E=2.06\times10^5$ N/mm^2,钢材采用剪切加工。

六、分析题(11 分)

某拉力螺栓的连接如附图 11-10 所示,试对该连接进行受力分析,指出这种连接的弊端及相应的处理办法。

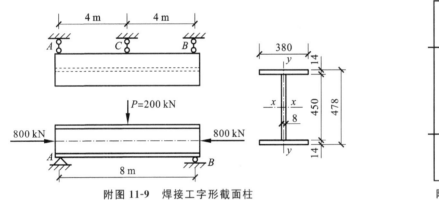

附图 11-9　焊接工字形截面柱

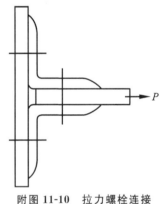

附图 11-10　拉力螺栓连接

模拟试卷(三)

参考答案

模拟试卷(四)

一、单项选择题(在每小题的四个备选答案中,选出一个正确答案,将其代码填入题干后的括号内。每小题 1 分,共 20 分)

1. 对轴心受压构件,当截面没有削弱时,可不计算(　　)。
   A. 整体稳定性　　　　　　B. 强度　　　　　　　C. 刚度　　　　　　　D. 局部稳定性

2. 进行格构式轴心受压构件的整体稳定性计算时,要求用换算长细比 λ_{0x} 代替 λ_x 的原因是(　　)。
   A. 格构式柱可能发生较大的剪切变形　　　　B. 格构式柱可能发生单肢失稳
   C. 要求实现等稳定设计　　　　　　　　　　D. 可以提高格构式柱的承载能力

3. 附图 11-11 所示为焊接双轴对称工字形截面平台梁,在弯矩和剪力的共同作用下,下列关于截面中应力的说法中,正确的是(　　)。
   A. 弯曲正应力最大的点是 3 点
   B. 剪应力最大的点是 2 点
   C. 折算应力最大的点是 1 点
   D. 折算应力最大的点是 2 点

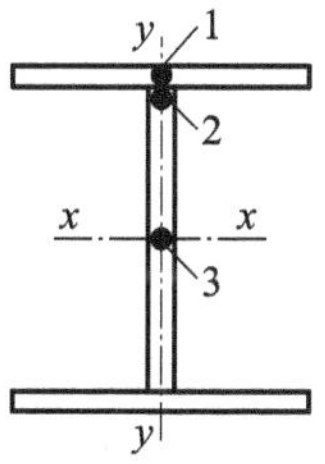

附图 11-11　焊接双轴对称工字形截面平台梁

4. 下列选项中,梁的整体稳定性最好是(　　)。
   A. 集中荷载作用点位于受压翼缘的上表面
   B. 集中荷载作用点位于受拉翼缘的下表面
   C. 集中荷载作用点位于截面形心
   D. 集中荷载作用点位于截面剪力中心

5. 对于单轴对称截面压弯构件,应使弯矩(　　)。
   A. 绕对称轴作用　　　　　　　　　　　　B. 绕非对称轴作用
   C. 绕任意主轴作用　　　　　　　　　　　D. 视具体情况而定

6. 腹板垂直于屋面坡向设置的檩条,在屋面荷载作用下,若不考虑扭转,则该檩条属于(　　)。
   A. 双向受弯构件　　　B. 单向受弯构件　　　C. 拉弯构件　　　D. 压弯构件

7. 对于梯形屋架的支座斜杆和支座竖杆,为了使其接近于等稳定要求,可采用的截面是(　　)。
   A. 两不等边角钢短肢相连　　　　　　　　B. 两不等边角钢长肢相连
   C. 两等边角钢相连组成的 T 形截面　　　　D. 两等边角钢相连组成的十字形截面

8. 当计算下弦中央拼接节点时,拼接角钢和弦杆的焊缝通常采用(　　)。
   A. 弦杆的较大内力计算　　　　　　　　　B. 弦杆的较小内力计算
   C. 两侧弦杆的内力差计算　　　　　　　　D. 弦杆较大内力的 15% 计算

9. 下列各项中,属于结构的承载能力极限状态范畴的是(　　)。
   A. 结构在静力荷载作用下产生的变形　　　B. 结构在动力荷载作用下产生的剧烈振动
   C. 结构整体稳定性计算　　　　　　　　　D. 柱的刚度计算

10. 若结构是失效的,则结构的功能函数应满足(　　)。
    A. $Z<0$　　　　　B. $Z>0$　　　　　C. $Z\geqslant0$　　　　　D. $Z=0$

11. 根据钢材的一次拉伸试验,得到如下四个力学性能指标。其中,钢结构的强度储备是(　　)。
    A. 屈服强度 f_y　　　B. 抗拉强度 f_u　　　C. 伸长率 δ　　　D. 弹性模量 E

12. 钢材发生脆性破坏的特点是(　　)。
    A. 破坏经历的时间非常短,无预兆　　　　B. 破坏经历的时间比较长
    C. 无变形　　　　　　　　　　　　　　　D. 破坏后保留了很大的残余变形

13. 普通工字钢 工 20a 中,"20"和"a"的含义为(　　)。
    A. 20 表示截面高度,a 表示质量等级　　　B. 20 表示翼缘宽度,a 表示质量等级
    C. 20 表示截面高度,a 表示腹板厚度分类　D. 20 表示翼缘宽度,a 表示腹板厚度分类

14. 从冶炼方法来看,沸腾钢与镇静钢的主要不同之处是( )。

A. 冶炼时间

B. 螺杆是否被剪坏

C. 沸腾钢不加脱氧剂

D. 两者都加脱氧剂,但镇静钢加强脱氧剂

15. 当钢材内的主拉应力 $\sigma_1 > f_y$,但折算应力 $\sigma_{zs} < f_y$ 时,说明钢材( )。

A. 可能发生脆性破坏

B. 可能发生塑性破坏

C. 不会发生破坏

D. 可能发生破坏,但破坏形式无法确定

16. 普通螺栓连接受剪时,要求端距 $e \geq 2d$,是防止( )。

A. 钢板被挤压破坏

B. 螺杆被剪坏

C. 钢板被冲剪破坏

D. 螺杆产生过大的弯曲变形

17. 角钢和钢板间用侧焊缝搭接连接,当角钢肢背与肢尖焊缝的焊脚尺寸和焊缝长度都相同时,( )。

A. 角钢肢背侧焊缝与角钢肢尖侧焊缝受力相等

B. 角钢肢尖侧焊缝受力大于角钢肢背侧焊缝受力

C. 角钢肢背侧焊缝受力大于角钢肢尖侧焊缝受力

D. 由于角钢肢背和肢尖的侧焊缝受力不相等,因而连接处有弯矩作用

18. 直角角焊缝强度计算中,h_e 是角焊缝的( )。

A. 厚度
B. 有效厚度
C. 名义厚度
D. 焊脚尺寸

19. 实腹式轴心受拉构件计算的内容有( )。

A. 强度

B. 强度和整体稳定性

C. 强度、局部稳定性和整体稳定性

D. 强度、刚度(长细比)

20. 对于翼缘为轧制边的焊接工字形截面轴心受压构件,其截面( )。

A. 属 a 类

B. 属 b 类

C. 属 c 类

D. 绕 x 轴屈曲属 b 类,绕 y 轴屈曲属 c 类

二、判断题(认为对的,在题后的括号内打"√";认为错的打"×"。每小题 1 分,共 10 分)

1. 轴心受压构件中,承载力极限状态包括强度和稳定性。　　　　　　　　　　　　　( )

2. 只要是受弯构件都需要验算平面外的稳定性。　　　　　　　　　　　　　　　　( )

3. 实腹式拉弯构件截面出现塑性铰是构件承载能力极限状态。　　　　　　　　　　( )

4. 系杆既能受拉,又能承压。　　　　　　　　　　　　　　　　　　　　　　　　( )

5. 低温时钢材的强度和塑性都降低。　　　　　　　　　　　　　　　　　　　　　( )

6. 可靠度就是要保证结构绝对可靠。　　　　　　　　　　　　　　　　　　　　　( )

7. 钢材的设计强度是根据极限强度确定的。　　　　　　　　　　　　　　　　　　( )

8. 型钢中的 H 型钢和工字钢相比,前者的翼缘相对较宽。　　　　　　　　　　　　( )

9. 蓝脆现象是指钢材温度在 600 ℃时材料变脆的现象。　　　　　　　　　　　　　( )

10. 焊接残余应力在任何情况下都不会影响结构的强度承载力。　　　　　　　　　　( )

三、解释概念题(每小题 3 分,共 9 分)

1. 完全弹塑性模型。

2. 应力集中。

3. 梁丧失局部稳定性。

四、简答题(每小题 5 分,共 20 分)

1. 简述轴心受压柱柱头构造以及其传力过程和传力方式。

2. 为了保证焊接板梁腹板的局部稳定性,应如何配置加劲肋?

3. 对于弯矩绕虚轴 x 轴作用的压弯格构式构件来说,为什么不需要验算其弯矩作用平面外的整体稳定性?

4. 钢屋架节点设计的一般步骤是什么?

五、计算题(每小题 10 分,共 30 分)

1. 如附图 11-12 所示,一钢板拼接采用 10.9 级 M20 摩擦型高强度螺栓连接,螺栓孔径为 22 mm,接触面处理采用钢丝刷除浮锈,预拉力 $P=155$ kN,摩擦系数 $\mu=0.3$,钢材为 Q235A 钢,$f=215$ N/mm^2。试计算此拼接能承受的最大轴心力设计值 N。

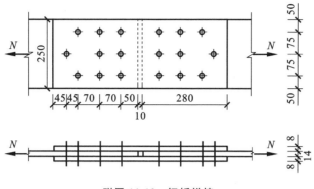

附图 11-12　钢板拼接

2. 某起重装备如附图 11-13 所示,$I_x=I_y=22646$ cm^4,$A=56.504$ cm^2,缀条的截面面积为 7.288 cm^2,拔杆 OA 是一格构式轴心受压构件。假设 OB 杆的刚度无穷大,采用 Q235 钢材,$f=215$ N/mm^2,试求该设备的最大起重量 Q_{max}。

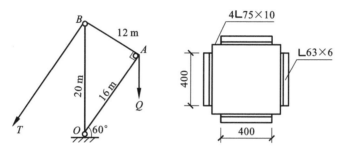

附图 11-13　起重装备

3. 某焊接工字形等截面梁的跨度 $L=15$ m,在支座及跨中的侧向支撑点及截面如附图 11-14 所示。截面无削弱。钢材为 Q345BF 钢,承受的均布永久荷载标准值(包括梁自重)为 $q_k=1.6$ kN/m,梁跨内侧向支撑点处作用的集中荷载标准值(永久荷载和可变荷载效应各占一半)为 $F=210$ kN,荷载均作用在梁的上翼缘板上。试验算梁的整体稳定性是否满足要求(当梁受压翼缘的自由长度与翼缘板宽之比小于 10.5 时,可不计算梁的整体稳定性)。

梁的几何参数:$I_x=371540$ cm^4,$I_y=6300$ cm^4,$A=194$ cm^2,$f=310$ N/mm^2。梁的整体稳定系数为

$$\varphi_b=1.75\frac{4320}{\lambda_y^2}\cdot\frac{Ah}{W_x}\left[\sqrt{1+\left(\frac{\lambda_y t_1}{4.4h}\right)^2}\right]\frac{235}{f_y},\quad \varphi_b'=1.07-\frac{0.282}{\varphi_b}。$$

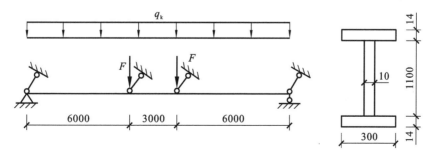

附图 11-14　焊接工字形等截面梁

六、分析题(11 分)

附图 11-15 所示是两块钢板的焊接连接,箭头方向是施焊顺序,试画出拼接钢板的纵向焊接应力分布(拉为正,压为负),并分析产生焊接应力的原因。

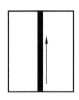

附图 11-15　钢板的焊接连接

模拟试卷(四)

参考答案

模拟试卷（五）

一、单项选择题（在每小题的四个备选答案中，选出一个正确答案，将其代码填入题干后的括号内。每小题 1 分，共 20 分）

1. 对于箱形截面，确定受压翼缘中间部分局部稳定性宽厚比限制条件的边界条件是（　　）。

A. 四边简支　　　　　B. 两边简支，两边弹性　　　C. 四边弹性　　　　　D. 两边简支，两边嵌固

2. 梁腹板受剪屈曲后抗剪强度提高的原因是（　　）。

A. 材料的强度提高了　　　　　　　　　　B. 梁腹板的支承条件改变了

C. 板中产生了张力场　　　　　　　　　　D. 梁腹板的刚度增强了

3. 两端铰支且跨度大于或等于 24 m 的梯形屋架，当下弦无曲折时宜起拱，起拱高度一般为（　　）。

A. $L/200$　　　　　B. $L/250$　　　　　C. $L/350$　　　　　D. $L/500$

4. 屋架中央十字形竖腹杆在斜平面上的计算长度取（　　）。

A. $0.7l$　　　　　B. $0.8l$　　　　　C. $0.9l$　　　　　D. l

5. 下列各项中属于结构的正常使用极限状态范畴的是（　　）。

A. 静力强度计算　　　B. 动力强度计算　　　C. 稳定性计算　　　D. 梁的挠度计算

6. 极限状态设计表达式 $\dfrac{R_k}{\gamma_R} \geqslant \gamma_G S_{Gk} + \gamma_Q S_{Qk}$ 中，γ_Q 取值正确的是（　　）。

A. 一般情况下 $\gamma_Q=1.2$　B. 一般情况下 $\gamma_Q=1.3$　C. 一般情况下 $\gamma_Q=1.4$　D. 一般情况下 $\gamma_Q=1.1$

7. 钢结构目前采用的设计方法是（　　）。

A. 极限状态设计法　　　　　　　　　　B. 安全系数设计法

C. 定值法　　　　　　　　　　　　　　D. 近似概率极限状态设计法

8. 防止钢材在焊接时或承受厚度方向的拉力时发生分层撕裂，需进行测试的指标是（　　）。

A. Z 向性能　　　　B. 屈服强度 f_y　　　　C. 伸长率 δ　　　　D. 抗拉强度 f_u

9. 钢结构对动力荷载的适应性较强，是因为钢材具有（　　）。

A. 良好的塑性　　　　　　　　　　　　B. 高强度和良好的塑性

C. 良好的韧性　　　　　　　　　　　　D. 质地均匀，各向同性

10. 四种厚度不同的 Mn 钢板，其中钢板设计强度最高的是（　　）。

A. 30 mm　　　　　B. 25 mm　　　　　C. 20 mm　　　　　D. 16 mm

11. 结构钢材最易发生脆性破坏的应力状态为（　　）。

A. 三向同号等值拉应力场　　　　　　　B. 两向异号应力场

C. 单向压应力作用　　　　　　　　　　D. 三向等值异号应力场

12. 进行疲劳计算时，σ_{max} 和 σ_{min} 的计算应按（　　）。

A. 标准荷载计算，且考虑荷载的动力系数　　B. 设计荷载计算，且考虑荷载的动力系数

C. 设计荷载计算，且不考虑荷载的动力系数　　D. 标准荷载计算，且不考虑荷载的动力系数

13. 直角角焊接的焊脚尺寸应满足 $h_{min} \geqslant 1.5\sqrt{t_2}$ 及 $h_{max} \leqslant 1.2t_2$，t_1、t_2 的含义是（　　）。

A. t_1 为厚焊件厚度，t_2 为薄焊件厚度　　B. t_1 为薄焊件厚度，t_2 为厚焊件厚度

C. t_1、t_2 皆为厚焊件厚度　　　　　　D. t_1、t_2 皆为薄焊件厚度

14. 热轧型钢冷却后产生的残余应力（　　）。

A. 以拉应力为主　　　B. 以压应力为主　　　C. 包括拉、压应力　　　D. 拉、压应力都很小

15. 轴心受压格构式构件在验算其绕虚轴的整体稳定性时采用换算长细比，是因为（　　）。

A. 格构式构件的整体稳定承载力高于同截面的实腹构件

B. 考虑强度降低的影响

C. 考虑剪切变形的影响

D. 考虑单肢失稳对构件承载力的影响

16. 一 Q235 钢工字形轴心受压构件两端铰支,计算所得 $\lambda_x=65,\lambda_y=118$,翼缘局部稳定性验算公式 $\dfrac{b_1}{t}\leqslant(10+0.1\lambda)\sqrt{235/f_y}$ 中右端项的计算值为(　　)。

A. 21.8　　　　　　　　B. 20　　　　　　　　C. 16.5　　　　　　　　D. 13

17. 实腹式轴心受压构件应进行(　　)。

A. 强度验算

B. 强度、整体稳定性、局部稳定性和长细比验算

C. 强度、整体稳定性和长细比验算

D. 强度和长细比验算

18. 对长细比很大的轴心受压构件,提高其整体稳定性最有效的措施是(　　)。

A. 增加支座约束

B. 提高钢材强度

C. 加大回转半径

D. 减少荷载

19. 结构的功能函数 $Z=R-S$,当 $Z\geqslant0$ 时说明结构处于(　　)。

A. 极限状态　　　　B. 正常使用状态　　　　C. 可靠状态　　　　D. 失效状态

20. 钢结构的特点有材质均匀、制造方便和(　　)。

A. 强度高　　　　　　B. 施工周期长　　　　　C. 抗火　　　　　　D. 耐腐蚀性强

二、判断题(认为对的,在题后的括号内打"√";认为错的打"×"。每小题 1 分,共 10 分)

1. 屋盖支撑布置中,下弦纵向水平支撑可以不设。　　　　　　　　　　　　　　(　　)

2. 屋架节点板的形状和尺寸主要取决于构造要求。　　　　　　　　　　　　　(　　)

3. 与混凝土相比,钢材最接近于均质等向体。　　　　　　　　　　　　　　　(　　)

4. 对于 16Mn 钢钢板来说,板件越厚,强度越高。　　　　　　　　　　　　　(　　)

5. 蓝脆现象是指钢材温度在 250℃ 时材料变脆的现象。　　　　　　　　　　(　　)

6. "Q235B"中的"B"表示钢材的质量等级为二级。　　　　　　　　　　　　(　　)

7. 在任何情况下,正面角焊缝的承载力都是侧面角焊缝的 1.22 倍。　　　　　(　　)

8. 每个受剪力和拉力共同作用的摩擦型高强度螺栓所受拉力应低于其预拉力的 80%。　(　　)

9. "Q235F"中的"F"表示钢材的质量等级为 F 级。　　　　　　　　　　　　(　　)

10. 高强度螺栓群承受偏心拉力作用时,连接的旋转中心应在螺栓群的形心。　(　　)

三、解释概念题(每小题 3 分,共 9 分)

1. 正常使用极限状态。

2. 结构的功能函数。

3. 伸长率。

四、简答题(每小题 5 分,共 20 分)

1. 用于钢结构的钢材应具有什么性能?

2. 简述钢材发生疲劳破坏的特点。

3. 轴心受压构件的整体稳定性计算公式为 $\dfrac{N}{\varphi A}\leqslant f$。根据该计算公式,试分析轴心受压构件整体稳定承载力的影响因素有哪些。

4. 写出下列公式的用途及其中指定符号的含义。

$$\frac{N}{\varphi_x A}+\frac{\beta_{mx}M_x}{\gamma_x W_{1x}(1-0.8N/N'_{Ex})}\leqslant f$$

φ_x——_____;

N'_{Ex}——_____;

β_{mx}——_____。

五、计算题(每小题 10 分,共 30 分)

1. 附图 11-16 所示为角钢与节点板采用两侧焊缝连接。角钢为 2∟110×10,节点板厚度 $t=10$ mm,钢材为 Q235 钢,焊条为 E43 型,采用手工电弧焊。计算轴心力 $N=667$ kN(静荷载)。试确定所需角焊缝长度。已

知 $h_f = 8$ mm，$K_1 = 0.7$，$K_2 = 0.3$，$f_f^w = 160$ N/mm^2。

2. 已知某轴心受压构件长 $l = 10$ m，两端铰接，承受的轴心压力设计值（包括构件的自重）$N = 800$ kN。采用焊接工字形截面，截面无削弱，翼缘板为火焰切割边，钢材用 Q235BF 钢，试进行整体稳定性、局部稳定性验算。已知翼缘、腹板统一取 $f = 215$ N/mm^2，柱截面的几何特性值为：$A = 86.4$ cm^2，截面惯性矩 $I_x = 22183$ cm^4，$I_y = 5990$ cm^4，回转半径 $i_x = 16.02$ cm，$i_y = 8.33$ cm。构件的稳定系数 φ 取值见附表 11-5。

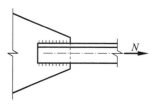

附图 11-16　角钢与节点板采用两面侧焊缝连接

附表 11-5　　　　　　　　　　**Q235 钢轴心受压构件的稳定系数 φ**

λ	20	40	60	80	100	120	140
φ（b 类）	0.970	0.899	0.807	0.688	0.555	0.437	0.345
φ（c 类）	0.966	0.839	0.709	0.578	0.463	0.379	0.309

3. 如附图 11-17 所示连接，已知钢板宽度 $B = 240$ mm，厚度 $t_1 = 16$ mm，拼接盖板宽度 $b = 190$ mm，厚度 $t_2 = 12$ mm。承受的计算轴心力 $N = 800$ kN（静荷载），钢材为 Q235 钢，焊条为 E43 型，采用手工电弧焊，$f_f^w = 160$ N/mm^2。试设计角焊缝的焊脚尺寸 h_f 和焊缝的实际长度 L（采用三面围焊，拼接板接头距离为 10 mm）。

六、分析题（11 分）

附图 11-18 所示为梁格布置，梁上铺设玻璃板，不能阻止受压翼缘的侧向位移。已知钢材为 Q235 钢，梁截面为 H600×300×8×14。经计算，梁的强度、刚度满足要求，但整体稳定承载力不满足要求。试给出合理的支撑布置形式并说明理由，使梁的整体稳定承载力满足要求（不允许改变梁截面）。

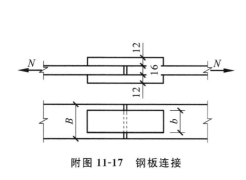

附图 11-17　钢板连接

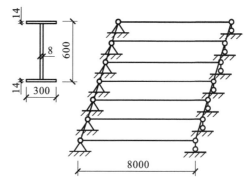

附图 11-18　梁格布置

模拟试卷（五）

参考答案

参 考 文 献

[1] 中华人民共和国建设部,中华人民共和国国家质量监督检验检疫总局.GB 50017—2003 钢结构设计规范.北京:中国计划出版社,2003.

[2] 中华人民共和国住房和城乡建设部.GB 50009—2012 建筑结构荷载规范.北京:中国建筑工业出版社,2012.

[3] 中华人民共和国住房和城乡建设部,中华人民共和国国家质量监督检验检疫总局.GB 50011—2010 建筑抗震设计规范.北京:中国建筑工业出版社,2010.

[4] 赵赤云.钢结构学习指导.北京:机械工业出版社,2010.

[5] 王秀丽.钢结构课程设计指南.北京:中国建筑工业出版社,2010.

[6] 陈绍蕃,顾强. 钢结构:上册 钢结构基础.2 版.北京:中国建筑工业出版社,2007.

[7] 沈祖炎,陈扬骥,陈以一. 钢结构基本原理.2 版.北京:中国建筑工业出版社,2005.

[8] 张耀春. 钢结构设计原理. 北京:高等教育出版社,2011.

[9] 戴国欣. 钢结构.4 版. 武汉:武汉理工大学出版社,2012.

[10] 李星荣,魏才昂,丁峙崐,等. 钢结构连接节点设计手册.2 版. 北京:中国建筑工业出版社,2005.